Multi-scale Remote Sensing Monitoring Approaches of Moso Bamboo Forest

毛竹林多尺度遥感监测方法

李龙伟　徐文兵　李　楠　邓愫愫　著

ZHEJIANG UNIVERSITY PRESS
浙江大学出版社
·杭州·

图书在版编目(CIP)数据

毛竹林多尺度遥感监测方法/李龙伟等著. —杭州：浙江大学出版社，2022.8
ISBN 978-7-308-22900-5

Ⅰ.①毛… Ⅱ.①李… Ⅲ.①遥感技术—应用—毛竹—竹林—研究 Ⅳ.①S795.7-39

中国版本图书馆 CIP 数据核字(2022)第 140466 号

毛竹林多尺度遥感监测方法

李龙伟　徐文兵　李　楠　邓愫愫　**著**

责任编辑　石国华
责任校对　杜希武
封面设计　刘依群
出版发行　浙江大学出版社
（杭州市天目山路 148 号　邮政编码 310007）
（网址：http://www.zjupress.com）
排　　版　杭州星云光电图文制作有限公司
印　　刷　广东虎彩云印刷有限公司绍兴分公司
开　　本　710mm×1000mm　1/16
印　　张　15
字　　数　260 千
版 印 次　2022 年 8 月第 1 版　2022 年 8 月第 1 次印刷
书　　号　ISBN 978-7-308-22900-5
定　　价　58.00 元

前　言

毛竹是我国分布面积最广的竹种，近30年全国森林资源清查结果显示，毛竹林面积不断扩张，增长一倍有余。毛竹具有重要的生态价值、经济价值和文化价值，尤其在应对全球气候变化和实现国家“双碳”目标（碳达峰/碳中和）背景下，毛竹林以其强大的固碳能力而彰显了重要的生态价值，备受政府和海内外学者的广泛关注，因此准确探明毛竹林林分参数、物候过程和能量流动对科学评估毛竹林生态功能和碳汇潜力具有重要科学意义和应用价值。毛竹作为中国南方典型常绿植被，其频繁的林分变化和特殊的生理生态过程给毛竹林监测研究带来了极大挑战。传统的毛竹林监测手段需要较大的人力、物力和财力，时效性较差，不利于决策支持和经营指导。自20世纪中期人类第一颗人造卫星成功发射升空后，遥感技术已经成为对地观测的重要手段之一，随着信息技术、互联网等科学技术的快速发展，多源、多平台、多尺度的遥感大数据时代已经来临，应用新一代遥感技术（多源遥感数据融合技术、无人机技术、激光雷达技术等）开展林业资源监测是现代林业发展的必然趋势，也是未来智慧林业实现的必然路径。基于新一代遥感技术开展毛竹林多尺度监测方法研究，不仅能够为精准林业和双碳计划提供科学的支撑数据，而且将进一步发展与完善毛竹林资源遥感监测技术的理论体系。

本书共9章。第1章概述毛竹林遥感监测研究的背景和意义，总结了国内外研究现状、发展趋势与存在问题；第2章研究基于地基LiDAR开展单株毛竹的几何参数测算方法；第3章探讨基于激光雷达回波强度建立模型来判别毛竹的年龄；第4章介绍毛竹林大小年遥感识别方法，对比了不同数据、不同策略下的遥感分类结果，给出毛竹林遥感分类的最佳时间；第5章研究在毛竹林大小年分类基础上构建了大小年分异指数，分析大小年在不同行政区划、地形下的时空分异规律；第6章研究基于高时空分辨率的遥感数据来开展毛竹林遥感的物候监测方法；第7章研究毛竹笋地上生物量的测算与评价方法；第8章研究从单株和样地尺度开展毛竹林地上生物量测算模型；第9章尝试从不同角度解决毛竹林地上生物量遥感饱和问题，提高区域尺度毛竹林地上生物量估算精度。本书每章的内容架构为：首先是引言，概述本章的研究背景与主要内容；其次围绕研究内容阐述问题的切入点，介绍研究区与数据采集、研究方法与技术路线等；最后分析结果，得到结论与讨论。

本书是近年来滁州学院李龙伟和浙江农林大学徐文兵及其团队开展合作，在毛竹林多尺度遥感监测领域的相关研究成果，主要围绕不同尺度遥感技术开展毛竹林林分参数、物候过程和地上生物量估测等方面的研究。本书由李龙伟、徐文兵、李楠和邓愫愫合作完成。李龙伟负责全书框架设计与统稿，并负责第1章和第5章内容的编写。徐文兵参与框架设计和部分统稿，并负责第2章、第7章和第8章等相关内容的编写。李楠负责第4章、第6章和第9章等相关内容的编写，并协助全书的编辑工作。邓愫愫负责第3章等相关内容的编写。本书部分成果已发表为学术论文和硕/博士学位论文。在本书付梓之际，感谢林业遥感专家陆灯盛教授给予的悉心指导和热心帮助；感谢吴天振、朱会子协助参考文献的整理工作；感谢王亚杰、冯云云、刘姗姗、路伟、高煜坤、陈瑜云、谢珠利、程振龙、蒋先蝶、林文科、赵帅、蔡越、郑阳龙、方子豪、范素莹、景昊晨、陈超等参与野外数据采集、处理以及成果整理等研究工作；感谢滁州学院和浙江农林大学领导、同事、朋友的关心和帮助；感谢浙江大学出版社及相关编辑在本书出版过程中给予的大力支持和帮助；另外感谢本书所索引的文献作者及其他相关同仁。

本书的系列研究受到国家自然科学基金委员会、安徽省科技厅、浙江省自然科学基金委等多个部门的科研项目资助，主要有国家自然科学基金青年项目“考虑大小年和间伐的毛竹林地上生物量遥感建模研究”(42101387)和“融合无人机 LiDAR 和光学影像的常绿阔叶林单木提取方法研究”(32101517)、国家自然科学基金面上项目“LiDAR后向散射回波强度的辐射校正及应用研究”(41671449)和“基于多源数据的亚热带森林地上生物量遥感信息模型的构建及其应用研究”(41571411)、浙江省公益性项目“基于地面LiDAR的毛竹模型构建与生物量测算技术研究”(LGN18C160004)和“基于多时相无人机LiDAR和可见光影像的次生阔叶林单木参数提取技术研究”(LGF22C160001)、浙江省自然科学基金青年项目“基于VENμS卫星和深度学习的竹林干扰监测研究”(LQ19D010010)、安徽省自然科学青年基金“联合无人机和哨兵2号卫星的金寨县毛竹笋产量遥感估算研究”(KJ2020A0723)、安徽省教育厅基金重点项目“多源数据协同的毛竹林地上生物量遥感模型构建与应用研究”(2108085QD155)、浙江农林大学人才启动基金项目“林分尺度的空地点云数据融合方法研究”(2021LFR057)等,在此一并致谢。

由于毛竹林生长过程及其与气候环境因素间的系统关系较为复杂,毛竹林遥感监测理论及其方法仍在摸索之中。本书主要是笔者近些年研究成果的整理、总结和提升,其理论性和实践性仍需深入探索,部分内容和技术细节还有待进一步提高和完善。由于笔者知识和水平所限,书中结论和观点难免有不当之处,诚恳希望同行和读者批评指正,敬请各位专家提出宝贵意见。

为了读者方便看清图片,特在需要查看彩色图的旁边附上二维码,读者只需用手机微信扫一扫,就可直接查看彩色效果。

著者

2021 年 12 月

目　录

第1章 绪 论

1.1 研究背景及内容

1.1.1 研究背景

全球陆地生态系统的主体是森林生态系统。森林是陆地生态系统中最大的碳库，占全球总植被碳储量的86%，是全球水源涵养地，是生物多样性保护地，是防止水土流失的重要保障，是实现碳中和以及调节全球气候的关键，森林的重要价值和作用为世人所共识(Nowak et al.，2002；Olson et al.，1983；蔡越，2018；朱文泉等，2001)。2009年全球气候峰会的重要议题之一就是森林保护、碳汇交易与清洁能源技术转移等科技性议题。2016年第22届联合国气候变化大会是《巴黎协定》(2015年)正式生效后的第一次缔约方大会，增汇减排再次提上议题，中国学者周国模教授参加峰会并呼吁竹林的固碳效应(文越，2016)。中国是发展中的人口大国，根据第七次全国人口普查，全国人口共141178万人。中国是承受全球气候变化不利影响的发展中国家，也是积极参与治理全球气候变化的勇于担当大国责任的国家(张文娟，2016)，为全球生态环境做出积极贡献。当今，全球大范围的生态系统被破坏或退化，恢复和改善迫在眉睫。联合国在2019年宣布从2021年到2030年为恢复全球生态系统的十年，其重要对策就是增汇减排，而增汇主要途径是植树造林。2020年，习近平总书记在中央经济工作会议上部署2021年重点工作任务是“做好碳达峰、碳中和工作”，其中，碳中和是指通过植树造林和提高森林质量来增加森林碳汇等“碳吸收”和节能减排降低“碳排放”两个主要方面的措施抵消人类在一定时间内生产和生活中直接或者间接产生的二氧化碳排放总量，实现二氧化碳“净零排放”。2020年9月22日，习近平主席在第75届联合国大会上提出中国目标，努力争取实现2030年碳达峰、2060年碳中和。2020年浙江省政协十二届三次会议上，政协委员的报告指出，截至2017年全球森林碳汇储存量大约为4500亿吨,相当于大气含碳量的2/3。因此,植树造林增汇被国际社会广泛认为是碳中和的最有效手段,是应对气候变化、恢复生态系统和促进碳中和的重要途径,同时需要监测和测算森林碳储量、碳分布和碳变迁。

竹子是禾本科竹亚科草本植物,全球约有70属,1200余种,主要分布在热带和亚热带地区。竹子在全球分布面积约为$32\times10^6hm^2$,约占全球森林面积的1%,其中80%的竹子分布在东亚和东南亚(FAO, 2014)。竹子克隆繁殖速度快,在全球森林面积逐渐减少的同时,竹子却呈现“越砍越旺”的增长趋势,目前全球约有25亿人直接参与竹子的生产和消费(Scurlock,2000)。据第八次全国森林资源清查统计(2009—2013),中国竹林面积为$6.01\times10^6hm^2$,毛竹林面积为$4.43\times10^6hm^2$,占全国竹林面积的73%(刘玉莉,2018)。在历届联合国气候变化大会上,中国学者都在呼吁竹子的经济价值和生态价值,以及对减缓气候变化的作用。2016年第21届联合国气候变化大会上,中国竹林碳循环专家周国模教授指出,竹子具有良好的生态价值,在应对全球气候变化中可以发挥重要作用,同时可促进乡村振兴和经济发展(蔡越,2018)。楼一平教授在专著*Bamboo and Climate Change Mitigation*(Lou et al., 2010)中充分肯定了竹林资源,特别是毛竹林的高效固碳能力,以及对全球碳中和的贡献,竹林的生态价值在全球得到了更大的认可和全社会的关注。快速生长和碳积累使得毛竹林拥有强大的碳储量和固碳潜力。研究表明,毛竹林年固碳量达$5.1Mg/hm^2$,是速生阶段杉木的1.46倍(周国模等,2004)。我国毛竹林碳储量约为(611.15 ± 142.31)Tg,毛竹每年能够存储的碳量为(10.19 ± 2.54)Tg(Li et al., 2015)。我国竹林碳储量在过去50年呈逐渐增加趋势,并且在竹林面积不断增加的背景下继续提高(陈先刚等,2008)。毛竹作为我国林业应对气候变化的重要战略资源,对全球碳汇做出的重要贡献受到了科学界的广泛关注(FAO, 2014; Li et al., 2015; Wang et al., 2013; Dai et al., 2018; Nath et al., 2015; Song et al., 2011)。

与其他森林类型相比,毛竹林除具有生长速度快、砍伐周期短等典型特征外,同时受到人类经营干扰强烈,如挖笋、施肥、除草、钩梢等,具有独特的生理生态特征:①毛竹生长速度快。母竹及幼竹在厌氧和自养呼吸的转换过程中产生大量的能量供应细胞分裂生长,使毛竹在40~60天内经历笋芽—竹笋—幼株—成竹的成长过程。研究区内毛竹笋出土时间为3月中下旬到4月中旬,在5月初到5月底完成生长,6月竹枝和竹叶开始逐渐展开。②毛竹林的年龄跟竹林换叶有关,用度表示。竹笋生长到第二年换叶为一度,以后每隔两年换叶一次,增加一度。一度竹竹秆呈青绿色,含水量高。二度竹竹秆呈绿色。三度竹竹秆大多呈黄绿色，竹秆木质化较重。四度竹竹秆呈黄褐色，大多数已被竹农砍伐，分布较少。③毛竹林具有明显的大小年特征。竹林之间存在明显的出笋量差异，根据出笋成竹的多少为划分依据，将毛竹林划分为大年毛竹林和小年毛竹林。大年毛竹林年内挖笋少，大多竹笋被留养成竹，而小年毛竹林则出笋少，人类会全部挖掉。④毛竹林的叶色变化特殊，随四季变化。竹叶在两年的生长周期内出现“三黄二黑”现象，主要表现为大年春季出笋导致营养不足，叶色变黄，夏季生长和营养积累后，叶色变深绿色，冬季逐渐枯黄并落叶，第二年春季不出笋积累营养后变深绿色，直到第三年出笋前，叶色变黄。⑤经营管理强度高。经营性毛竹林存在较规律的松土、施肥、除草、挖笋、钩梢、砍伐等措施。通常情况下，根据立地条件，在3月出笋前进行施肥。冬季来临前，对毛竹林进行钩梢处理，这是减轻雪灾的主要应急措施。钩梢处理直接造成了毛竹林冠层结构的变化，在新竹抽枝展叶到新竹钩梢的这段时间内，大小年毛竹林冠层有着清晰的边界。另外，农户掌握每株立竹的年龄，并根据毛竹龄级进行择伐。毛竹林这些独特的生理生态特征和人为干扰给毛竹林资源监测带来了极大的困难和挑战。

自20世纪中期第一颗人造卫星成功发射升空后，遥感技术已经成为对地监测的重要手段之一，以Landsat系列卫星为代表的遥感数据在全球范围内被广泛研究和应用，随着航天科技和信息技术的快速发展与进步，SPOT、Sentinel-2等卫星平台的发布与免费数据提供，激光雷达等前沿技术在林业资源监测上的深入应用，多源、多平台、多分辨率的遥感大数据时代已经来临，林业遥感监测也逐渐迈向“空天地”多尺度时代。精准的定位技术、海量的数据源、稳定的时间序列优势为实现毛竹林生态系统物质生产与能量流动研究提供了可能。本研究的目标是从不同研究尺度（单株—样地—区域）、不同森林结构参数（胸径、年龄）和物候能量流动角度（物候、生物量）来探讨新技术在毛竹林生态系统遥感监测中的应用及潜力。研究结果对提高毛竹林碳汇量估测精度和精准预测毛竹林碳汇交易具有重要的科学价值，而且对政府决策支持和农民增产增收等方面具有重要的指导意义。

1.1.2 研究内容

1. 毛竹林参数测算

(1)基于点云数据的单株毛竹几何参数测算

通过Leica C5采集毛竹林的点云数据，利用常用软件对单株毛竹进行建模，分析建模效果，为虚拟场景中毛竹模型提供选择参考；量测单株毛竹模型的四参数并分析精度，为构建单株毛竹 AGB（Above Ground Biomass，地上生物量）模型提供几何参数。

（2）基于竹秆激光回波强度的竹龄判别数学模型

毛竹竹龄是毛竹 AGB 模型中的重要参数，利用 TLS（Terrestrial Laser Scanning，地面激光扫描）点云数据获得毛竹竹秆的激光回波强度值，建立数学模型进行强度值归一化改正，拟合激光回波强度值与不同竹龄的函数模型，并精度验证，探索自动化识别毛竹竹龄的方法，为毛竹 AGB 计算提供竹龄参数。

（3）基于红边波段的毛竹大小年识别

利用地面调查的毛竹林真实数据，分析大年季节光谱变化特征，找到区分毛竹林与其他常绿植被的最佳时间窗口和光谱波段，构建基于大小年的毛竹林多时相遥感指数；从不同的分类策略和遥感数据源出发，结合不同的植被指数组合，利用决策树（Decision Tree，DT）和分层分类法对研究区的毛竹林进行遥感分类，对比不同时相、不同数据源下的毛竹林遥感分类效果；对不同时相、不同数据源下的毛竹林遥感分类结果进行精度评价，评估毛竹林多时相指数在其他研究区域的可移植性。

2. 毛竹林物候监测

（1）大小年时空分异规律研究

选择毛竹分布广泛的浙江省安吉县和安徽省广德市为研究区，基于 2018—2020 年时间序列 Sentinel-2 数据和多时相年际毛竹林遥感指数，获取毛竹林的大小年空间分布信息，对比大小年毛竹林在不同行政区划和地形条件下的空间分布格局，构建毛竹林大小年分异指数（Moso bamboo On-off year Differentiation Index，MODI），分析大小年毛竹林在行政区划和像元级的分异规律。

（2）毛竹林物候期遥感监测

结合地面物候监测数据和时间序列 VENμS（Vegetation and Environment monitoring on a New Micro Satellite）数据，着重从红边波段去构建新的毛竹林物候指数，分析毛竹林物候和气候变化的响应。主要的步骤包括：①将 2018—2019 年的时间序列 VENμS 数据进行预处理，获取无云的时间序列数据，分析可见光至近红外的光谱时间序列特征；②对比以不同红边为基础构建的时间序列植被指数特征，利用时间序列谐波分析法对时序植被指数进行平滑和拟合处理，遴选毛竹林物候监测的最佳植被指数；③运用物候监测算法反演毛竹林的物候期，分析时序植被指数与气象因子的响应关系。

3. 毛竹林地上生物量估测

(1)毛竹笋地上生物量测算模型与碳储量演化过程

毛竹林爆发生长期的AGB,即笋竹共生林AGB,拟合区域性的竹笋材积量与AGB转换模型参数,是研究毛竹笋生长特征和笋竹林实时AGB的关键。通过竹笋时间序列的生物量变化曲线,为快速获取笋竹林AGB提供测算方法。

(2)单株及样地尺度毛竹地上生物量

构建单株毛竹和毛竹林样地AGB数学模型,实现地面LiDAR(Light Detection and Ranging,激光雷达)应用于毛竹AGB的测量新方法,并首次提出了笋竹林瞬时AGB模型和精准测量了毛竹冠层生物量。

(3)区域尺度毛竹地上生物量

分析单株毛竹生物量的时间序列分布特征并构建单株毛竹时间序列生物量估测方程,计算了单株和样地尺度的毛竹林时间序列分布。结合遥感时间序列数据,筛选了不同时间下的毛竹林地上生物量估测变量,开展了区域毛竹林地上生物量估测。

1.2 国内外研究进展

1.2.1 基于激光雷达的毛竹林监测方法

1. LiDAR技术在林业资源调查和森林生物量估算中的应用

LiDAR是高速发射激光束,激光点到达目标物体会反射回激光扫描仪,仪器通过记录发射和返回的激光信号往返的时间而计算空间距离(蔡越,2018)。激光扫描仪搭载的平台有卫星、飞机(含无人机)、汽车和地基,从而有不同载体的LiDAR(程效军等,2014)。由于三维激光扫描技术可以获得目标物的(X,Y,Z)信息和激光回波强度值,在林业测绘中,可提取树木的三维空间结构和回波特征信息。地面LiDAR因操作便捷而应用广泛,包括林业工作者用于林业调查与树木结构参数提取等方面(何培培等2015;卢维欣等,2015;王果等,2015;步国超等,2016),主要是调查样地或单立木的研究工作。而机载LiDAR因其空间的机动性应用于较大尺度的林业资源调查。

Popescu et al. (2003)利用LiDAR和多光谱数据获得单个树木的参数(空间位置、高度和冠幅),使用回归模型计算DBH(Diameter at Breast Height,胸径)和样地面积,根据公式分别计算其生物量和材积。2007年,Popescu et al. (2007)

只利用 LiDAR 测量单株松树参数(如树高和冠幅),使用回归模型估算松树地上生物量、DBH 和树干生物量,与实测值相比,相关性分别为 93%、90% 和 79%~80%。Liu et al. (2010)研究机载 LiDAR 数据中分割单株树木,提取单株树木的树高和树冠,以估算每棵树的生物量,精度在 72% 以上。Andersen et al. (2014)通过 ALS(Airborne Laser Scanning,机载激光扫描)数据提取高树冠区域点云数据的变化,研究伐木区域生物量变化。2017 年在瑞典,Egberth et al. (2017)将机载 LiDAR 数据与地球资源卫星数据相结合,研究坦桑尼亚原始森林的氮含量和林分生物量。

ALS 因其空间的机动性应用于较大尺度的森林植被资源调查,通过多次回波获取树木的垂直信息等参数,比较不同时期参数的变化来反映树木的自然生长或人为干扰下的森林响应机制(蔡越,2018)。林学学者 Xiao et al. (2010)利用各个时相的机载雷达点云数据分析树木的变化。Réjou-Méchain et al. (2014)从两个时期的机载 LiDAR 数据中提取树冠和树高中位数分别建立 AGB 估算模型,通过比较分析实验区两期生物量估算值,得到生物量没有显著变化的结论。

虽然机载 LiDAR 覆盖范围大,通过多次回波可获得更多的森林垂直信息,但因飞行距离和速度导致点云密度较稀疏,不适合精准测量单立木而多用于分析森林参数区域统计值。而地面 LiDAR 因测站距离短具有较高的点云密度(上百个点/m^2),多用于单棵树木的研究。已有文献中,地面 LiDAR 技术常被用于监测树冠形状和体积的变化。Liang et al. (2012)为了提取出林中变化的树木,是通过将目标区域分割为体素结构,提取每个体素单元中变化的点云,然后进行几何建模以提取变化树木的胸径和树干位置。Gupta et al. (2015)研究比较分析林下植被在火灾前后的 LiDAR 数据,将林下植被点云按一定分辨率划分为体素结构,从每个体素包含的点云中提取衡量点云空间分布的指标,定量分析林下植被三维结构的变化。Puttonen et al. (2016)利用时间序列的夜间地面 LiDAR 数据监测白桦树枝叶的短期变化和估测树冠的垂直生长。Charles et al. (2017)利用地面 LiDAR 长时间监测落叶林,提取出不同时相的植被面积指数(Plant Area Index, PAI)和垂直植物指数(Vertical Plant Index, VPI),根据时间系列的点云数据,探讨落叶树枝叶的季节性变化特征。

目前,使用地面 LiDAR 数据对竹林三维结构进行动态监测的研究非常缺乏。毛竹冠层经常互相重叠,不易从点云数据中将每株单独分离出来,毛竹生长周期短,生长速度快,受人工经营和自然环境影响比较多,例如人工的采伐和冰雪的压覆,因此获取地面 LiDAR 毛竹林点云数据,提取描述毛竹空间结构的参数，用于样地或单株 AGB 测算，以取代人工地面调查工作，测算样地 AGB 有助于结合大尺度遥感数据（如卫星影像）进行毛竹林 AGB 碳储量的反演。

2. LiDAR 点云数据处理方法研究

LiDAR 技术是通过快速获取目标物的海量点云数据而得到目标的特征信息，目前主要应用于非森林环境中特定目标的立体模型及空间信息的获取。三维激光扫描技术可直接将各种大型、复杂、不规则、标准或非标准等实体或实景的三维数据进行采集，经过一系列的数据配准、数据滤波、数据空洞修补、数据压缩等，实现对点云数据的处理（蔡越，2018；冯文灏，2002）。另外，三维激光点云数据中的激光回波强度，具有物理特性，可以直接用于精确提取和反演目标材质。增强的点云数据能提供空间位置几何数据，可应用于智能化与精准化目标分类（蔡越，2018；Yan et al.，2012，2015；程小龙等，2015；黄磊等，2009；谭凯等，2014，2015）与特征提取（Carrea et al.，2016；Franceschi et al.，2009；Nield et al.，2015；Teo et al.，2015）。

多时相三维点云的变化监测技术多应用于城市区域建筑物变化检测（Awrangjeb et al.，2015；彭代锋等，2015；唐菲菲等，2016）和地形地貌变化分析（Zhang et al.，2015；Zhou et al.，2009）。要探测或提取变化的区域，常用方法是在不同时相点云数据的基础上，建立相应的数字地面模型，再将这些数字地面模型相减得到高程差值图像，也可以根据需求构建不同时相的数字地表模型（Digital Surface Model，DSM）来处理。Thoma et al.（2005）研究因河岸腐蚀和沉积造成的地表变化，计算河岸坡移率和产沙量，是将两个时相的 ALS 点云数据生成的数字地面模型（Digital Terrain Model，DTM）相减得到的。Li et al.（2008）使用机载 LiDAR 数据进行建筑物的模型重建，提取屋顶区域的点云，通过比较震前和震后的点云到屋顶几何面的距离确定被地震损毁的建筑物。Zhou et al.（2009）将机载 LiDAR 技术应用于海岸的腐蚀和沉积规律研究。Stal et al.（2013）为实现自动化提取建筑物的变化，使用两个时期的机载 LiDAR和航空立体影像分别构建 DSM 并相减，得到差值图像，再利用数学形态学进行运算。Malpica et al.（2013）结合机载 LiDAR 数据和 SPOT 卫星影像更新矢量地形图的建筑物信息，识别建筑物区域的变化区域。Anders et al.（2013）利用地形参数从多时相机载 LiDAR 数据中提取出七种地貌特征并加以比较从而探测地貌变化。彭代锋等（2015）是先滤波处理不同时期的机载 LiDAR点云数据，分别生成 DSM 并相减得到差值图像，再运用形态学方法获得地表变化区域。有研究认为，数字高程模型（Digital Elevation Model，DEM）或

DSM 相减会因为地物的水平移动引起偏差，在生成 DTM 和 DSM 时需要对点云数据进行网格化和平滑处理，也会引起结果的偏差，因此应该直接比较点云数据来检测变化，Zhang et al.(2015)提出了一个各向异性定权 ICP 算法用于直接比较机载 LiDAR 点云数据震前、震后的地表形变量。Awrangjeb(2015)先从机载 LiDAR 数据中提取建筑物边界，再与旧的建筑物边界图进行比较，从而得到发生变化的建筑物。

3. 地基 LiDAR 技术测算竹林生物量的研究

竹林和非森林目标的空间结构存在着较大差异。目前，机载 LiDAR 在森林资源调查应用较多，而地基 LiDAR 测算竹林 AGB 的研究非常少，尤其是基于多时相点云数据研究竹林 AGB 自然增长规律，由于受毛竹林经营的影响试验样地自然状态难以持久。因此，地基 LiDAR 测算竹林 AGB 的处理方法只能借鉴其他领域中 LiDAR 数据的处理方法。

机载点云主要研究滤波算法，生成 DTM，但仍需人工后期精化和编辑(Sithole et al., 2004)；融合机载点云与数码相机影像的光谱、纹理特征等语义信息，提高分类精度(Habib et al., 2005)，这方面开展了诸多研究(Guan et al., 2013; Khoshelham et al., 2010)，包括建筑物的分离与分类(Zhang et al., 2006)，距离影像和遥感影像进行分类(Germaine et al., 2011)，支持向量机(Support Vector Machine, SVM)(Secord et al., 2007)、随机森林(Random Forest, RF)(Guan et al., 2013; Guo et al., 2011)等机器学习方法等。车载点云的分类和识别也是研究热点，魏征等(2012)将车载点云转化为特征影像，分类与提取地物目标；Darmawati et al.(2008)利用激光回波强度对车载点云数据的目标进行分类；还有检测与提取城市道路构件如道路行车线(Ogawa et al., 2006)、交通指示牌(Chen et al., 2009)以及树木(Rutzinger et al., 2011)等。地物目标有着明显轮廓，其点云分类识别方法对提取毛竹竹秆的信息有参考价值。

毛竹林由于根系发达，植株密度大，枝叶细密和相互交错，毛竹林冠层郁闭度高，分割单株冠层点云数据是比较困难的。因此其激光点云数据处理方法有着自己的特点，但本书的重点不是毛竹林点云数据的处理方法，而是在样地尺度上，根据毛竹林样地 TLS 点云数据，利用常用软件获取相关参数，构建毛竹笋 AGB 模型、冠层生物量模型和竹秆生物量模型，组合成单株或毛竹林 AGB 模型，由提取毛竹笋和竹秆的几何参数、毛竹冠层点云密度参数和毛竹竹龄参数，构建毛竹林样地点云数据的生物量模型，将地面激光雷达扫描技术引进毛竹林AGB调查,对提高毛竹林样地AGB测量精准度、自动化、数字化等有非常好的应用价值。

1.2.2 基于卫星遥感技术的毛竹林监测方法

目前基于遥感提取竹林信息的研究已经覆盖了全球三大竹区,包括亚洲、美洲和非洲(Bharadwaj et al., 2003; Ghosh et al., 2014; Goswami et al., 2010; Zhao et al., 2018),其中亚洲竹区的相关研究最多(Linderman et al., 2004; Liu et al., 2018; Mertens et al., 2008; Wang et al., 2009; 邓旺华,2009;杜华强等,2008;桂玲等,2012;施拥军等,2008;孙少波,2016)。竹林类型多样,全世界分布有70余属,1200余种,而其中分布面积最多的是毛竹林(*Phyllostachys edulis*),其分布面积约占所有竹林的70%(杜华强等,2017),其他竹种研究则相对较少(董德进,2011;付小勇等,2012;王月如等,2019)。掌握毛竹林空间分布信息是毛竹生态系统研究的基础。近几十年来,国内外学者利用遥感手段对毛竹林的空间信息提取开展了大量研究。

1. 遥感数据源

遥感数据源是毛竹林信息提取的基础。目前常用的遥感数据源包括光学遥感(多光谱及高光谱)数据,微波雷达数据和激光雷达数据。目前微波雷达遥感和激光雷达遥感用于毛竹林信息提取的研究还较少(陶江玥等,2018;Nagashima et al., 2016),本节主要从光学遥感进行文献综述。

光学遥感数据主要有高光谱遥感和多光谱遥感数据。高光谱遥感具有更高的光谱分辨率,提供更多光谱细节,常用于植被信息提取,近年来也逐渐用于毛竹林信息提取研究(缪丽娟,2011;张莹等,2016)。缪丽娟(2011)对Hyperion EO-1高光谱遥感数据进行降维处理,确定适合识别毛竹林的高光谱特征,结合植被指数和地形信息,进行了毛竹林专题信息提取。研究表明,高光谱遥感能够反映光谱间的细微差距,但是该数据覆盖范围有限,获取较难,数据处理复杂。

目前,进行竹林遥感信息提取时应用最广泛和研究最多的是多光谱遥感,例如可以免费获取且拥有较长时间序列的Landsat系列多光谱数据(丁丽霞等,2006)。多光谱遥感按研究尺度可以划分为大尺度、区域/景观尺度和小尺度。大尺度的毛竹林信息提取研究主要针对国家或世界范围,MODIS数据可以获取全球大范围数据,是目前最常用的数据源(Du et al., 2018; 崔璐,2018; 崔璐等, 2019;俞淑红,2016)。如Du et al. (2018)针对MODIS数据,对森林信息进行最小噪声分类并提取最佳变量,利用决策树分类方法提取了全球范围的竹林信息,分类总体精度达78.8%。崔璐等(2019)通过决策树模型提取2003年、2008年和2014年三期中国竹林分布信息,采用线性最小二乘法混合像元分解得到中国竹林丰度图,三个时期的竹林分类精度均在80%左右。针对区域/景观尺度的毛竹林信息提取,Landsat、Sentinel-2等多光谱影像免费获取,是常用的数据源(桂玲等,2012;Wang et al.,2016;崔瑞蕊等,2011;范少辉等,2012;官凤英等,2010;刘健等,2010;余坤勇等,2009;Chen et al.,2019;Zhang et al.,2019)。官凤英等(2013)针对Landsat TM数据,对比了最大似然法、子像元分类法和光谱特征分类在竹林分类中的效果,三种分类方法总体精度均为76%左右。Wang et al.(2016)选取了临安天目山多期Landsat TM数据,分别利用支持向量机、最大似然法提取了多期竹林空间分布信息。Chen et al.(2016)利用Sentinel-2数据构建了多时相竹林指数,提取了毛竹林的空间分布信息,总体精度达90%。高空间分辨率影像如IKONOS、RapidEye、WorldView、SPOT系列等(高国龙等,2016;孙晓燕,2014;孙晓燕等,2013;颜梅春等,2004),被用于小尺度毛竹林信息提取研究。颜梅春等(2004)对IKONOS数据进行地类提取,其中竹林的分类精度达90%。高国龙等(2016)针对融合后的SPOT5数据,采用CART决策树分类方法,提取了安吉县山川乡的毛竹林信息,分类精度达88%。刘健等(2016)针对ALOS数据,构建了最佳纹理量,分别用像元法和面向对象法提取了顺昌县的毛竹林信息,总体分类精度达到70%。研究表明,高分辨率影像可以反映地物的几何结构和纹理信息,分类精度较高,但是数据成本较高,容易出现“异物同谱”的现象。通过对比,随着遥感数据空间分辨率的提高,毛竹林信息提取的精度也在逐步提高,空间分辨率5m内的毛竹林信息提取精度基本在90%以上(Ghosh et al.,2010; Han et al.,2014)。

随着对地监测技术的发展和进步,遥感传感器类型越来越多,不同的遥感传感器有着其自身的优势,如Landsat拥有更长的时间序列特征和免费的数据获取权限,Sentinel-2数据可以提供10m空间分辨率和三个红边波段,MODIS数据可以获取每日的遥感数据且覆盖范围更广,目前结合多源遥感的优势进行竹林提取的研究也越来越多。Zhao et al.(2018)结合了时间序列Landsat数据和MODIS数据以及地形和气象数据,实现了非洲东部地区毛竹林信息的提取,对比分析了不同月的毛竹林遥感信息提取精度,生产者精度最高达到79.2%。商珍珍(2012)结合Landsat和MODIS数据,首先提取林地信息,然后对林地的归一化植被指数(Normalized Difference Vegetation Index,NDVI)进行MNF变换选取毛竹单元,利用匹配滤波方法提取了长三角地区的竹林丰度信息,利用实际竹林面积进行精度验证，估算面积与实际面积的决定系数达0.85。孙晓燕(2014)结合了Landsat5 TM和SPOT5数据，采用面向对象多尺度分割方法改善毛竹林遥感分类精度，结果表明多源数据融合的竹林分类结果(用户精度为84.7%，生产者精度为87%)优于单一SPOT5(用户精度为78.9%，生产者精度为85%)和单一Landsat5 TM(用户精度为74%，生产者精度为63.4%)的数据分类结果。

归纳起来，目前可用的遥感数据很多，采用单一数据源往往具有局限性，越来越多的学者基于多源遥感数据提取毛竹林信息，集合不同数据源的优势，成为目前基于遥感提取毛竹林信息的重要手段。诸多学者使用多光谱、高分辨率等不同数据源，同时辅以辅助数据，对景观、区域、国家、世界等不同尺度下的毛竹林信息进行了提取，结果表明多源遥感数据结合能够达到更好的提取效果(Zhao et al.，2018；Du et al.，2018；俞淑红，2016；官凤英等，2013；孙晓燕，2014；商珍珍，2012；Han et al.，2013)。

2. 遥感变量的选择

光谱、纹理、时间特征及辅助数据在毛竹林信息提取中发挥着重要的作用。不同森林植被具有不同的生理表现，使其表现出不同的光谱特征，光谱能够反映植被冠层信息，是提取毛竹林信息最基础的变量之一(Goswami et al.，2010；Linderman et al.，2004；Li et al.，2016；Wang et al.，2009)。研究普遍认为，红波段、近红外波段和短波红外是区分毛竹林的有效光谱波段，如Goswami et al.(2010)利用NDVI和归一化水体指数(Normalized Difference Water Index，NDWI)两个指数构建了毛竹林指数(Bamboo Index，BI)，用于区分毛竹林和其他森林类型，分类总体精度84%，Kappa系数为0.79。Sentinel-2(Chen et al.，2019；Li et al.，2019)、RapidEye(Dube et al.，2017)、VENμS(Herrmann et al.，2011)等遥感数据包含红边波段，能够更真实地表达植被从红波段到近红外波段的红边现象，有助于提取毛竹林信息(Chen et al.，2019)。

由于毛竹林与其他森林的光谱特征接近，单纯依靠光谱特征很难有效提取毛竹林信息。诸多研究人员在光谱特征基础上，增加了空间信息和辅助数据提取毛竹林信息(Ghosh et al.，2014；邓旺华，2009；余坤勇等，2009；高国龙等，2016；颜梅春等，2004；Han et al.，2014)。Ghosh et al.(2014)基于WorldView遥感数据，使用主成分第一成分，第二成分和纹理信息，利用支持向量机方法实现印度地区的毛竹林遥感分类，生产者精度达到94%。余坤勇等(2012)针对ALOS数据提出“基于片层—面向类”算法，区分明亮区和阴影区毛竹林片层，利用主成分变化提取最佳纹理,基于面向对象的分类精度达 86.4%。研究表明,空间信息和辅助数据的加入能够在一定程度上提高分类精度。

除此之外,时间信息能够反映植被的生长规律,逐渐应用于毛竹林信息提取研究(Zhao et al., 2018; Liu et al., 2018; Zhang et al., 2019; Li et al., 2016)。例如,俞淑红(2016)在常规波段变量的基础上加入了 NDVI 和增强型植被指数(Enhanced Vegetation Index, EVI)的季节性参数变量,结果显示季节性参数可以提高毛竹林的分类精度,在竹林信息提取中 EVI 的季节性参数的表现优于 NDVI 的季节性参数。Liu et al.(2018)选取了不同季节的 Landsat 8 数据进行组合,变量选用了 NDVI、归一化湿度指数(Normalized Difference Moisture Index, NDMI)和纹理信息,分别对比了单季节和多季节、植被指数和植被指数纹理组合在毛竹林分类中的效果,结果显示基于多季节影像的分类精度最高,总体精度达到 93%。Wang et al.(2009)研究认为毛竹林在冬季常绿,而易混淆地类(落叶阔叶林、农田等)则会落叶或收获,冬季是毛竹林的最佳分类季节。Zhang et al.(2019)针对 Landsat 时间序列数据,从 NDVI 等时间序列植被指数中提取了竹林的物候信息,对比了单季节和多时相影像的分类效果,在 GEE(Google Earth Engine)平台提取了海南省的毛竹林分布信息,结果显示竹林遥感分类生产者精度达到 88.8%。

3. 遥感分类方法

选择适宜的分类方法是毛竹林信息提取研究的关键。表 1-1 总结了毛竹林信息提取中的常用分类方法。根据是否具有先验知识可以分为监督分类和非监督分类两种。监督分类是从遥感影像中选取感兴趣区,利用样本训练分类算法并完成分类,常见的监督分类如最小距离法、最大似然法、光谱角度填图法、马氏距离法等。杜华强等(2008)针对 Landsat TM 数据,利用最大似然法和光谱角度填图法完成了安吉县北部毛竹林信息提取,分类精度达 80%,对于针叶林和阔叶林分类误差较大。该类方法分类效果较好,但要求训练样区具有典型性和代表性训练样本。非监督分类,又称聚类分析法,它对分类影像缺乏先验知识,计算机通过特定统计原理进行判读,将具有相似光谱特征的像元划分为特定地物类别,然后通过分类器完成分类,常见的非监督分类方法有迭代式自组织数据分析技术(Iterative Self-Organizing Data Analysis Technique Algorithm, ISODATA)、K 均值聚类(K-Means)等算法。官凤英等(2010)针对 Landsat TM 数据,利用非监督分类方法完成了福建省顺昌县的竹林信息提取,分类总体精度为 69%。该方法不需要先验知识,无须人为干预,但需大量分析及后续处理,区分相似地物时精度较差。

表1-1　毛竹林信息提取中的数据、变量、方法及精度

遥感数据	变量	方法	精度评价	来源
WorldView2	PCA1 PCA2 纹理	支持向量机 随机森林 最大似然法	PA=0.94 UA=0.89	Ghosh et al.,2014
SOPT 5	红波段 PCA1 NDVI 纹理	分类回归决策树 最近邻法	PA=0.93 UA=0.90 OA=0.85 Kappa=0.80	高国龙等,2016;Han et al.,2014
IRSP6 LISS III	多光谱波段 NDVI NDMI BI		OA=0.84 Kappa=0.79	Bhardwaj et al.,2003;Goswami, et al.,2010
Landsat TM ETM+OLI	多光谱波段 NDVI 纹理	非监督分类 混合像元分解 神经网络 最大似然法 最小距离 决策树	OA=0.82～0.93	Linderman et al.,2004;桂玲等,2012;孙少波,2016;Wang et al., 2009
MODIS	MNF 季节变量 NDVI	目视解译 最大似然 随机森林	OA=0.79～0.80 Kappa=0.46 UA=0.49 PA=0.75	Du et al., 2018;俞淑红,2016;商珍珍,2012
SPOT 5 Landsat	多光谱波段 纹理	分类回归树 最近邻法	OA=0.83 Kappa=0.75 UA=0.85 PA=0.87	孙晓燕,2014
ASTER 辅助数据	多光谱波段 地形信息	神经网络	OA=0.74 Kappa=0.6	Wang et al.,2009
多时相 Landsat 辅助数据	多光谱波段 植被指数 多时相信息 纹理 辅助数据	随机森林 逻辑二元回归	OA=0.66～0.93 PA=0.79 UA=0.84	Zhao et al.,2018;Liu et al.,2018;Li et al.,2016

注:PA为生产者精度(Producer's Accuracy),UA为用户精度(User's Accuracy),OA为总体精度(Overall Accuracy)。

随着计算机运算能力的提高，决策树（DT）（杜华强等，2017；高国龙等，2016）、支持向量机（Wang et al.，2016；蔡华利，2009；巩垠熙等，2011）、人工神经网络（Artificial Neural Network，ANN）（Linderman et al.，2004；施拥军等，2008）、随机森林（Liu et al.，2018；Li et al.，2016；Dong et al.，2019）、卷积神经网络（Convolutional Neural Networks，CNNs）（Dong et al.，2019；Watanabe et al.，2018）等非参数分类方法逐渐应用于毛竹林信息提取研究。如 Dong 对 WorldView2 数据提取植被指数和纹理信息，结合了卷积神经网络和随机森林两种方法进行分类，分类精度高达 96%（Dong et al.，2019）。Watanabe et al.（2018）结合深度卷积神经网络和 GEE 对日本三个地区的竹林信息进行提取，结果表明分类精度高达 97%。机器学习算法能够获取较好的分类精度，分类精度与数据的空间分辨率和样本数量有很大关系，但分类器往往无法解释分类原理。

4. 竹林信息提取研究中潜在的研究点

由于毛竹林属于常绿植被，它的光谱特征与其他常绿植被类似，这增加了毛竹林遥感分类的难度；遥感数据的匮乏导致不能获取毛竹林最佳提取季节影像，传统的遥感数据回访周期长，如 Landsat，很少能获得生长周期内的全部数据；毛竹林独特的生理生态特征和大小年现象，造成了毛竹林大年和小年在生长周期内所表现出的林分结构差异和叶色变化。毛竹林自身独特的生理特点和时间序列遥感数据的匮乏给竹林遥感精细分类带来极大挑战。

如何准确地区分毛竹林与其他常绿植被仍存在着不确定性，如何有效区分毛竹林与其他竹林仍是毛竹林遥感分类的难点。因此目前的毛竹林遥感分类还存在以下问题有待解决：①毛竹林大小年在生长周期内光谱特征是如何变化的？毛竹林及大小年分类的最佳分类窗口在什么季节？②相比传统可见光到短波红外的波段信息，植被红边信息是否能够有效改善毛竹林分类精度？③在毛竹林分类中，针对单一或多源的遥感数据时，最优变量该如何选择？

1.2.3 基于卫星遥感的毛竹林物候监测

植被物候是对植物生命循环过程的研究（Leith et al.，1975），传统意义上植被物候常常与特定的生命循环事件（物候期）有关（Verhegghen et al.，2014），如发芽、展叶、落叶等。自 20 世纪 80 年代以来，植被物候的研究已经很多。

目前常用的物候期监测手段可以分为三类，分别是人为可视化监测、近地面监测和卫星遥感监测（Zeng et al.，2020）。人为可视化监测是对独立植物的记录和地面监测，目前国家级的物候监测网已经被广泛应用，如泛欧洲物候监测网(Templ et al.，2018)，美国物候监测网(Amy，2010)，中国物候监测网(Guo et al.，2015)。人为可视化物候监测可以在单植被或物种尺度提供详细的植被物候信息，但仍存在一定局限性，这些数据往往只代表了一个小区域，而且物候监测的数量受限(Zeng et al.，2020)。近地面监测主要有可见光相机连续监测(Nijland et al.，2016；Vrieling et al.，2018；Wingate et al.，2015)、连续碳通量塔监测(Wu et al.，2013)和多波段传感器监测(如无人机搭载多光谱)(Berra et al.，2019)等。相比于人为可视化监测，近地面监测能够提供高时空分辨率的数据，用于站点级别的物候变化及机理研究(Vrieling et al.，2018)，它是人为可视化和卫星遥感的桥梁，能够提供训练和验证物候数据。近地面监测和人为可视化监测都属于站点级别的地面监测范围，都存在空间监测范围和监测数据不足等局限(Graham et al.，2010；Sonnentag et al.，2012)。

卫星遥感监测技术能够为更大尺度的物候监测提供全球覆盖的数据，它拥有覆盖范围广、空间连续性、时间序列长、较好地监测植被生长发育过程及年际变化等特点，因此在物候研究中得到了广泛的应用(Granguly et al.，2010；Gonsamo et al.，2012；Hmimina et al.，2013；Jin et al.，2014)。目前遥感物候反演的数据源主要由光学传感器和微波遥感为主，其中光学传感器占了约80%以上(刘宇霞,2017)。光学遥感数据主要通过监测地表植被冠层的“绿度”信息获取物候变化，如生长开始期(Start of Growing Season，SOS)、生长结束期(End of Growing Season，EOS)和物候期长短等。如粗分辨率的AVHRR(Heumannet al.，2007；Moody et al.，2001)、MODIS(Tan et al.，2010；Zhang et al.，2003)、SPOT-VEGETATION (Guyon et al.，2011；Zheng et al.，2016)、VIIRS(Zhang et al.，2018；Liu et al.，2017)，中等分辨率的Landsat数据和Sentinel-2数据等。

目前最常用于物候反演的植被指数是NDVI和EVI，还有一些其他的植被指数如基于NDVI变换的叶面积指数(Leaf Area Index，LAI)(Che et al.，2014)，大气抗性植被指数(Atmospheric Resistant Vegetation Index，ARVI)(Fan et al.，2015)，宽动态范围植被指数(Wide Dynamic Range Vegetation Index，WDRVI)(Gitelson et al.，2004)，垂直植被指数(Perpendicular Vegetation Index，PVI)(Guyon et al.，2011)，植被物候指数(Plant Phenology Index，PPI)(Jin et al.，2014)，等等。大量的植被指数被用于植被物候遥感反演，但大多在较小的区域进行研究应用，通过文献统计应用最多的仍是NDVI和EVI。

1. 植被指数平滑与重构方法

由于受大气效应及地面冰雪等条件影响，卫星遥感数据提取的时间序列植被指数含有明显的噪声，在提取物候之前需要对时间序列植被指数进行降噪重构。目前去噪方法主要包括三种：经验平滑法、曲线拟合法和数学变换法(Atkinson et al.，2012)。

去噪的第一种方法是经验平滑法，它主要基于经验知识和假设对时间序列植被指数进行平滑处理，通常假设噪声信号会降低植被指数值，且植被指数信号的时间变化是平稳且连续的，例如生长季植被指数的连续上升。基于这种假设，很多平滑方法，如滑动窗口法(Viovy et al.，1992)、移动平均滤波(Ma et al.，2006)、迭代插值法(Julien et al.，2010)、权重变化滤波法(Zhu et al.，2011)等被用于降低植被指数值的噪声。这种传统的经验平滑法的优点是易用，但对经验参数(如噪声值、滑动窗口长度等)敏感，在对时间序列平滑后，仍会在时间序列植被指数数据中以异常峰或谷的形式保留一些残留的噪声。

第二种曲线拟合法是应用数学函数将植被指数时间序列曲线拟合到指定函数，它是目前最常用的物候拟合方法。目前应用最广的曲线拟合法有 Logistic 函数(Zhang et al.，2003)、改进的 Logistic 函数(Elmore et al.，2012；Beck et al.，2006；Cao et al.，2015)、非对称高斯函数(Jonsson et al.，2002)、Savitzky-Golay(Chen et al.，2004)等。曲线拟合法可以有效地抑制数据噪声，它不需要预先设定阈值或经验约束，使用数学函数来模拟植物生长的时间序列轨迹，是一种较为客观且容易适应各种情况的方法。但从遥感数据导出的时间序列植被指数曲线并不总是规则的曲线，函数拟合的准确性将直接影响物候特征提取的准确性，例如生长季结束时的植被指数下降速度往往比生长季开始时的植被指数上升速度快，有的植被可能出现两个生长季结束下降趋势等，这些因素会给物候期的反演增加更多不确定性。一些学者以增加参数来提高拟合精度，如六参数或七参数的双 Logistic 函数(Elmore et al.，2012；Beck et al.，2006)拟合效果比四参数的 Logistic 函数要更好。

第三种数学变换法是基于数学操作将时间序列分解为周期性、趋势、季节性等分量。傅里叶变换(Hermance et al.，2007)和小波变换(Galford et al.，2008；Sakamoto et al.，2005)是最广泛使用于植被物候遥感反演的数学变化法，傅里叶分析通常使用低阶项消除较短周期波动中的噪声，与傅里叶分析相比，基于局部函数的小波变换在频域和时域均能灵活缩放方面具有优势，可以捕获高频可变性(Sakamoto et al.，2005；Mart et al.，2009)。时间序列谐波分析法(Harmonic Analysis of Time Series, HANTS)是对快速傅里叶变换的改进,它不仅可以去除噪声点,而且不需要影像严格的时间序列间隔,它可以处理不等时间间隔的遥感影像数据,在频率和时间系列长度的选择上,HANTS具有更大的灵活性。

2. 植被物候期遥感提取方法

物候提取算法通常包括阈值法和变点检测法。阈值法一般是假设当平滑的植被指数值达到特定值时,物候期开始或结束。阈值法包括固定阈值法和动态阈值法两种,固定阈值法是选取固定值作为物候期的开始或结束,如将NDVI值0.17作为生长季节开始的阈值(Myneni et al., 1997),动态阈值法则是基于时间序列植被指数,选用比率、平均值等作为阈值,例如将植被指数幅度的50%作为生长季开始或结束的阈值(White et al., 1997)。尽管阈值法简单易行,但单一的阈值可能不适用于不同的植物物种或不同的地理位置,例如固定阈值法会对时间序列植被指数中的非植被相关变化敏感,因此可能导致植被物候的错误估计,而动态阈值法可能随着时间推移而变得不稳定,并且对噪声敏感。

变点检测法则是将植被指数的变化点对应的日期作为物候期的开始或结束,例如具有最大导数的拐点、一阶导数的极值、变化曲率等。它假设SOS和EOS可以被确定为植物生长期植被指数的最大变化的开始或结束时间。这些方法的区别在于如何确定这个特殊变化点在时间序列植被指数中的特征。例如,移动平均法是将植被指数时间序列越过由移动平均法建立的模型(Reed et al., 1994),曲率变化法则是利用曲率变化率在局部达到最大值或最小值确定四个变化日期,最大导数法则是将时间序列植被指数的导数达到最大值和最小值作为生长季的开始和结束(Tateishi et al., 2004)。变点检测法是目前最常用于提取物候信息的方法,但是如果在生长季没有快速增长的情况下,如一些植被具有较少的季节性/光谱变化性,这些方法可能就不适用。

总的来说,植被物候监测研究众多,为植被相关研究提供了基础支撑,包括植被覆盖地表年际变化或长时间序列趋势监测,基于多时相季节变化的土地覆盖分类,植被物候与气候变化的交互作用,植被对气候变化的响应,以及陆地表生态系统碳循环的年内或年际变化。植被物候的时空变化也能有效帮助植被信息识别和干旱植被生长状况监测。

3. 毛竹林物候监测潜在研究点

目前的森林物候研究以有明显生长季和非生长季的植被为研究目标,如橡胶林。橡胶林在冬季落叶、春季长新叶的特点，决定了其 NDVI 在生长季的开始和结束具有明显的波动信息，因此它们的 SOS 和 EOS 可以相对容易地监测出来。而常绿树种一年四季常绿，状态较为稳定，物候期监测则相对困难。毛竹林属于常绿植被类型，除了具有生长速度快、砍伐周期短的特点外，还受到人类经营干扰强烈，如挖笋、施肥、除草、钩梢等，具有自身独特的物候特征。毛竹生长速度快，新竹由笋芽生长而生，竹笋从出土生长到停止所经历的时间为40～60 天；竹林具有明显的大小年特征，大年出笋多，挖笋少，大多竹笋被留养成竹，小年出笋少，竹农会全部挖掉；竹林的叶色随四季变化，在 2 年的生长周期内出现“三黄二黑”现象，主要表现为大年春季出笋导致营养不足，叶色变黄，夏季生长和营养积累后，叶色变深绿色，冬季逐渐枯黄并落叶，第二年春季不出笋积累营养后变深绿色，直到第三年出笋前，叶色变黄。

毛竹生长过程中伴随着自身独特的生理特征，这些特征给毛竹林物候遥感监测带来了困难和挑战。毛竹林物候的特殊性决定了开展毛竹林物候遥感监测数据时间分辨率要足够高，目前一些对于毛竹林物候的遥感监测主要以MODIS为主，然而 MODIS 的空间分辨率太低，每一个像元里存在大量的混合像元，影响着物候监测的精度，尤其在面对毛竹林更加复杂的生长过程，MODIS 数据用来做生长监测的效果和精度往往不足，且竹林大小年更替叶子时间不一致，需要分开监测其生长季的开始和结束。目前物候监测所选用的变量以 NDVI 和 EVI 为主，物候监测的内容也主要以生长季开始和结束、生长季长度等为主。毛竹林和其他森林不同，它的生长周期应为两年循环，包含第一年的大年(春季生笋，以地上生长发育为主)和第二年的小年(很少有笋，以地下竹鞭生长发育为主)，因此毛竹林物候监测有其自身的独特性。

针对毛竹林的自身生理特点和周期循环，毛竹林生长过程遥感监测的以下内容有待进一步研究：①除了常绿毛竹林的生长季开始期和结束期可以准确监测出来外，毛竹林的其他物候期是否可以监测出来？②高时空分辨率的遥感数据是否可以构建更加准确反映毛竹林物候的遥感指数，并准确刻画毛竹林不同生长过程关键节点信息？

1.2.4 基于卫星遥感的区域毛竹林地上生物量估测

目前区域尺度的毛竹林地上生物量估测主要依靠遥感技术进行估测，通过建立遥感数据和样地数据的数学模型，实现区域尺度上的毛竹林地上生物量估测。样地数据通过汇总样地范围内的单株毛竹生物量获取，经汇总后求解得到单位面积上的毛竹地上生物量。遥感数据源是生物量估测的基础，特征变量的选择和建模方法是生物量估测的关键。

1. 不同传感器下的毛竹林地上生物量估测

目前用于毛竹地上生物量估测的遥感数据源众多，如光学、高光谱、雷达、激光雷达等遥感数据，应用最广泛的数据为光学遥感影像，例如Landsat系列、SPOT、Sentinel-2、MODIS等。这些光学数据有大量潜在的特征变量可用，正确识别关键特征变量对于准确估算生物量至关重要(Lu et al.，2016；蔡经纬，2016)。光谱特征、纹理特征、植被指数(如NDVI、EVI等)、图像转换(如PCA、MNF)等是目前常用的特征变量(Shang et al.，2013)。Du et al.(2010)分析毛竹林生物量与Landsat5 TM各个波段的相关性，研究发现近红外波段和毛竹林生物量有最高的相关系数，并基于Landsat5 TM数据建立毛竹林生物量线性回归模型，模型建模R^2为0.3，验证R^2为0.13。不同波段变化的指数、纹理信息和辅助信息也能一定程度上提高估测效果(Li et al.，2010)。

除了光学遥感数据，激光雷达数据也开始运用于毛竹林生物量的估测，Cao et al.(2019)利用激光雷达技术对不同经营类型的毛竹林，估算了叶面积指数和生物量，机载雷达能够提供林分结构信息，为毛竹林生物量估测提供了新的选择。蔡经纬等(2016)针对高分辨率遥感数据和机载LiDAR数据分别构建竹林地上生物量估测模型，结果表明基于LiDAR数据建立的生物量模型精度更高。蔡越等(2018)利用地面激光雷达技术判别毛竹林的年龄信息，结果表明激光强度能够准确地反映毛竹林年龄等信息，而密集的三维点云数据比传统的胸径模型估测更为准确，判别年龄的准确率达到92.5%，激光雷达数据有助于更准确地估测毛竹林地上生物量。陈健(2016)利用地面激光雷达估算了单株毛竹的胸径和树高信息，胸径的估测结果决定系数R^2很高，达到0.996，而单株毛竹林树高估测结果的R^2为0.5。基于激光雷达技术的毛竹林林分信息提取精度高，但该技术成本高，且目前仅能运用到较小的区域范围。

2. 不同算法下的毛竹林地上生物量估测

在建模算法方面，目前主要有参数和非参数两大类。参数型方法是根据光谱特征等与实测样地生物量建立的回归函数作为预测依据，主要包括线性回归和非线性回归，多元线性回归是生物量估测模型最常用的统计方法(徐小军，2009；Xu et al.，2011)。Xu et al.(2011)应用逐步回归法构建了毛竹林生物量的遥感光谱模型，并估算了杭州市临安区的毛竹林地上生物量。

近些年，非参数模型（支持向量机、神经网络、随机森林等方法）也广泛应用于毛竹林地上生物量遥感估测。非参数模型不要求显式模型结构，在解决非线性问题等方面具有优势，已成为竹林地上生物量模型构建的新趋势。例如余朝林等（2012）针对 Landsat5 TM 遥感影像构建一元线性、一元非线型、逐步回归、多元线性和 ERF-BP 神经网络等生物量预测模型，估测了安吉县、杭州市临安区和龙泉市的毛竹林地上生物量，研究表明基于 ERF-BP 的神经网络模型估测效果最佳，精度最高模型的平均相对误差为 10.4%。在不同数据源不同研究区的情况下，非参数的毛竹林生物量估测模型精度不一定比传统参数模型高。Gao et al. 结合 Landsat5 TM 数据与 ALOS PALSAR 数据，在单一影像数据和组合影像数据的基础上，分别构建了多元线性模型和随机森林（RF）、支持向量回归（Support Vector Regression, SVR）、*K* 最近邻（*K*-Nearest Neighbor, KNN）和人工神经网络（ANN）四种非参数模型，并估测浙江中北部读取的毛竹林地上生物量。结果表明单一的 Landsat5 TM 数据和两种遥感数据结合时，多元线性模型的估测精度高于非参数模型，只有使用单一 ALOS PALSAR 数据时，随机森林模型的估测精度最高。研究也发现了将植被进行分层建模时，不论单一数据还是两种数据结合，人工神经网络模型的精度最高。该研究还表明毛竹林的生物量估测精度明显低于其他森林类型（针叶、阔叶以及混交）（Gao et al., 2018；高煜堃，2018）。

表 1-2 汇总了基于遥感的毛竹生物量估测方法和模型精度，由于毛竹林在生长期的生物量积累方式和其他森林不同，表 1-2 中汇总了目前研究中选用的遥感数据和样地数据的时间信息。研究发现，毛竹林地上生物量估测精度普遍不高，验证 R^2 大多低于 0.5。范渭亮等（2010）对比了 6 种大气校正方法对毛竹林生物量估算的影响，结果显示 6 种校正模型校正前后 Landsat TM 数据与毛竹林生物量之间的相关系数没有显著差异。有学者提出将毛竹林分层再分别建模估算，可以改善毛竹林生物量估测效果。徐小军等（2013）根据照度因素将毛竹林分层建模的研究，首先确定一个照度临界值，将样本分为两部分进行建模，结果表明样本分层可以降低数据的离散程度，提高变量与生物量的相关性并改善估算精度，但是效果不明显。陈瑜云（2019）把毛竹林按照大小年进行分层和不分层建模，利用随机森林构建估测模型，结果显示分层建模方法仅能提高小年毛竹林的估测精度，而大年毛竹林的估测精度并未提高。

表1-2 基于遥感的毛竹林地上生物量的估测方法

遥感数据	建模变量	建模算法	模型精度	影像时间	样地时间	参考文献
Landsat	近红外波段	多元线性回归	R^2=0.13	2008/7/5	2008/8	(Du et al., 2011)
	原始波段 植被指数 空间变量 纹理信息 变换信息	逐步回归	R^2=0.297 RMSE=4.63 RMSEr=25.27%	2008/7/5	2008/8	(Zhou et al., 2011;Xu et al., 2013)
		非线性回归	RMSE=4.30 RMSEr=21.56%	2008/7/5	2008/8	(崔瑞蕊等,2011;Du et al., 2012)
		K最近邻 Erf-BP神经网络 随机森林	RMSE=4.5606 RMSEr=26.03%	2008/7/5	2008/8	(Zhang et al., 2019;Han et al., 2013;Zhou et al., 2011)
SPOT	原始波段 植被指数 纹理变量	逐步回归	R^2=0.32 RMSE=1.3		2014/7	(高国龙等,2016)
	纹理 可见光波段 红波段方差	决策树回归	OA=58.5%	2012/4	2011/8	(Du et al., 2018)
MODIS	植被指数 PCA	向后选择法	R^2=0.46 RMSE=3.06	2008	2008/7	(商珍珍,2012)
	叶面积指数 植被指数	随机森林	R^2=0.53 RMSE=6.54 RMSEr=32.15%	2014—2015	2014	(Li et al., 2018)

注:RMSE为均方根误差(Root Mean Square Error),单位为Mg/hm^2;RMSEr为相对均方根误(Relative Root Mean Square Error)。

3. 区域毛竹林生物量估测的潜在研究点

第一,样地数据和遥感数据的时间一致性问题。由于亚热带地区经常被云层覆盖,遥感数据的时间可用性不高,样地调查和遥感采集的日期往往不一致。大多数研究假设两种数据获取时间的差别不会显著影响地上生物量和遥感变量之间的关系,这种假设适用于短时间内的林分结构变化不大的森林,并不适于毛竹林,因为幼竹会在4—10月进行生物量迅速积累。因此,样地数据和遥感数据获取时间的一致性是确保毛竹林地上生物量估测精度的关键。

第二,光学遥感影像数据饱和问题。光学遥感数据可以获取林分水平结构参数,但其穿透能力较弱、敏感性低、信息容易饱和,已成为影响竹林地上生物量估测精度的主要原因之一。赵盼盼(2016)基于Landsat TM和ALOS PALSAR数据对毛竹林地上生物量进行建模估测,发现毛竹林的生物量饱和值比其他森林类型低,在$75Mg/hm^2$达到饱和。Chen et al.(2019)基于Sentinel-2数据对毛竹生物量估测，确定其生物量饱和值在 70Mg/hm^2，研究显示当竹林地上生物量超过饱和值后，遥感影像光谱值将不随着生物量的增加而降低，高于饱和值的生物量很难通过遥感数据得到体现，影响着地上生物量模型的估测精度。

第三，毛竹林的大小年生物量差异巨大。竹林大小年逐年交替，在不同时期光谱特征和地上生物量不同，如大年幼竹生长后（6 月左右）和冬季择伐前（2 月左右）这段时期内，大小年的光谱特征非常接近，但大小年的生物量却相差很大。在 5 月大年毛竹孕育竹笋，老竹因营养不足呈现黄褐色，而小年毛竹已展叶生长，竹色深绿，此时期内大小年竹林光谱差异巨大。因此在毛竹林地上生物量建模时，需要考虑大小年及不同时间对模型精度的影响。

第四，毛竹独特的物候给其生物量估测带来困难。毛竹林四季常绿，具有自身独特的物候期，伴随着大小年的逐年交替，毛竹林有着明显的笋期、幼竹期、生长期和换叶期等。竹笋在春天迅速发育，40～60 天内长到十几米，生物量快速积累。幼竹展开叶子后到白露期间，生物量则呈爆发式增长。成竹生物量较为稳定，主要是木质化过程。这些独特的毛竹林物候特征，与其他森林类型具有显著差异，为毛竹林生物量估测带来了挑战。

总的来说，目前国内外学者针对毛竹林地上生物量已经开展了大量的研究，在遥感数据建模、算法优化等方面进行了诸多尝试。常用遥感数据在时间分辨率和空间分辨率上有局限，缺乏高质量的时空序列遥感数据，毛竹生长周期内生物量动态变化则鲜有研究。目前毛竹地上生物量估测存在的问题主要有：①样地调查时间与遥感数据获取时间往往不匹配，导致了毛竹林地上生物量遥感估测精度差。如何将毛竹生长周期内的地上生物量与时间序列遥感对应起来建模，来改善毛竹林地上生物量估测精度？②毛竹快速累积的地上生物量是否能够通过高时空序列遥感进行监测？

参考文献

[1]Anders N S, Seijmonsbergen A C, Bouten W. Geomorphological change detection using object-based feature extraction from multi-temporal LiDar data[J]. IEEE Geoscience Remote Sensing Letters, 2013,10:1587-1591.

[2]Andersen H E, Reutebuch S E, McGaughey R J, et al. Monitoring selective logging in western Amazonia with repeat LiDAR flights[J]. Remote Sensing of Environment, 2014,151:157-165.

[3]Atkinson P M, Jeganathan C, Dash J, et al. Inter-comparison of four models for smoothing satellite sensor time-series data to estimate vegetation phenology[J]. Remote Sensing of Environment, 2012,123:400-417.

[4]Awrangjeb M. Effective generation and update of a building map database through automatic building change detection from LiDAR point cloud data [J]. Remote Sensing, 2015,7(10):14119-14150.

[5]Beck P S, Atzberger C, Høgda K A, et al. Improved monitoring of vegetation dynamics at very high latitudes: A new method using MODIS NDVI [J]. Remote Sensing of Environment, 2006,100(3):321-334.

[6]Berra E F, Gaulton R, Barr S. Assessing spring phenology of a temperate woodland: a multiscale comparison of ground, unmanned aerial vehicle and Landsat satellite observations[J]. Remote Sensing of Environment, 2019, 223:229-242.

[7]Bharadwaj S P, Subramanian S, Manda S, et al. Bamboo livelihood development planning, monitoring and analysis through GIS and remote sensing [J]. Journal of Bamboo and Rattan, 2003,2(4):453-461.

[8]Cao L, Coops N C, Sun Y, et al. Estimating canopy structure and biomass in bamboo forests using airborne LiDAR data[J]. ISPRS Journal of Photogrammetry and Remote Sensing, 2019,148:114-129.

[9]Cao R, Chen J, Shen M, et al. An improved logistic method for detecting spring vegetation phenology in grasslands from MODIS EVI time-series data[J]. Agricultural & Forest Meteorology, 2015,200:9-20.

[10]Carrea D, Abellan A, Humair F, et al. Correction of terrestrial LiDAR intensity channel using Oren-Nayar reflectance model: An application to lithological differentiation[J]. ISPRS Journal of Photogrammetry and Remote Sensing, 2016,113:17-29.

[11]Charles R Q, Su H, Kaichun M, et al. Pointnet: Deep learning on point sets for 3D classification and segmentation[C]// Computer Vision and Pattern Recognition (CVPR), IEEE Conference on. IEEE, 2017:77-85.

[12]Che M, Chen B, Innes J L, et al. Spatial and temporal variations in the end date of the vegetation growing season throughout the Qinghai-Tibetan Plateau from 1982 to 2011[J]. Agricultural and Forest Meteorology, 2014,189-190:81-90.

[13]Chen J, Jönsson P, Tamura M, et al. A simple method for reconstructing a high-quality NDVI time-series data set based on the Savitzky-Golay filter[J]. Remote Sensing of Environment, 2004,91(3-4):332-344.

[14]Chen X, Kohlmeyer B, Stroila M, et al. Next generation map making: geo-referenced ground-level LIDAR point clouds for automatic retro-reflective road feature extraction [C]//Proceedings of the 17th ACM SIGSPATIAL International Conference on Advances in Geographic Information Systems. ACM, 2009:488-491.

[15]Chen Y, Li L, Lu D, et al. Exploring bamboo forest aboveground biomass estimation using sentinel-2 data[J]. Remote Sensing, 2019, 11 (1):7.

[16]Dai W, Fu W, Jiang P, et al. Spatial pattern of carbon stocks in forest ecosystems of a typical subtropical region of southeastern China[J]. Forest Ecology and Management, 2018,409:288-297.

[17]Darmawati A T. Utilization of multiple echo information for classification of airborne laser scanning data[D]. Enschede, the Netherlands: International Institute for Geo-Information Science and Earth Observation, 2008.

[18]Dong L, Du H, Mao F, et al. Very high resolution remote sensing imagery classification using a fusion of random forest and deep learning technique-subtropical area for example[J]. IEEE Journal of Selected Topics in Applied Earth Observations and Remote Sensing, 2019,13(8):113-128.

[19]Du H, Cui R, Zhou G, et al. The responses of Moso bamboo (phyllostachys heterocycla var. pubescens) forest aboveground biomass to landsat TM spectral reflectance and NDVI[J]. Acta Ecologica Sinica, 2010,30(5):257-263.

[20]Du H, Mao F, Li X, et al. Mapping global bamboo forest distribution using multisource remote sensing data[J]. IEEE Journal of Selected Topics in Applied Earth Observations and Remote Sensing, 2018, 11 (5): 1458-1471.

[21]Du H, Mao F, Zhou G, et al. Estimating and analyzing the spatiotemporal pattern of aboveground carbon in bamboo forest by combining remote sensing data and improved BIOME-BGC model[J]. IEEE Journal of Selected Topics in Applied Earth Observations and Remote Sensing, 2018,

11(7):2282-2295.

[22]Dube T, Mutanga O, Sibanda M, et al. Evaluating the influence of the Red Edge band from RapidEye sensor in quantifying leaf area index for hydrological applications specifically focussing on plant canopy interception[J]. Physics and Chemistry of the Earth, Parts A/B/C, 2017,100: 73-80.

[23]Egberth M, Nyberg G, Næsset E, et al. Combining airborne laser scanning and Landsat data for statistical modeling of soil carbon and tree biomass in Tanzanian Miombo woodlands[J]. Carbon Balance and Management, 2017,12(1):8.

[24]Elmore A J, Guinn S M, Minsley B J, et al. Landscape controls on the timing of spring, autumn, and growing season length in mid—A tlantic forests[J]. Global Change Biology, 2012,18(2):656-674.

[25]Fan H, Fu X, Zhang Z, et al. Phenology-based vegetation index differencing for mapping of rubber plantations using Landsat OLI data[J]. Remote Sensing, 2015,7(5):6041-6058.

[26]FAO. State of the world's forests[M]. Rome: Food and Agriculture Organization of the United Nations, 2014.

[27]Franceschi M, Teza G, Preto N, et al. Discrimination between marls and limestones using intensity data from terrestrial laser scanner[J]. ISPRS Journal of Photogrammetry & Remote Sensing, 2009,64(6):522-528.

[28]Galford G L, Mustard J F, Melillo J, et al. Wavelet analysis of MODIS time series to detect expansion and intensification of row-crop agriculture in Brazil[J]. Remote Sensing of Environment, 2008,112(2):576-587.

[29]Ganguly S, Friedl M A, Tan B, et al. Land surface phenology from MODIS: Characterization of the Collection 5 global land cover dynamics product[J]. Remote Sensing of Environment, 2010,114(8):1805-1816.

[30]Gao Y, Lu D, Li G, et al. Comparative analysis of modeling algorithms for forest aboveground biomass estimation in a subtropical region[J]. Remote Sensing, 2018,10(4):627.

[31]Germaine K A, Huang M. Delineation of impervious surface from multispectral imagery and LiDAR incorporating knowledge based expert system rules[J]. Photogrammetric Engineering & Remote Sensing, 2011,77

(1):75-85.

[32]Ghosh A, Joshi P K. A comparison of selected classification algorithms for mapping bamboo patches in lower Gangetic plains using very high resolution WorldView 2 imagery[J]. International Journal of Applied Earth Observation and Geoinformation, 2014,26:298-311.

[33]Gitelson A A. Wide dynamic range vegetation index for remote quantification of biophysical characteristics of vegetation[J]. Journal of plant physiology, 2004,161(2): 165-173.

[34]Gonsamo A, Chen J M, Price D T, et al. Land surface phenology from optical satellite measurement and CO_2 eddy covariance technique[J]. Journal of Geophysical Research: Biogeosciences, 2012,117(G3).

[35]Goswami J, Tajo L, Sarma K. Bamboo resources mapping using satellite technology[J]. Current Science, 2010,99(5):650-653.

[36]Graham E A, Riordan E C, Yuen E M, et al. Public internet-connected cameras used as a cross-continental ground-based plant phenology monitoring system[J]. Global Change Biology, 2010,6(11):3014-3023.

[37]Guan H, Ji Z, Zhong L, et al. Partially supervised hierarchical classification for urban features from LiDAR data with aerial imagery[J]. International Journal of Remote Sensing, 2013,34(1):190-210.

[38]Guo L, Chehata N, Mallet C, et al. Relevance of airborne LiDAR and multispectral image data for urban scene classification using Random Forests[J]. ISPRS Journal of Photogrammetry & Remote Sensing, 2011,66(1):56-66.

[39]Guo L, Dai J, Wang M, et al. Responses of spring phenology in temperate zone trees to climate warming: a case study of apricot flowering in China[J]. Agricultural and Forest Meteorology, 2015,201:1-7.

[40]Gupta V, Reinke K and Jones S, et al. Assessing metrics for estimating fire induced change in the forest understorey structure using terrestrial laser scanning[J]. Remote Sensing, 2015,7(6):8180-8201.

[41]Guyon D, Guillot M, Vitasse Y, et al. Monitoring elevation variations in leaf phenology of deciduous broadleaf forests from SPOT/VEGETATION time-series[J]. Remote Sensing of Environment, 2011,115(2):615-627.

[42]Habib A, Mwafag G, Miche M, et al. Photogrammetric and LiDAR data

registration using linear features[J]. Photogrammetric Engineering & Remote Sensing, 2005,71(6):699-707.

[43] Han N, Du H, Zhou G, et al. Spatiotemporal heterogeneity of Moso bamboo aboveground carbon storage with Landsat Thematic Mapper images: a case study from Anji County, China[J]. International Journal of Remote Sensing, 2013,34(14):4917-4932.

[44]Han N, Du H, Zhou G, et al. Object-based classification using SPOT5 imagery for Moso bamboo forest mapping[J]. International Journal of Remote Sensing, 2014,35(3):1126-1142.

[45]Hermance J F. Stabilizing high-order, non-classical harmonic analysis of NDVI data for average annual models by damping model roughness[J]. International Journal of Remote Sensing, 2007,28(12):2801-2819.

[46]Herrmann I, Pimstein A, Karnleli A, et al. LAI assessment of wheat and potato crops by VENμS and Sentinel-2 bands[J]. Remote Sensing of Environment, 2011,115(8):2141-2151.

[47]Heumann B W, Seaquist J W, Eklundh L, et al. AVHRR derived phenological change in the Sahel and Soudan, Africa, 1982—2005[J]. Remote Sensing of Environment, 2007,108(4):385-392.

[48]Hmimina G, Dufrêne E, Pontailler J-Y, et al. Evaluation of the potential of MODIS satellite data to predict vegetation phenology in different biomes: An investigation using ground-based NDVI measurements[J]. Remote Sensing of Environment, 2013,132:145-158.

[49]Jin H, Eklundh L. A physically based vegetation index for improved monitoring of plant phenology[J]. Remote Sensing of Environment, 2014, 152:512-525.

[50]Jonsson P, Eklundh L. Seasonality extraction by function fitting to time-series of satellite sensor data[J]. IEEE transactions on Geoscience and Remote Sensing,2002,40(8):1824-1832.

[51]Julien Y, Sobrino J A. Comparison of cloud-reconstruction methods for time series of composite NDVI data[J]. Remote Sensing of Environment, 2010,114(3):618-625.

[52]Khoshelham K, Nardinocchi C, Frontoni E, et al. Performance evaluation of automated approaches to building detection in multi-source aerial

data[J]. Isprs Journal of Photogrammetry & Remote Sensing, 2010, 65(1): 123-133.

[53]Leith H. Phenology and seasonality modeling[J]. Soil Science, 1975, 120(6): 461.

[54]Li L, Li N, Lu D, et al. Mapping Moso bamboo forest and its on-year and off-year distribution in a subtropical region using time-series Sentinel-2 and Landsat 8 data[J]. Remote Sensing of Environment, 2019, 231: 111265.

[55]Li M, Cheng L, Gong J, et al. Post-earthquake assessment of building damage degree using LiDAR data and imagery[J]. China Ser. E-Technol. Sci., 51(2 Supplement), 2008: 133-143.

[56]Li M, Cheng L, Gong J, et al. Post-earthquake assessment of building damage degree using LiDAR data and imagery[J]. Science in China Series E: Technological Sciences, 2008, 51: 133-143.

[57]Li M, Li C, Jiang H, et al. Tracking bamboo dynamics in Zhejiang, China, using time-series of Landsat data from 1990 to 2014[J]. International Journal of Remote Sensing, 2016, 37(7): 1714-1729.

[58]Li P, Zhou G, Du H, et al. Current and potential carbon stocks in Moso bamboo forests in China[J]. Journal of Environmental Management, 2015, 156: 89-96.

[59]Li Y, Han N, Li X, et al. Spatiotemporal estimation of bamboo forest aboveground carbon storage based on landsat data in Zhejiang, China[J]. Remote Sensing, 2018, 10(6): 898.

[60]Liang X, Hyyppä J, Kaartinen H, et al. Detecting changes in forest structure over time with bi-temporal terrestrial laser scanning data[J]. ISPRS International Journal of Geo-Information, 2012, 1(3): 242-255.

[61]Linderman M, Liu J, Qi J, et al. Using artificial neural networks to map the spatial distribution of understorey bamboo from remote sensing data[J]. International Journal of Remote Sensing, 2004, 25(9): 1685-1700.

[62]Liu C, Xiong T, Gong P, et al. Improving large-scale Moso bamboo mapping based on dense Landsat time series and auxiliary data: a case study in Fujian Province, China[J]. Remote Sensing Letters, 2018, 9(1): 1-10.

[63]Liu L, Zhang X, Yu Y, et al. Real-time and short-term predictions of spring phenology in North America from VIIRS data[J]. Remote Sensing of Environment, 2017,194:89-99.

[64]Liu Q, Li Z, Chen E, et al. Estimating biomass of individual trees using point cloud data of airborne[J]. Chinese High Technology Letters,2010, 20(7):765-770.

[65]Lou Y P, Li Y X, Buckingham K, et al. Bamboo and Climate Change Mitigation[M]. Beijing: INBAR, 2010.

[66] Lu D, Chen Q, WANG G, et al. A survey of remote sensing-based aboveground biomass estimation methods in forest ecosystems[J]. International Journal of Digital Earth, 2016,9(1):63-105.

[67]Ma M, Veroustraete F. Reconstructing pathfinder AVHRR land NDVI time-series data for the Northwest of China[J]. Advances in Space Research, 2006,37(4):835-840.

[68]Malpica J A, Alonso M C, Papí F, et al. Change detection of buildings from satellite imagery and liDAR data[J]. International Journal of Remote Sensing, 2013,34(5):1652-1675.

[69]Martínez B, Gilabert M A. Vegetation dynamics from NDVI time series analysis using the wavelet transform[J]. Remote Sensing of Environment, 2009,113(9):1823-1842.

[70]Mayer A. Phenology and Citizen Science[J]. Bioscience, 2010,60(3): 172-175.

[71]Mertens B, Hua L, Belcher B, et al. Spatial patterns and processes of bamboo expansion in Southern China[J]. Applied Geography, 2008,28 (1):16-31.

[72]Moody A, Johnson D M. Land-surface phenologies from AVHRR using the discrete Fourier transform[J]. Remote Sensing of Environment, 2001,75(3):305-323.

[73]Myneni R B, Keelingh C, Tucker C J, et al. Increased plant growth in the northern high latitudes from 1981 to 1991[J]. Nature, 1997,386 (6626):698-702.

[74]Nagashima K, Kinami Y, Tanaka K. Classifying managed and unmanaged bamboo forests using airborne liDAR data[J]. Journal of Forest

Planning, 2016,21(1):13-20.

[75]Nath A J, Lal R, Das A K. Managing woody bamboos for carbon farming and carbon trading[J]. Global Ecology and Conservation, 2015, 3: 654-663.

[76]Nield J M, Wiggs G F S, King J, et al. Climate-surface-pore-water interactions on a salt crusted playa: implications for crust pattern and surface roughness development measured using terrestrial laser scanning[J]. Earth Surface Processes & Landforms, 2016,41(6):738-753.

[77]Nijland W, Bolton D K, Coops N C, et al. Imaging phenology; scaling from camera plots to landscapes[J]. Remote Sensing of Environment, 2016,177:13-20.

[78]Nowak D J, Crane D E. Carbon storage and sequestration by urbantrees in the USA[J]. Environmental Pollution, 2002,116(3):381-389.

[79]Ogawa T, Takagi K. Lane recognition using on-vehicle LiDAR[C]//Proc. IEEE Intell. Vehicles Symp. , 13-15 June, Tokyo, Japan, 2006, pp. 845-848.

[80]Olson J S, Watts J A, Allison L J. Carbon in live vegetation of major world ecosystems[M]. Oak Ridge, Tenn:Oak Ridge National Laboratory, 1983.

[81]Popescu S C. Estimating biomass of individual pine trees using airborne LiDAR[J]. Biomass and Bioenergy, 2007,31(9):646-655.

[82]Popescu S C, Wynne R H, Nelson R F. Measuring individual tree crown diameter with LiDAR and assessing its influence on estimating forest volume and biomass[J]. Canadian Journal of Remote Sensing, 2003,29(5): 564-577.

[83]Puttonen E, Briese C, Mandlburger G, et al. Quantification of Overnight Movement of Birch (Betula pendula) Branches and Foliage with Short Interval Terrestrial Laser Scanning[J]. Frontiers in Plant Science, 2016,7 (222):1-13.

[84]Reed B C, Brown J F, Vanderzee D, et al. Measuring phenological variability from satellite imagery[J]. Journal of vegetation science, 1994,5 (5):703-714.

[85]Réjou-Méchain M, Tymen B, Blanc L, et al. Using repeated small-foot-

print LiDAR acquisitions to infer spatial and temporal variations of a high-biomass neotropical forest[J]. Remote Sensing of Environment, 2014,169:93-101.

[86]Rutzinger M, Pratihast A K, Elberink S O, et al. Tree modelling from mobile laser scanning datasets[J]. The Photogrammetric Record, 2011, 26(135):361-372.

[87]Sakamoto T, Yokozama M, Toritani H, et al. A crop phenology detection method using time-series MODIS data[J]. Remote Sensing of Environment, 2005,96(3-4):366-374.

[88]Scurlock J M O. Bamboo: an over-looked biomass resource? [J]. Biomass & Bioenergy, 2000,19(4):229-244.

[89]Secord J, Zakhor A. Tree detection in urban region using aerial LiDAR and image data[J]. IEEE Geoscience and Remote Sensing Letters, 2007,4(2):196-200.

[90]Shang Z, Zhou G, Du H, et al. Moso bamboo forest extraction and aboveground carbon storage estimation based on multi-source remotely sensed images[J]. International Journal of Remote Sensing, 2013, 34(15):5351-5368.

[91]Sithole G and Vosselman G. Experimental comparison of filter algorithms for bare-earth extraction from airborne laser scanning point clouds[J]. Photogrammetry & Remote Sensing,2004,59(1-2):85-101.

[92]Song X, Zhou G, Jiang H, et al. Carbon sequestration by Chinese bamboo forests and their ecological benefits: assessment of potential, problems, and future challenges[J]. Environmental Reviews, 2011, 19: 418-428.

[93]Sonnentag O, Hufkens K, Teshera-Sterne C, et al. Digital repeat photography for phenological research in forest ecosystems[J]. Agricultural and Forest Meteorology, 2012,152:159-177.

[94]Stal C, Tack F, De Maeyer P, et al. Airborne photogrammetry and LiDAR for DSM extraction and 3D change detection over an urban area-a comparative study[J]. International Journal of Remote Sensing, 2013,34(4): 1087-1110.

[95]Tan B, Morisette J T, Wolfer E, et al. An enhanced TIMESAT algo-

rithm for estimating vegetation phenology metrics from MODIS data[J]. IEEE Journal of Selected Topics in Applied Earth Observations and Remote Sensing, 2010,4(2):361-371.

[96]Tateishi R, Ebata M. Analysis of phenological change patterns using 1982—2000 advanced very high resolution radiometer (AVHRR) data [J]. International Journal of Remote Sensing, 2004,25(12):2287-2300.

[97]Templ B, Koch E, Bolmgren K, et al. Pan European phenological database (PEP725): a single point of access for European data[J]. International Journal of Biometeorology, 2018,62(6):1109-1113.

[98]Teo T A, Yu H. Empirical radiometric normalization of road points from terrestrial mobile LiDAR system[J]. Remote Sensing, 2015, 7(5): 6336-6357.

[99]Thoma D P, Gupta S C, Bauer M E, et al. Airborne laser scanning for riverbank erosion assessment[J]. Remote Sensing of Environment, 2005, 95:493-501.

[100]Verhegghen A, Bontemps S, Defourny P. A global NDVI and EVI reference data set for land-surface phenology using 13 years of daily SPOT-vegetation observations[J]. International Journal of Remote Sensing, 2014,35(7):2440-2471.

[101]Viovy N, Arino O, Belward A. The best index slope extraction (BISE): A method for reducing noise in NDVI time-series[J]. International Journal of Remote Sensing, 1992,13(8):1585-1590.

[102]Vrieling A, Meroni M, Darvishzadeh R, et al. Vegetation phenology from Sentinel-2 and field cameras for a Dutch barrier island[J]. Remote Sensing of Environment, 2018,215:517-529.

[103]Wang C E, Hunt R, Zhang L, et al. Phenology-assisted classification of C3 and C4 grasses in the US Great Plains and their climate dependency with MODIS time series[J]. Remote Sensing of Environment, 2013, 138:90-101.

[104]Wang T, Skidmore A, Toxopeus A. Improved understorey bamboo cover mapping using a novel hybrid neural network and expert system[J]. International Journal of Remote Sensing, 2009,30(4):965-981.

[105]Wang T, Skidmore A K, Toxopeus A G, et al. Understory bamboo dis-

crimination using a winter image[J]. Photogrammetric Engineering & Remote Sensing, 2009,75(1):37-47.

[106]Watanabe S, Sumi K,Ise T. Using deep learning for bamboo forest detection from Google Earth images[J]. 2018.

[107]White M A, Thornton P E, Running S W. A continental phenology model for monitoring vegetation responses to interannual climatic variability[J]. Global Biogeochemical Cycles, 1997,11(2):217-234.

[108]Wingate L, Ogée J, Cremonese E, et al. Interpreting canopy development and physiology using the EUROPhen camera network at flux sites [J]. Biogeosciences Discussions, 2015,12(20):7979-8034.

[109]Wu C, Chen J M, Black T A, et al. Interannual variability of net ecosystem productivity in forests is explained by carbon flux phenology in autumn[J]. Global Ecology and Biogeography, 2013,22(8):994-1006.

[110]Xiao W, Xu S, Elberink S O. Change detection of trees in urban areas using multi-temporal airborne LiDAR point clouds[J]. Proceedings of SPIE-The International Society for Optical Engineering, 2012,8532:07.

[111]Xu X, Du H, Zhou G, et al. Estimation of aboveground carbon stock of Moso bamboo (Phyllostachys heterocycla var. pubescens) forest with a Landsat Thematic Mapper image[J]. International Journal of Remote Sensing, 2011,32(5):1431-1448.

[112]Yan W, Shaker A, El-Ashmawy N. Urban land cover classification using airborne LiDAR data: A review[J]. Remote Sensing of Environment, 2015,158:295-310.

[113]Yan W, Shaker A, Habib A, et al. Improving classification accuracy of airborne LiDAR intensity data by geometric calibration and radiometric correction[J]. ISPRS Journal of Photogrammetry & Remote Sensing, 2012,67(2):35-44.

[114]Ying W, Jin J, Jiang H, et al. Satellite-based detection of bamboo expansion over the past 30 years in Mount Tianmushan, China[J]. International Journal of Remote Sensing, 2016,37(13):2908-2922.

[115]Zeng L, Wardlow B D, Xiang D, et al. A review of vegetation phenological metrics extraction using time-series, multispectral satellite data [J]. Remote Sensing of Environment, 2020,237:111511.

[116]Zhang G P, Qi M. Neural network forecasting for seasonal and trend time series[J]. European Journal of Operational Research, 2005,160(2): 501-514.

[117]Zhang K, Yan J, Chen S. Automatic construction of building footprints from airborne LiDAR data[J]. IEEE Transactions on Geoscience & Remote Sensing, 2006,44(9):2523-2533.

[118]Zhang X, Friedl M A, Schaaf C B, et al. Monitoring vegetation phenology using MODIS[J]. Remote Sensing of Environment, 2003,84(3): 471-475.

[119]Zhang X, Glennie C, Kusari A. Change detection from differential airborne LiDAR using a weighted anisotropic iterative closest point algorithm[J]. IEEE Journal of Selected Topics in Applied Earth Observations and Remote Sensing, 2015,8(7):3338-3346.

[120]Zhang X, Liu L, Liu Y, et al. Generation and evaluation of the VIIRS land surface phenology product[J]. Remote Sensing of Environment, 2018,216:212-229.

[121]Zhangh M, Gong P,Qo S, et al. Mapping bamboo with regional phenological characteristics derived from dense Landsat time series using Google Earth Engine[J]. International Journal of Remote Sensing, 2019,40(24):9541-9555.

[122]ZhaoY, Feng D, Jayaraman D, et al. Bamboo mapping of Ethiopia, Kenya and Uganda for the year 2016 using multi-temporal Landsat imagery[J]. International Journal of Applied Earth Observation and Geoinformation, 2018,66:116-125.

[123]Zheng Y, Wu B, Zhang M, et al. Crop phenology detection using high spatio-temporal resolution data fused from SPOT5 and MODIS products [J]. Sensors, 2016,16(12):2099.

[124]Zhou G, Xie M. Coastal 3-D morphological change analysis using LiDAR series data: A case study of assateague island national seashore [J]. Journal of Coastal Research, 2009,25(2):435-447.

[125]Zhu W, Pan Y, He H, et al. A changing-weight filter method for reconstructing a high-quality NDVI time series to preserve the integrity of vegetation phenology[J]. IEEE Transactions on Geoscience and Remote

Sensing，2011，50(4)：1085-1094.

[126]步国超，汪沛.基于单站地面激光雷达数据的自适应胸径估计方法[J].激光与光电子学进展，2016，53(8)：284-292.

[127]蔡华利.基于SVM的多源遥感分类的竹林信息提取方法研究[D].北京：北京林业大学，2009.

[128]蔡经纬.基于不同遥感数据源的毛竹林地上部分生物量反演[D].合肥：安徽农业大学，2016.

[129]蔡越.基于地面LiDAR的单株毛竹地上生物量测算方法研究[D].杭州：浙江农林大学，2018.

[130]蔡越，徐文兵，梁丹，等.基于激光回波强度判别毛竹年龄[J].中国激光，2018，45(1)：272-280.

[131]陈健.基于地基激光雷达的不同森林类型单木胸径与树高提取[D].合肥：安徽农业大学，2016.

[132]陈先刚，张一平，张小全，等.过去50年中国竹林碳储量变化[J].生态学报，2008，11：5218-5227.

[133]陈瑜云.基于Sentinel-2影像数据的毛竹林生物量估测[D].杭州：浙江农林大学，2019.

[134]程小龙，程效军，郭王，等.基于激光强度的建筑立面点云分类及信息提取[J].同济大学学报(自然科学版)，2015，43(9)：1432-1437.

[135]程效军，贾东峰，程小龙.海量点云数据处理理论与技术[M].上海：同济大学出版社，2014.

[136]崔璐.中国竹林遥感信息提取及NPP时空模拟研究[D].杭州：浙江农林大学，2018.

[137]崔璐，杜华强，周国模，等.决策树结合混合像元分解的中国竹林遥感信息提取[J].遥感学报，2019，23(01)：166-176.

[138]崔瑞蕊，杜华强，周国模，等.近30a安吉县毛竹林动态遥感监测及碳储量变化[J].浙江农林大学学报，2011，28(3)：422-431.

[139]邓旺华.竹林地面光谱特征及遥感信息提取方法研究[D].北京：中国林业科学研究院，2009.

[140]丁丽霞，王祖良，周国模，等.天目山国家级自然保护区毛竹林扩张遥感监测[J].浙江林学院学报，2006，3：297-300.

[141]董德进.雷竹林遥感监测及其碳储量动态影响研究[D].杭州：浙江农林大学，2011.

[142]杜华强,孙晓艳,韩凝,等.综合面向对象与决策树的毛竹林调查因子及碳储量遥感估算[J].应用生态学报,2017,28(10):3163-3173.
[143]杜华强,周国模,葛宏立,等.基于TM数据提取竹林遥感信息的方法[J].东北林业大学学报,2008,3:35-38.
[144]范少辉,官凤英,苏文会,等.基于遥感技术的竹资源变化监测研究[J].西北林学院学报,2012,27(5):169-173.
[145]范渭亮,杜华强,周国模,等.大气校正对毛竹林生物量遥感估算的影响[J].应用生态学报,2010,21(1):1-8.
[146]冯文灏.近景摄影测量[M].武汉:武汉大学出版社,2002.
[147]付小勇,孙茂盛,杨宇明,等.遥感技术在德宏州大型丛生竹资源监测中的应用研究[J].西部林业科学,2012,41(4):88-92.
[148]高国龙,杜华强,韩凝,等.基于特征优选的面向对象毛竹林分布信息提取[J].林业科学,2016,52(9):77-85.
[149]高煜堃.基于机器学习及多源数据的亚热带典型区域森林地上生物量估测研究[D].杭州:浙江农林大学,2018.
[150]巩垠熙,韩旭,冯仲科,等.支持向量机在遥感数据中提取竹林信息的方法研究[C].International Conference on Remote Sensing,2010.
[151]官凤英,范少辉,蔡华利,等.竹林遥感信息提取方法比较研究[J].安徽农业科学,2010,38(8):4333-4335+4339.
[152]官凤英,范少辉,郜燕芳,等.不同分类方法在竹林遥感信息识别中的应用[J].中国农学通报,2013,29(1):47-52.
[153]桂玲,孙华,陈利.基于中等分辨率遥感影像的桃源县竹林信息提取研究[J].中国农学通报,2012,28(1):85-91.
[154]何培培,万幼川,杨威,等.基于线特征的城区激光点云与影像自动配准[J].光学学报,2015,35(5):360-368.
[155]黄磊,卢秀山,梁勇.基于激光扫描回光强度的建筑物立面信息提取与分类[J].武汉大学学报(信息科学版),2009,34(2):195-198.
[156]刘健,余坤勇,许章华,等.竹资源专题信息提取纹理特征量构建研究[J].遥感信息,2010,6:87-94.
[157]刘宇霞.植被物候变化遥感反演及生态系统碳循环作用机理[D].中国科学院大学(中国科学院遥感与数字地球研究所),2017.
[158]刘玉莉.两种典型竹林生态系统碳收支动态及驱动力分析[D].杭州:浙江农林大学,2018.

[159]卢维欣，万幼川，何培培，等. 大场景内建筑物点云提取及平面分割算法[J]. 中国激光，2015，42(9)：344-350.

[160]缪丽娟. 毛竹专题信息高光谱特征指数反演技术研究[D]. 福州：福建农林大学，2011.

[161]彭代锋，张永军，熊小东. 结合 LiDAR 点云和航空影像的建筑物三维变化检测[J]. 武汉大学学报(信息科学版)，2015，40(4)：462-468.

[162]商珍珍. 基于多源遥感毛竹林信息提取及地上部分碳储量估算研究[D]. 杭州：浙江农林大学，2012.

[163]施拥军，徐小军，杜华强，等. 基于 BP 神经网络的竹林遥感监测研究[J]. 浙江林学院学报，2008，04：417-421.

[164]孙少波. 亚热带典型森林冠层参数及碳储量定量估算研究[D]. 杭州：浙江农林大学，2016.

[165]孙晓艳. 面向对象的毛竹林分布遥感信息提取及调查因子估算[D]. 杭州：浙江农林大学，2014.

[166]孙晓艳，杜华强，韩凝，等. 面向对象多尺度分割的 SPOT5 影像毛竹林专题信息提取[J]. 林业科学，2013，49(10)：80-87.

[167]谭凯，程效军. 激光强度值改正模型与点云分类精度[J]. 同济大学学报(自然科学版)，2014，42(1)：131-135.

[168]谭凯，程效军. 基于多项式模型的 TLS 激光强度值改正[J]. 中国激光，2015，42(3)：310-318.

[169]唐菲菲，阮志敏，张亚利，等. 基于机载 LiDAR 和 GIS 数据的建筑物变化信息自动检测方法[J]. 国土资源遥感，2016，28(1)：57-62.

[170]陶江玥，刘丽娟，庞勇，等. 基于机载激光雷达和高光谱数据的树种识别方法[J]. 浙江农林大学学报，2018，35(2)：314-323.

[171]王果，沙从术，王健. 考虑局部点云密度的建筑立面自适应分割方法[J]. 激光与光电子学进展，2015，52(6)：116-121.

[172]王月如，韩鹏鹏，关舒婧. 基于 Landsat 8 OLI 数据的富贵竹种植区域信息提取[J]. 国土资源遥感，2019，31(1)：133-140.

[173]魏征，董震，李清泉，等. 车载 LiDAR 点云中建筑物立面位置边界的自动提取[J]. 武汉大学学报(信息科学版)，2012，37(11)：1311-1315.

[174]文越. 气候变化巴黎大会开启全球气候治理新篇章[J]. 中国减灾，2016，1：48-49.

[175]徐小军. 基于 LANDSAT TM 影像毛竹林地上部分碳储量估算研究[D].

杭州:浙江林学院,2009.

[176]徐小军,周国模,杜华强,等.样本分层对毛竹林地上部分碳储量估算精度的影响[J].林业科学,2013,49(6):18-24.

[177]颜梅春,张友静,鲍艳松.基于灰度共生矩阵法的IKONOS影像中竹林信息提取[J].遥感信息,2004,2:31-34.

[178]余朝林,杜华强,周国模,等.毛竹林地上部分生物量遥感估算模型的可移植性[J].应用生态学报,2012,23(9):2422-2428.

[179]余坤勇,刘健,许章华,等.南方地区竹资源专题信息提取研究[J].遥感技术与应用,2009,24(4):449-455.

[180]余坤勇,许章华,刘健,等."基于片层-面向类"的竹林信息提取算法与应用分析[J].中山大学学报(自然科学版),2012,51(1):89-95.

[181]俞淑红.利用多尺度遥感数据的竹林信息提取研究[D].杭州:浙江农林大学,2016.

[182]张文娟.如何让发展变得更绿?[J].中国生态文明,2016,2:45-52.

[183]张莹,张晓丽,王书涵,等.福建将乐林场主要树种冠层光谱反射特征分析[J].西北农林科技大学学报(自然科学版),2016,44(2):83-89+96.

[184]赵盼盼.基于Landsat TM和ALOS PALSAR数据的森林地上生物量估测研究[D].杭州:浙江农林大学,2016.

[185]周国模,姜培坤.毛竹林的碳密度和碳贮量及其空间分布[J].林业科学,2004,6:20-24.

[186]朱文泉,何兴元,陈玮.城市森林研究进展[J].生态学杂志,2001,20(5):55-59.

第2章　基于地基 LiDAR 的单株毛竹几何参数测算

2.1 引　言

毛竹的几何参数(冠幅、胸径、竹高和枝下高)是毛竹林资源监测的重要内容和基础工作。目前这项工作主要依靠常规测量工作,工作效率低,人力资源消耗大,本章探讨地面 LiDAR 新技术结合常用软件在毛竹林样地调查中的应用。

三维重建技术作为计算机视觉领域的重要分支,以物体或场景的点云数据作为重建基础的三维重建技术正逐步走向大众视野(姜子鹏,2019)。国内外研究学者在利用三维激光扫描仪获取建筑物的三维点云数据并进行分类、制作三维模型等方面做了大量的研究(Sequeira et al., 1999;李必军等,2003;李清泉等,2003),在毛竹林样地调查或制作毛竹三维模型构建方面,还很少应用三维激光扫描技术的研究,原因在于毛竹枝条叶片细密,三维形态难以重塑,毛竹林冠层茂密,利用地面 LiDAR 不容易扫描整体数据,但竹秆比一般的树木要结构简单、形态易构,这是毛竹利用点云数据重构三维模型的特殊、便捷之处。其次,毛竹林野外地形复杂,蔡越等(2017)认为测站距离与点云数量成反比,近距离和适合的地形这是难以协调的矛盾。若将毛竹砍倒后再进行扫描,会使其部分枝条折断,破坏冠层结构,难以反映单株毛竹的真实生长情况,并直接影响到毛竹的正常生长。

本章利用 Leica C5 三维激光扫描仪扫描毛竹林,分割单竹点云数据,分别采用常用软件 Geomagic Studio 和 Meshlab 重建单株毛竹模型,比较建模效果以及测量单株毛竹模型四参数并分析其精度。本章的研究重点是将地面LiDAR新型测绘技术应用于测量单株毛竹几何参数,对比两款常用软件的应用效果,为林业工作者或虚拟场景中单株毛竹三维模型制作者提供参考。

2.2 试验概况与数据采集

获取单株毛竹的点云数据，在 Cyclone 软件中完成点云的拼接和去噪，在常用软件 Geomagic Studio 和 Meshlab 中分别重建其三维模型，选择林木生物量计算中的常用 4 个参数（冠幅、胸径、竹高和枝下高）作为研究对象，在砍伐试验样本并实测 4 个参数的基础上，研究 Geomagic Studio 和 Meshlab 对毛竹三维点云数据的建模效果。

2.2.1 试验场地和样本选择

试验区域为杭州市临安区锦北街道平山实验基地，试验区域属亚热带季风气候，年均气温 16.4℃，年降水量 1500.0～1628.6mm，年日照时数 1847.3h，全年无霜期 237 天；海拔 60～120m，低山丘陵，全区森林覆盖率 77.8%，土壤为微酸性红土壤，其中林地 260848hm^2，占土地总面积的 83%，主要树种为竹子，是全国十大“竹子之乡”之一。

临安区地处浙江省西北部天目山区，雨量充沛，温度适宜，竹类资源非常丰富，全区有竹林面积 91 万亩，有种竹 10 属 63 种。1996 年临安被命名为“中国竹子之乡”。临安竹子分为四大类：一是毛竹，超 30 万亩；二是菜竹，30 万亩；三是笋干竹，25 万亩；四是工艺用竹，6 万亩。临安是毛竹生长的自然丰产区。

基地内毛竹封闭式、非经营性管理，未钩梢，近纯自然状态，生长态势良好。在毛竹生长稀疏、相互遮挡较少的地方布设样地，选择目标样本，周边无其他毛竹影响的独生毛竹为佳。现场利用 Leica C5 三维激光扫描仪扫描后，从紧贴地面的根部锯伐试验样本，为了便于运输，将毛竹冠层和竹秆锯断成 2～3 段，运输过程中尽量保持毛竹冠层的野外原始形态，通过细绳竖立固定在实验室内进行重新扫描，作为对照样本。

2.2.2 仪器设备与处理软件

1. Leica C5 地基三维激光扫描仪

(1)地面三维激光扫描仪的组成

本研究的试验仪器为 Leica C5 三维激光扫描仪，如图 2-1 所示。地基三维激光扫描系统的组成架构主要有三个单元：①主机单元，包括激光测距系统、数码相机和电源；②控制单元，包括高度角、水平方位角偏转控制器和专用计算机等；③外部设备，包括控制标靶、数据输出设备和三脚架等（郑德华，2005；王晓峰，2009）。

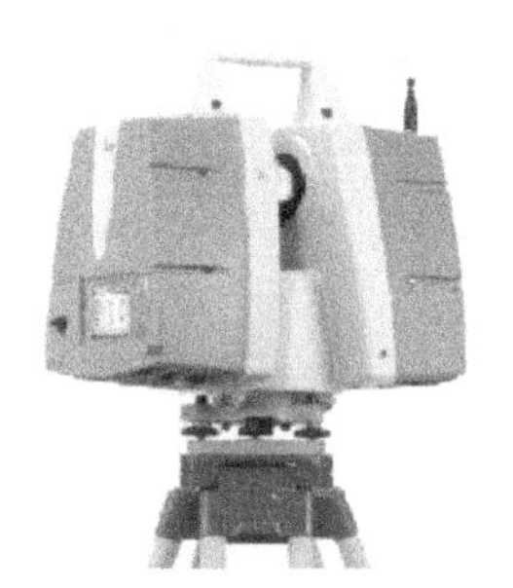

图 2-1　徕卡 ScanStation C5

（2）地基 TLS 的测量原理

地基三维激光扫描仪的测量原理是经激光发射单元激发电磁波光束，电磁波光束通过高速旋转的镜头后被反射到外面的空间，碰到目标物体后被反射，部分回波信息被扫描系统接收单元捕捉，整个过程是非接触式激光测量。激光数据处理系统通过激光束从发射到回收的行程时间结合光速计算出扫描仪到物体表面激光点的空间距离 D，是一种间接的电磁波测距方法。根据电磁波测时原理有以下三种方法。

①脉冲测距法，计算公式为：

$$D=\frac{1}{2}ct \tag{2-1}$$

式中，D 为激光测量距离；c 为光速；t 为激光信号往返时间。

这是由扫描仪激光发射器从发出脉冲电磁波信号开始计数，接收到回波信号后停止计数，根据脉冲个数，换算成脉冲电波的传播时间，结合光速计算出扫描中心到物体表面激光点的空间距离 D。

②相位测距法，计算公式为：

$$D=\frac{c}{2}\left(\frac{\varphi}{2\pi f}\right) \tag{2-2}$$

式中，c 为光速；φ 为相位差；f 为激光频率。

这是将激光通过特定的频率调谐成余弦或正弦的激光束，光束在往返时所产生相位延迟，测定该相位差，结合调制波的波长 f/c，计算相位延迟 $\Delta\varphi$ 所对应的时间 t，再计算距离 D。

③激光三角法，利用立体相机和结构化光源，运用由激光发射单元、目标物激光点和数码相机感光元件的三角几何关系计算扫描中心到扫描实体的距离 D（蔡越，2018；郑德华，2005）。

三维激光扫描仪测定空间点三维坐标的原理如图 2-2，先获得扫描中心到目标物反射点的空间距离 D、高速旋转镜头接收返回的光束，根据自身的旋转角度，即可推算出激光束在水平方向和竖直方向偏转的角度 α 和 β，结合距离测量值，由以下公式计算出激光反射点的三维空间坐标值(X_P，Y_P，Z_P)(韩光顺等，2005)：

$$\begin{cases} X_P = D\cos\alpha\cos\beta \\ Y_P = D\sin\alpha\cos\beta \\ Z_P = D\sin\beta \end{cases} \tag{2-3}$$

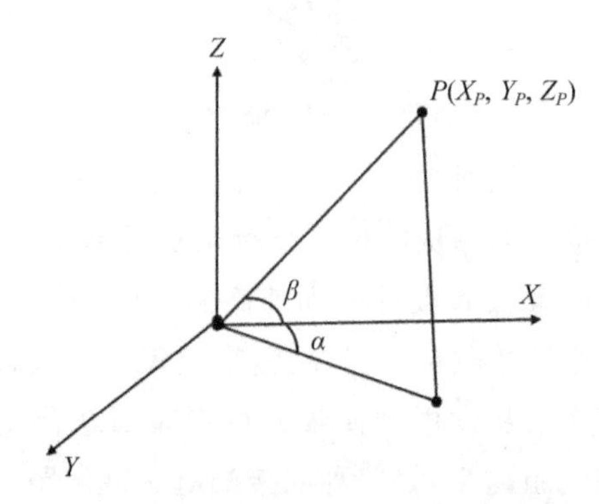

图 2-2　激光扫描仪计算空间三维坐标原理

Leica C5 三维激光扫描仪是基于 TOF 脉冲测距法(蔡越，2018；郑德华，2005；徐源强等，2010)，得到激光脚点 P 的三维坐标(X_P，Y_P，Z_P)，同时，得到扫描点的激光回波强度，根据强度值分层给扫描点匹配颜色，展现在显示器上，构成点云图，另外结合同轴数码相机获取到扫描点的(R,G,B)影像，即纹理信息。

地基三维激光扫描仪具有激光扫描设备的共性特点(刘春等，2009；戴升山，2009)：①非接触式。不需要合作目标，如棱镜或反射片等，直接扫描被测物体，得到目标的点云数据和激光回波强度值。②高效快速。能够快速获取目标物体的三维坐标，Leica C5 扫描速度可达 5×10^4 dot/s。③主动式。由仪器自身提供能源，主动发射激光，全天候作业，不受白天、黑夜和天气限制。地基 LiDAR还有个性特征：①通常情况下测站距离较短，比其他形式的 LiDAR，如机载 LiDAR 的精度高，点云数据为 mm 级的精度，采样间隔要小，常用于高精度工程项目，如大比例尺数字测图、文物三维模型构建和隧道变形检测等领域。②信息量较大。点云数据中，最基本的信息是目标物三维点云和回波强度值，利用同轴相机获得目标的纹理信息。

(3)徕卡 C5 主要技术参数

徕卡 C5 三维激光扫描仪是徕卡 C10 的低端型号，兼具全站仪功能，是瑞士 Leica 公司生产的一体化扫描仪，带有双轴补偿的三维激光扫描仪，测程 300m

没有明显优势，360°视场角，扫描速度较高，mm 级测量精度，整合了数码相机和激光对中器功能。主要技术参数有：

单次测量精度：点位精度为 6mm；测距精度为 4mm；角度精度（水平/垂直）为 60μrad/60μrad(12″/12″)；表面建模精度为 2mm；标靶建模精度为 2mm；双轴补偿精度为分辨率 1″、补偿范围±5′、补偿精度 1.5″。

激光扫描系统：类型为紧凑型、脉冲式；颜色为绿色激光、波长 532nm；范围为 300m@90%、134m@18%反射率（最短 0.1m）；扫描速率 50000dot/s。

扫描分辨率：光斑大小为 4.5mm/0～50m（全宽半高基准）、7mm（基于高斯面）；点间距为水平方向和垂直方向完全可选、最小间隔<1mm。

视场角：水平方向为 360°（最大）；竖直方向为 270°（最大）；照准为无视差，可变焦视频照准。

激光对中器：激光类别为 2 级（IEC 60825-1）；对中精度为 1.5mm@1.5m；光斑直径 r 为 2.5mm@1.5m。

2. 处理软件

(1)Leica Cyclone 软件

Cyclone 软件是 Leica 公司专门服务于 Leica 三维激光扫描仪的功能特点的数据后处理软件，是 Leica C5 地面三维激光扫描仪的配套软件，由 Cyclone-SCAN、Cyclone-REGISTER、Cyclone-MODEL、Cyclone-SURVEY 和 Cyclone CloudWorx 几个主要功能模块组成，具有强大的处理和管理海量点云数据的能力（可支持 10 亿点以上的数据管理）。点云数据导入软件后需要经过多站点云数据获取、点云拼接、点云融合、分割提取目标物体点云、处理和数据输出等步骤，Leica 激光扫描仪所获取的点云数据导入 Cyclone 软件，经处理可以输出 dxf、ptx、pts、txt 等多种数据格式，便于数据交换和处理，输出结果可以是二维或者三维点云图或三维模型等数据。

(2)Geomagic Studio 软件

Geomagic Studio 是点云数据处理的常用软件，兼容多种数据格式，智能化程度高，处理点云数据效率高。在高密度点云数据中，它可构建细小的空间三角形、优化的多边形网格，拟合 NURBS 曲面模型，逼近实体，是一款逆向工程软件（胡影峰，2009）。

点云预处理软件是 Leica C5 的配套软件 Cyclone，建模软件是 Geomagic Studio，数学模型拟合软件采用 SPSS 19.0。通过仪器设备获得毛竹笋点云数据（Point Cloud Data），包含点云三维坐标，还含有颜色信息（RGB）和激光回波强度（Intensity）信息。

(3)Meshlab 软件

Meshlab 软件是意大利比萨大学计算机科学系开发的一款开源和可扩展的系统,用于处理和非结构化编辑 3D 三角形网格,具体软件特点、功能等可参考相关资料。

2.2.3 野外点云数据扫描

1. 野外毛竹点云数据扫描

主要步骤:①遴选目标:实地踏勘,遴选 10 棵目标毛竹;②布设测站:大致以目标毛竹为中心,尽量位于地势起伏平缓处部署一个等边三角形,其顶点作为测站,便于架设扫描仪,周边均匀放置 3 个标靶,保证扫描视野能覆盖目标毛竹和 3 个标靶;③仪器设置:架设扫描仪,整平和设置扫描仪;④分站扫描:在不同分站上设置中等分辨率和视场范围对目标毛竹进行扫描;⑤扫描靶心:分站点云扫描结束后,还要逐个扫描 3 个标靶,得到靶心坐标并检查靶心扫描质量,若效果较差需重新扫描;⑥数据导出:扫描结束后将点云数据导出到 U 盘或计算机。

2. 室内参照数据采集

择伐 4 棵目标毛竹,截断毛竹冠层和竹秆,带回实验室后分别用细线固定,仿照野外状态竖直固定在实验室中间,也分 3 个测站按野外扫描模式,静态正对扫描毛竹冠层和竹秆,重新采集点云数据,以作对照组数据。

2.3 单株毛竹点云数据处理

2.3.1 毛竹点云数据预处理

将野外点云数据导入 Leica Cyclone 软件,如图 2-3 展示的是同一片竹林样地中 3 个不同测站的点云数据,首先对分站数据进行预处理,包括点云拼接和噪声点剔除等。

第一测站点

第二测站点

第三测站点

图 2-3　3 个测站的毛竹林点云图像

1. 不同测站点云的拼接

点云拼接的方法研究成果较多，使用较为广泛且公认比较成熟的算法是 ICP(Iterated Closest Point)。该算法是通过寻找最近点作为同名点，计算变换矩阵，使用同名点之间的距离构建目标函数，通过迭代计算，使目标函数收敛至最小值，重复运行直至完成点云的拼接(王健等，2017)，如图 2-4 所示。

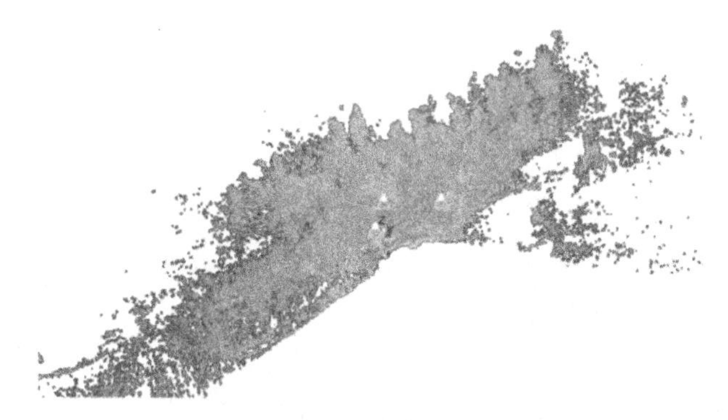

图 2-4　拼接后的毛竹林点云图像

本试验中是分站扫描，不同测站上的点云数据是相互独立的，需要将各个分站获得的点云数据导入 Cyclone 软件中，利用标靶完成点云拼接。主要过程有：新建数据库文件，导入不同测站点云数据，进行拼接注册，软件自动计算点云拼接误差，合并整个竹林样地点云。

2. 点云数据的去噪处理

为了分割出单株毛竹，先圈定单株毛竹，则这棵毛竹以外的其他点云都认为噪声点，删除处理。利用 Cyclone 软件工具如 Delete Inside/Outside、Fence 等删除噪声点，保证毛竹的冠层结构信息鲜明清晰，如图 2-5 所示。带回实验室的样本，即截断毛竹冠层与竹秆，在实验室内获取点云数据后，处理方法同上，抠出样本的点云数据。

图 2-5　单株毛竹点云数据原图

2.3.2　单株毛竹点云三维模型构建

经过 Cyclone 软件拼接去噪处理后，应用 Geomagic Studio 和 Meshlab 两款常用软件分别进行建模，评估两款软件的建模效果，为构建单株毛竹生物量模型择优数据，为毛竹虚拟场景建模工作者提供参考。

1. Geomagic Studio 建模

将 Cyclone 软件中删除目标毛竹之外的点云，并将目标毛竹的点云数据输出为. txt 文件，导入 Geomagic Studio 中进行建模，主要步骤有：添加着色点、删除体外孤点、删除非连接项、删除多余点和封装。

(1)添加着色点：在点云上开启照明和彩色效果，以便观察其几何形状。

(2)删除体外孤点：不管野外还是室内，由于三维激光扫描仪扫描到背景物体，这些远离目标点云的点即为体外孤点。在 Cyclone 软件已经进行了噪声处理，所以在设置敏感度值时不宜设置过高，可设置较低值，本试验设置为“37%”，敏感度达到一定程度后其选择的体外孤点数目不变，这样在删除一部分体外孤点后仍较好地保持毛竹原始形态。

(3)删除非连接项：设置中分隔选择“中”，尺寸为“1%”。

(4)删除多余点：运用套索工具框选手动删除多余点。

(5)封装：噪音降低选择“无”，不删除小组件，保持原始数据，最大三角形个数一般设置为“default”。

2. Meshlab 建模

同样将 Cyclone 软件中删除目标毛竹之外的点云数据输出为. txt 文件，导入 Meshlab 中进行建模，主要步骤有：

(1)利用命令“Normals”，计算每个点的法线，选取 Curvatures and Orientation\Smooths normals on a point sets，参数为“default”。

(2)利用命令“Filters\Remeshing”，进行曲面重建、模型显示。选择 Simplification and Reconstruction\Surface Reconstruction: Ball Pivoting，Meshlab 中采用滚球法(Ball Pivoting)进行三维表面重建，Pivoting Ball radius 第 2 个参数设为“0.5”，面信息增加到 150000～350000 个，经多次反复试验，在此旋转球半径条件下，模型建模速度中等，大约 40min，效果较好。

Geomagic Studio 和 Meshlab 建模完成后，毛竹三维模型的形态可以基本展现，但软件自动封装时会存在孔洞现象，若提升三维模型的视觉效果，需要进行人工修模。

2.4 单株毛竹建模可视化效果分析

在计算机图形学和计算机辅助设计中常用多边形网格表达复杂实体的三

维模型，不规则离散的点云物体的建模，行之有效的是采用不规则三角网（Triangulated Irregular Network，TIN）建成连续的三角面，TIN 越细密越逼近实体的效果（王健等，2017）。本试验单株毛竹竹秆结构较简单规则，而冠层结构非常复杂无序，单株毛竹点云数据三维建模采用 TIN，分析单株毛竹的建模效果。

2.4.1　野外单株毛竹点云数据建模整体效果

利用 Geomagic Studio 和 Meshlab 分别构建每棵样本毛竹点云数据的模型，选择 4 棵冠层枝条稀疏茂密程度不同的毛竹点云，构建 4 个案例模型，如图 2-6。

由图 2-6 可观察：①Geomagic Studio 和 Meshlab 制作冠层茂密的毛竹模型在整体视觉效果上均表现良好，都能完整地表现毛竹茎秆、枝条，真三维的效果有较强的逼真感；②当冠层比较稀疏，竹秆脉络形象清晰，周围竹林点云删除效果良好的情况下，解决了竹林枝条点云相互交错的问题，Geomagic Studio 构建的毛竹点云三维形态较好地逼近实体，但 Meshlab 则伴随着孔洞增加，效果欠佳。

图 2-6　Geomagic Studio 软件（绿色）和 Meshlab 软件（红色）的野外单株毛竹三维模型

2.4.2 野外单株毛竹冠层建模效果

将图 2-6 三维模型在软件中进行放大、旋转，对 4 棵完整毛竹的冠层及其枝条进行进一步观察分析，分析 Geomagic Studio 和 Meshlab 的建模效果。图 2-7 为两款软件制作的其中 1 棵毛竹模型放大后的局部细节。从图 2-7 中可以看出 Geomagic Studio 和 Meshlab 制作细节上各有特点：①Geomagic Studio 制作的毛竹冠层顶部出现断层现象，即部分毛竹枝叶自成一块，相互脱离；②Meshlab 制作的毛竹冠层表现比较连续，不规则三角形链接明显，部分边缘点云三角形脱离母体。

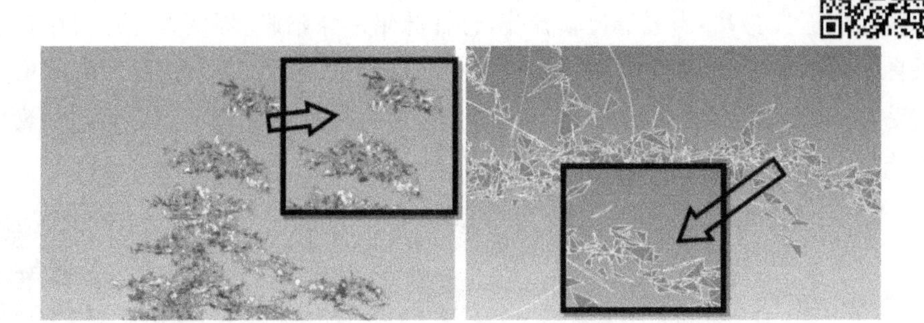

图 2-7　Geomagic Studio(绿色)和 Meshlab(红色)制作的毛竹冠层模型局部细节

进一步分析 Geomagic Studio 对毛竹冠层顶部建模效果，如图 2-8 所示，单株毛竹模型冠层顶部及中部竹秆是缺失的，且存在多处断层现象，根据分析，由于野外施测时，毛竹竹高约 13m，而地面三维扫描仪的架设高度为 1.5m 左右，扫描时下部枝叶会遮挡了上部冠层部分竹秆和枝叶，导致冠层上层及其内部点云的稀少，在建 TIN 时，竹秆、枝条和叶片的点云会混连在一起，如果是点云缺失，就出现断层现象。

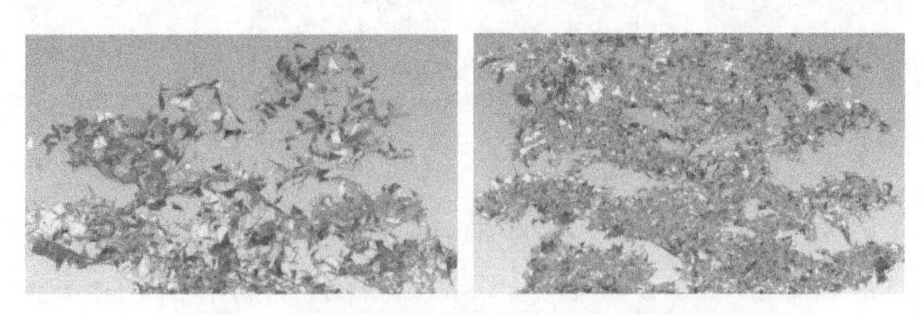

图 2-8　Geomagic Studio 软件中毛竹冠层模型的细节

Geomagic Studio 对毛竹的中部枝条和下部竹秆部分建模效果良好，表现为竹秆无孔洞、三角形之间连接紧密且无互相分离的现象。如图 2-9 所示，是钩梢毛竹的稀疏冠层毛竹的建模效果，竹秆和枝条大部分清晰完整，在枝叶繁茂的部分，枝条模型三角形连接更为紧密，但是模型中枝条特征未能很好地表现，可见毛竹模型的质量特别依赖于点云数据的质量。

图 2-9　Geomagic Studio 中稀疏的毛竹冠层模型

同样进一步分析 Meshlab 建模的细节效果，图 2-10 是对一颗完整毛竹进行建模后的冠层顶部和枝条局部细节，可以看出模型中并未出现与 Geomagic Studio 相类似的断层现象，而是毛竹冠层顶部连接紧密，但是枝条部分却存在大量三角形相互分离，通过俯视角度观察模型，这种现象更为明显，据分析：①由于试验中设置的旋转球半径为 0.06735，经反复试验发现，随着半径的增大，所构建模型的面信息将越来越少，出现三角形互相分离的情况愈发严重，且茎秆并没有被重建，推测为旋转球半径过大而茎秆部分枝条太细造成；相反，随着旋转球半径逐渐减小，模型的面信息将很大程度地增加，这给计算机处理速度带来极大的挑战，与此同时，建模所需要的时间将会持续在 2 个小时以上，给工作效率带来极大不便，虽然建模效果将得到提高；②枝条末端较细，中分辨扫描导致点云缺失或离散点较少，在去噪过程中被误删。

图 2-10　Meshlab 中毛竹冠层与枝条模型的细节

综合分析，Geomagic Studio 和 Meshlab 对毛竹进行建模的整体效果表现良好，但都无法避免竹高与扫描仪的落差较大，扫描时出现下层枝叶遮挡上层部分的现象，导致毛竹冠层上部建模效果不佳，如上部茎秆和枝条部分点云数据缺失或稀少，其中 Meshlab 对这种情况处理较好，没有出现过多的断层现象；Geomagic Studio 则对枝条部分处理较好，并没有出现大量三角形互相分离。

因此，单株毛竹野外点云数据三维建模视觉效果有良好的逼真感。

2.4.3 室内单株毛竹冠层的建模效果

在野外毛竹林环境中，监测目标和仪器设备都会受诸多外界环境的影响，如风力引起枝条的摇摆、测站土质的松软引起仪器的沉降、光线温度湿度引起激光速度的变化等，这些因素会直接影响到点云数据的采集质量；其次在野外由于毛竹高度尤其冠层部分与扫描站落差太大，受下层枝条的遮挡，无法完整地采集毛竹冠层的点云数据，从而导致单株毛竹模型的冠层部分出现空洞或缺失，影响建模效果。为了更好地研究点云数据构建单株毛竹三维模型的建模效果，在野外扫描毛竹样本结束后，选择 4 棵形态不同的样本，分为冠层部分枝叶茂密、一般和稀疏 3 种，砍伐后截断，尽量减少损伤地带回实验室，将截断的冠层部分用细线直立固定在室内进行重新扫描，同样利用 Geomagic Studio 和 Meshlab 进行建模，三种类型的毛竹冠层建模后的效果如图 2-11 至图 2-13 所示。

(a) Geomagic Studio　　(b) Meshlab

图 2-11　Geomagic Studio 和 Meshlab 中茂密毛竹冠层模型

(a) Geomagic Studio　　(b) Meshlab

图 2-12　Geomagic Studio 和 Meshlab 中一般茂密毛竹冠层模型

(a) Geomagic Studio　　(b) Meshlab

图 2-13　Geomagic Studio 和 Meshlab 中稀疏毛竹冠层模型

观察图 2-11 至图 2-13，对比分析三种不同茂密程度的毛竹冠层模型，可知：①室内三种类型的毛竹冠层模型的可视化效果都明显优于野外的，激光点数量有显著提高，Geomagic Studio 和 Meshlab 制作的冠层内部茎秆清晰度有明显提高，尤其是 Geomagic Studio；②图 2-11 中，由于毛竹茂密冠层的枝叶相互遮挡严重，近距离扫描时仍有较多点云数据缺失，在软件自动建模时因点云密度高，茎秆细小叶片相近，建 TIN 时连接错误导致叶片形态紊乱，局部失真，Meshlab 效果更甚；③图 2-13 中，毛竹稀疏冠层的模型效果优于茂密冠层的，由于枝叶稀疏重叠少，点云之间间距拉大，TIN 中错误连接减少，从而叶片和枝条的激光点连接更接近真实形态；④图 2-12 为中等疏密程度，建模效果也基本居中；⑤从三种情况的建模效果来看，点云密度高有利于反映目标物的细节，但在自动建模时，没有合适的算法会引起错误的连接，导致细节的失真，不同建模软件的建模效果有差异，但各有所长。

为了进一步观察正对着扫描静态中的毛竹冠层点云模型特点，以一般茂密和稀疏程度的毛竹冠层模型为例，放大其冠层中茎秆和枝叶局部细节，如

图 2-14 和图 2-15所示。

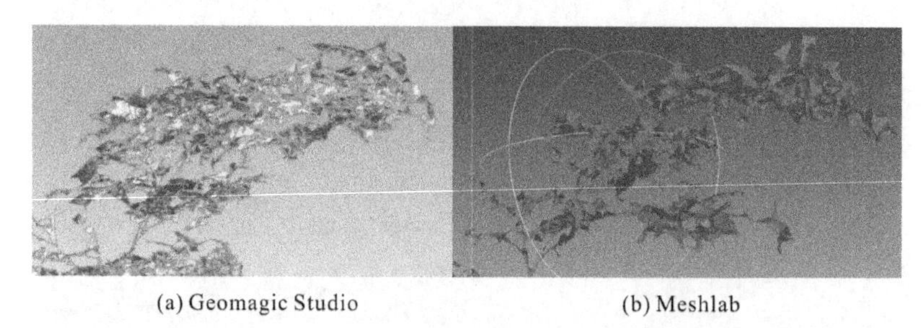

图 2-14 Geomagic Studio 和 Meshlab 中一般茂密毛竹冠层模型的枝叶细节

图 2-15 Geomagic Studio 和 Meshlab 中稀疏毛竹冠层模型的枝条细节

图 2-14 为 Geomagic Studio 和 Meshlab 构建的一般茂密毛竹冠层模型中同一部位枝条的细节图，较茂密冠层的枝叶相互遮挡，除了导致点云数据有缺失之外，因为叶片茎秆相互重叠或距离很近，加上枝条细小和叶片薄窄以及姿态各异，在软件自动分析时，极易错连，引起模型局部失真，难以形成完整的枝条和叶片形态。通过对比，发现 Meshlab 能够在视觉上较好地直观展现毛竹冠层枝条的原形态；相反，Geomagic Studio 所构建的枝条模型在一定程度上使枝条形态失真。

图 2-15 中，展示了毛竹冠层模型内部的竹秆和枝条细节，在枝叶茂密程度为稀疏时，Geomagic Studio 对模型较细枝条的连接和还原比 Meshlab 表现优异。针对 Meshlab 的表现较差，尝试将 Meshlab 中旋转球半径第 2 个参数设置为 0(即旋转球半径为 0)时，枝条模型不同程度断开的现象有所缓解，但始终无法做到与 Geomagic Studio 相类似的建模效果。在试验中通过大量的尝试并进行比对发现，Geomagic Studio 的整体表现都比 Meshlab 的较优，但也存在着部分智能化不足等问题。综上所述，室内截断毛竹的冠层没有野外单株毛竹类似的断层或上部茎秆缺失的现象，可见竹高与扫描站的落差过大是导致野外单株

毛竹模型冠层上部形态失真的主要原因。

2.4.4　室内单株毛竹竹秆的建模效果

毛竹竹秆形态相对于其他林木树干要简单，不同竹秆的形态差异主要是粗细，选择样本时考虑到相对粗细的两类，将截断的毛竹样本竹秆直立固定在室内进行分站扫描，同样利用 Geomagic Studio 和 Meshlab 建模，建模效果如图 2-16和图 2-17。在软件中放大模型可知：①室内和野外的毛竹枝下竹秆模型效果相近；② Meshlab 制作的毛竹竹秆模型表面出现明显的孔洞现象，而 Geomagic Studio 制作出的表面较为光滑，鲜有孔洞，可见两款软件中 Geomagic Studio 制作的毛竹竹秆模型效果优于 Meshlab 的；③粗细竹秆建模效果差异性不大，可能由于野外和室内扫描仪时测站距离较近，竹秆上都有足够的点云密度。

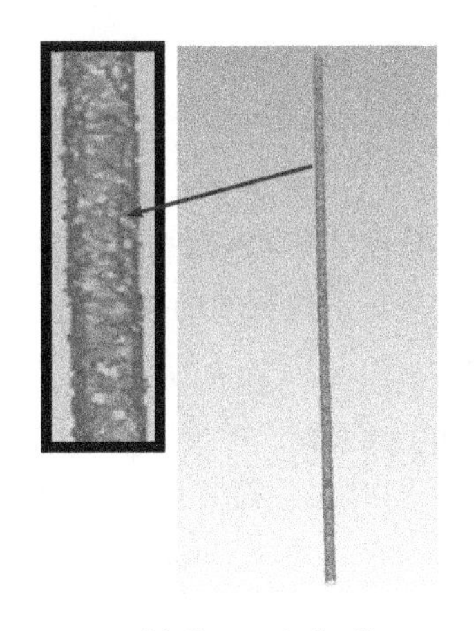

(a) Geomagic Studio

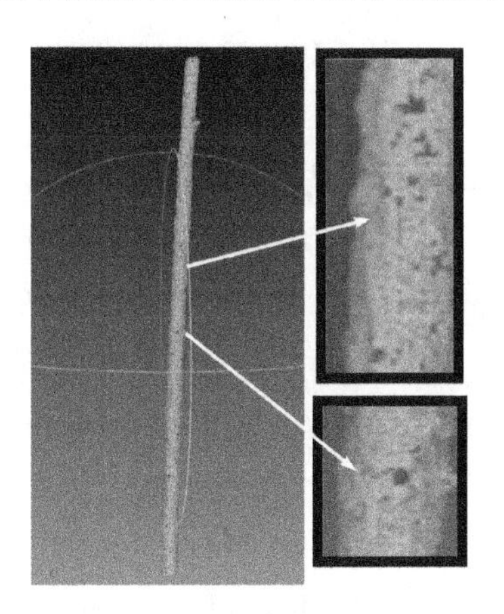

(b) Meshlab

图 2-16　Geomagic Studio 和 Meshlab 中细毛竹竹秆模型

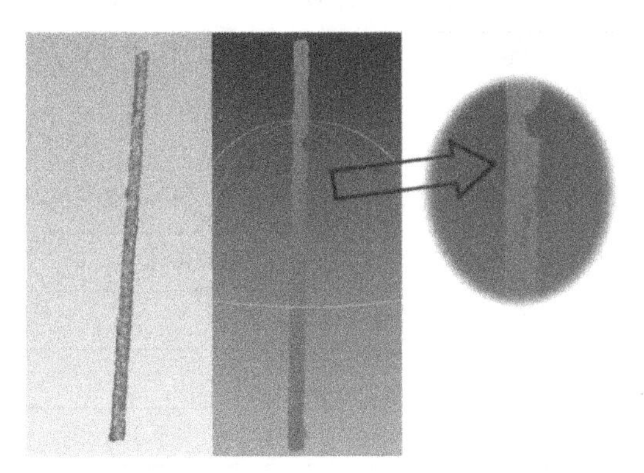

(a) Geomagic Studio　　(b) Meshlab

图 2-17　Geomagic Studio 和 Meshlab 中粗毛竹竹秆模型

2.5 单株毛竹模型四参数量测精度与分析

利用点云数据构建单株毛竹模型，除了视觉效果之外，还需要分析在模型上量测冠幅、胸径、竹高和枝下高四个参数的精度，直接关系到计算毛竹材积量及其地上生物量的精度。同样，在利用 Geomagic Studio 和 Meshlab 构建单株毛竹模型的基础上，分别量测毛竹模型的冠幅、胸径、竹高和枝下高四个参数，与实验室内实测数据进行比较。

表 2-1 为 4 棵毛竹样本的两款软件中四参数实测值和模型值，表 2-1 为 4 棵毛竹样本四参数的 Geomagic Studio 和 Meshlab 模型值误差。由表 2-2 可知：

(1)两款软件中冠幅最大误差为 8.5cm、最小误差为 1.7cm，精度达到 cm 级别，其中 Geomagic Studio 模型的冠幅误差比 Meshlab 小，平均绝对误差小 50mm，平均相对误差小 1.95%；

(2)两款软件中胸径误差为 2mm 以内，精度非常高，且两款软件的胸径误差相当，都很小，最大值为 2mm，说明两款软件对刚性物体的建模效果相近；

(3)在竹高方面，两款软件中最大误差为 55.5cm、最小为 7mm，由此可见径向误差大于横向误差，其中 Geomagic Studio 的绝对误差平均值比较大，为 Meshlab 的两倍，其竹高平均偏差为 167mm，同时在竹高方面 Geomagic Studio 的相对误差平均值也比 Meshlab 大 0.58%，就此而言 Geomagic Studio 在竹高建模方面的表现比 Meshlab 差一些；

(4)两款软件中枝下高的最大误差是 3.2cm、最小误差是 1mm，可见涉及竹秆部分的模型精度都比较高，单株毛竹模型误差主要是冠层，同时对比两款软件模型的枝下高，可以发现 Geomagic Studio 的平均误差均比 Meshlab 小，绝对误差平均值小 5mm，相对误差平均值小 0.1%。

表 2-1　样本毛竹的 Geomagic Studio 和 Meshlab 模型值与测量值

参数	实测值/mm	Geomagic Studio/mm	Meshlab/mm
冠层 1	3035	3092	3116
胸径 1	91	92	93
竹高 1	12701	12140	12560
枝下高 1	5009	5011	5005

（续表）

参数	实测值/mm	Geomagic Studio/mm	Meshlab/mm
冠层 2	1801	1825	1862
胸径 2	54	54	55
竹高 2	7342	7184	7150
枝下高 2	1952	1936	1985
冠层 3	2364	2342	2347
胸径 3	89	88	89
竹高 3	7026	7031	7015
枝下高 3	722	726	714
冠层 4	2879	2830	2962
胸径 4	84	84	84
竹高 4	7559	7594	7569
枝下高 4	2064	2063	2073

表 2-2　Geomagic Studio 和 Meshlab 毛竹模型误差的计算

参数	绝对误差/m		相对误差/%		绝对误差均值/m		相对误差均值/%	
	A	B	A	B	A	B	A	B
冠层 1	0.058	0.083	1.9	2.7	0.003	0.053	1.450	2.450
冠层 2	0.024	0.061	1.3	3.4				
冠层 3	-0.022	-0.017	0.9	0.7				
冠层 4	-0.047	0.085	1.7	3.0				
胸径 1	0.001	0.002	1.1	2.2	0.000	0.001	0.550	0.975
胸径 2	0.000	0.001	0.0	1.7				
胸径 3	-0.001	0.000	1.1	0.0				
胸径 4	0.000	0.000	0.0	0.0				
竹高 1	-0.555	-0.133	4.4	1.0	-0.167	-0.080	1.775	0.950
竹高 2	-0.156	-0.190	2.1	2.6				
竹高 3	0.007	-0.007	0.1	0.1				
竹高 4	0.037	0.010	0.5	0.1				
枝下高 1	0.002	-0.002	0.0	0.0	-0.003	0.007	0.350	0.750
枝下高 2	-0.017	0.032	0.9	1.6				
枝下高 3	0.004	-0.008	0.5	1.1				
枝下高 4	-0.001	0.007	0.0	0.3				

2.6 本章小结

毛竹的地上生物量与其材积量关系密切，而毛竹材积可由毛竹几何参数（胸径、枝下高、冠幅和竹高等）进行解算，单株毛竹几何参数的常规测量方法是利用传统测绘仪器设备，费时费力，效率低，精度差。三维激光扫描技术在物体三维重建方面优势明显，但重建模型的可视化效果和精度依赖于点云数据的质量和处理软件。本章利用 Leica C5 在野外和室内分别扫描相同单株毛竹的动态和静态两种状态下的点云数据，按照点云数据的处理步骤，采用 Geomagic Studio 和 Meshlab 分别构建其三维模型，并砍伐样本在实验室测量其几何参数，探讨基于点云数据的单株毛竹可视化效果，通过模型上量测四参数分析模型的精度，并对比两款软件对毛竹进行三维重建的质量，为计算单株毛竹 AGB 和可视化工作提供参数（王倩茹等，2020）。

2.6.1 研究结论

（1）从可视化视觉效果上看，野外单株毛竹的点云三维模型总体上有良好的逼真感。当野外毛竹冠层为不同疏密程度时，不同的软件建模效果有所差异。对枝叶较为茂密的单株毛竹进行建模时，Geomagic Studio 制作的毛竹三维模型的三角形是连续的，但存在断层现象，主要是由于毛竹冠层上部与扫描仪落差过大，毛竹冠层上部被遮挡，导致点云数据采集不到或稀少；而 Meshlab 的三维模型局部细节存在多处三角形之间脱离现象，整体模型没有成片的分离现象。当毛竹枝叶较稀疏时，下部枝叶对上部遮挡减小，利用 Geomagic Studio 的模型仍然没有成片的分离现象，总体情况良好；而 Meshlab 依然存在三角形碎片和不连续现象。当两款软件的模型细节放大到清晰度最大值，Geomagic Studio 的视觉效果优势明显，能较好地展示毛竹枝叶细节特征。因此，虽然不同软件在野外单株毛竹点云数据建模中各有优势，但总体上有差异。

（2）不同疏密的毛竹冠层模型，室内扫描的可视化效果都明显优于野外的，毛竹枝条越稀疏效果越好，激光点数量有显著提高，点云密度高有利于反映目标物的细节，但在自动建模时，没有合适的算法会引起错误的连接，导致细节的失真，不同建模软件的建模效果有差异，但各有所长，同时室内和野外的毛竹枝下竹秆模型效果相近。

室内静态扫描时，毛竹冠层和茎秆是截断后分别且正对着扫描的，点云质量高，Geomagic Studio 和 Meshlab 在处理局部毛竹点云数据的特征整体表现相近，Meshlab 的模型在视觉上能较为直观地展现冠层部分的形态。通过实验对比发现 Meshlab 对较细枝条的建模效果远低于 Geomagic Studio，并且对毛竹茎秆构建的模型，孔洞现象明显，随着数据量的增加，Meshlab 的处理速度明显降低。

(3)在 Geomagic Studio 和 Meshlab 中量测野外毛竹模型的四参数，与实测值比较，两款建模精度均较高，尤其是竹秆部分，精度在 mm 级，冠幅精度略差，能满足生产需求，因此通过点云三维模型测量单株毛竹四参数是可行的。另外，毛竹冠幅、胸径、竹高、枝下高四参数的平均绝对误差分别为：Geomagic Studio 为 0.003m、0.000m、−0.167m、−0.003m；Meshlab 为 0.053m、0.001m、−0.080m、0.007m。四参数的相对误差平均值分别为：Geomagic Studio 为 1.450%、0.550%、1.775%、0.350%；Meshlab 为 2.450%、0.975%、0.950%、0.750%。因此，Geomagic Studio 的毛竹模型测量 4 参数的精度高于 Meshlab。

2.6.2　讨论与探讨

本试验采用中等分辨率分野外和室内扫描获取单株毛竹点云数据，由于毛竹茎秆、枝条、叶片的表面相对较小、相互遮挡且不规则，在野外扫描毛竹时，毛竹冠层上部与扫描仪落差导致冠层上面部分存在被遮挡现象，无法获得冠层的全部点云数据，导致点云数量和质量相对较低，若想提高质量，也许采用高分辨率扫描模式会有所提升，但耗时较长；其次野外扫描距离等受地形影响较大，毛竹的点云数量会受到一定程度的影响；Geomagic Studio 生成曲面三角形时对部分稀疏的点云数据进行噪点清除，会出现误删，模型出现顶部枝叶与毛竹主体相分离的现象，需要完善软件的算法；野外扫描时，毛竹受风力的摇摆带来较大误差，数据处理阶段同一曲面内的点云距离超过阈值，降噪过程中被误认为噪声点而清除，导致模型会出现孔洞。因此，如果为了毛竹的可视化，通过野外毛竹模型参数由计算机仿真也许是单株毛竹可视化的一条更好的途径。

参考文献

[1]Sequeira V, Ng K, Wolfart E, et al. Automated reconstruction of 3D models from real environments[J]. Isprs Journal of Photogrammetry & Remote Sensing, 1999,54(1):1-22.

[2]蔡越，基于地面 LiDAR 的单株毛竹地上生物量测算方法研究[D]. 杭州：浙江农林大学，2018.

[3]蔡越，徐文兵，梁丹，等．不同因素对地面三维激光扫描点云精度的影响[J]．激光与光电子学进展，2017，54(9)：364-373．

[4]戴升山．地面三维激光扫描的发展与应用前景[J]．现代测绘，2009，32(4)：11-12．

[5]韩光瞬，冯仲科，刘永霞，等．三维激光扫描系统测树原理及精度分析[J]．北京林业大学学报，2005，(S2)：4．

[6]胡影峰．Geomagic Studio 软件在逆向工程后处理中的应用[J]．制造业自动化，2009，31(9)：135-137．

[7]姜子鹏．基于点云数据的案件现场三维重建方法研究[D]．北京：中国人民公安大学，2019．

[8]李必军，方志祥，任娟．从激光扫描数据中进行建筑物特征提取研究[J]．武汉大学学报(信息科学版)，2003，28(1)：65-70．

[9]李清泉，杨必胜，史文中，等．三维空间数据的实时获取、建模与可视化[M]．武汉：武汉大学出版社，2003．

[10]刘春，张蕴灵，吴杭彬．地面三维激光扫描仪的检校与精度评估[J]．工程勘察，2009，37(11)：56-60＋66．

[11]王健，王筱雪，张亚一，等．基于点云数据的单株树木建模方法比较[J]．信息与电脑(理论版)，2017(19)：58-60．

[12]王倩茹，何悦，李海明，等．基于点云数据的单株毛竹建模精度及可视化分析[J]．林业资源管理，2020，(6)：72-78．

[13]王晓峰．三维激光扫描技术在土木工程领域的应用[D]．上海：同济大学，2009．

[14]徐源强，高井祥，王坚．三维激光扫描技术[J]．测绘地理信息，2010，35(4)：5-6．

[15]郑德华．三维激光扫描数据处理的理论和方法[D]．上海：同济大学，2005．

第3章　基于激光回波强度的毛竹竹龄判别

3.1　引　言

地面三维激光扫描TLS技术是高效快速无接触地测量物体表面点云信息的新型测绘技术（黄洪宇等，2013），包括扫描目标物表面点云的空间三维坐标信息和激光回波强度信息（谭凯等，2017）。TLS技术在林业上的应用，如提取树干骨架和测树因子（黄洪宇等，2013；范海英等，2010；Shao et al.，2015；Pfeifer et al.，2004；Wezyk et al.，2007）、估测森林生物量（曹林等，2013；Li et al.，2021）、预测林分蓄积量（栗荣豪等，2019；冯仲科等，2007）等方面。本章的研究目标是挖掘激光回波强度如何判别毛竹AGB测算模型中的毛竹竹龄参数。

激光回波强度是三维激光扫描仪发射的激光到达物体，部分激光能量后向散射回来的回波强度（谭凯等，2015）。激光回波强度作为点云的属性信息，是目标对激光的反射光谱特性，是反映目标特性的物理变量（Kaasalainen et al.，2009，2011）。从回波强度信息中可以提取和反演目标结构、材质、属性甚至运动特征，实现精细化点云分类与目标特征提取（程小龙等，2017）。激光回波强度跟仪器质量、外界自然环境和不同特征的目标等因素有密切关系，回波强度值在散射过程中会发生变化，因此提取目标特征前需要对激光回波强度进行改正。谭凯等(2014)在回波强度改正模型方面做过诸多研究。程小龙等(2015)提出了一种激光回波强度线性改正方法。赵小祥等(2020)通过对点云实施欧式聚类算法，提出了一种基于点云强度的公园乔木检测方法；马振宇等(2019)使用地基激光雷达实现了对复杂森林近地面范围地面点、杂草点、倒木点和树干点的分类。

毛竹成竹后几何特征几乎不再变化，其生物量的增长是竹壁纤维化的结果，因此毛竹竹龄是毛竹地上生物量测算的一个重要参数。毛竹属于禾本科，其木质部不同于双叶子植物或裸子叶植物有年轮来查定年龄（吴榦宁等，

2013),但毛竹年龄对毛竹的栽培管理、采伐利用、科学研究等都有重大意义(杨赐福,1965),且对测算毛竹生物量也是必不可少(周国模等,2011)。

毛竹竹龄可用“年”表示,竹农在生产中常用“度”(Du,Du is the age of Moso bamboo)来表示,一度表示两个自然年,一年到两年生毛竹称为一度竹,三年到四年生毛竹称为二度竹,如此类推。常用的毛竹竹龄判定方法主要有:①标记法:毛竹成竹时在竹秆上标记成竹年份。此方法准确性高,但工作量大且容易漏标;②竹秆色皮法:不同竹龄的毛竹竹秆的表面颜色、蜡层和毛竹的寄生地衣特征会有所不同。一度竹竹秆颜色呈青色且表面附着白色绒毛,二度竹竹秆呈青黄色,三度竹竹秆呈黄色,6 年生以上的为四度竹,颜色呈黄红色(熊文愈等,1965)。该方法简单且容易识别,但经验性较强,精度偏低;③分枝换叶习性鉴定法:第一代毛竹小枝是未定型的小枝,随着母竹竹龄增长,长出新的枝叶,老枝脱落,并在枝干上留下痕迹,通过归纳整理出毛竹竹龄的计算公式为:毛竹竹龄=(2×枝迹数目)+着叶小枝年龄(杨赐福,1965)。该方法准确,但需要具有丰富的植物学知识和实践经验,且易受外界环境突变影响,如火灾旱涝等外界环境突变影响则无法准确判断竹龄(熊文愈等,1965)。

本章通过提取不同竹龄毛竹竹秆的激光强度信息,研究回波强度信息与其表面特征的内在联系,并以数学函数来表达,探讨由函数关系来判别毛竹竹龄,为构建毛竹 AGB 模型解决竹龄参数问题。

3.2 试验概况与数据采集

3.2.1 研究区概况

试验地点位于浙江省杭州市临安区平山试验基地和东湖村后山毛竹林(119°40′E,30°15′N)。平山试验基地是人工种植非经营性毛竹林,是一块新建设的试验基地,竹龄为 1~4 年生,毛竹平均胸径 8.7cm,立竹密度 2000~5300 株/hm^2;而东湖村后山为经营性毛竹林,竹龄有 1~4 度竹,立竹密度约 1200~2000 株/hm^2。平山试验基地和东湖村后山的两片样地总体情况详见本书 2.2.1节。

3.2.2 试验仪器与数据处理软件

点云数据采集设备是 Leica C5 三维激光扫描仪,其技术参数参见本书 2.2.2 节。数据处理是徕卡 Cyclone 软件,其功能特点可参见本书 2.2.2 节。

3.2.3　试验仪器激光辐射定标

1. 场地部署

试验时间为晴日傍晚，减少阳光强辐射等外界环境干扰。在操场跑道上选择试验场地，用钢卷尺标定仪器和目标站点，总长度30m，10m内每1m为一个步长，10～30m时每5m为一个步长，标定目标站点，以定标距离改正值。当视距为10m时，令标靶平面垂直于地面时入射角为0°，旋转标靶平面，40°内每10°为一个步长，40°～80°时每5°为一个步长，以定标入射角改正值。用脚架架设Leica C5三维激光扫描仪和3 in标配平面标靶，如图3-1所示。

架设仪器时，保证扫描仪中心与平面标靶靶心等高，设定扫描窗范围，采用高分辨率模式，改变测站距离和入射角不同步长，分别进行扫描，获得标靶点云数据。

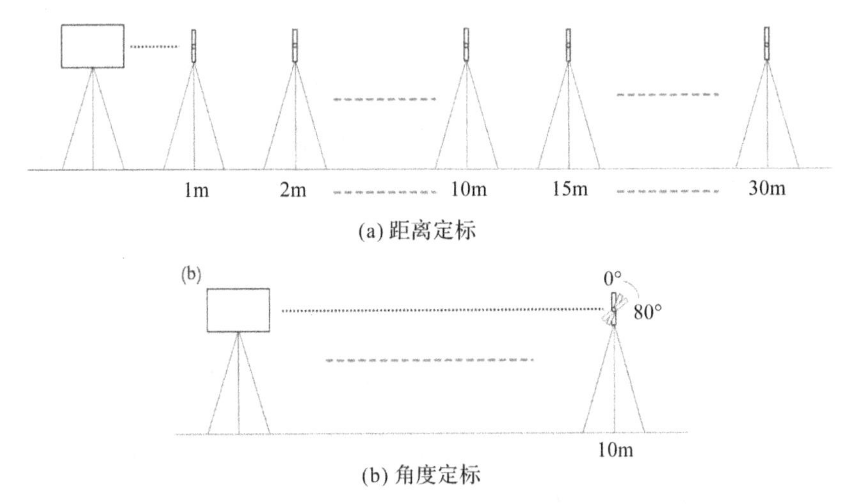

(a) 距离定标

(b) 角度定标

图3-1　Leica C5激光辐射定标试验场地

2. 点云数据处理

首先提取标靶点云数据，徕卡3in平面标靶中心为白色圆形，根据本书第2章可知，白色的激光回波强度最大，以白色为基色，只提取标靶中心圆区的点云。其次利用Cyclone软件Fence功能框选标靶中心点云复制到New Model-Space，如图3-2所示。手动剔除标靶蓝色区域点云后，利用Export功能将点云信息（X，Y，Z，I）导出.txt格式。

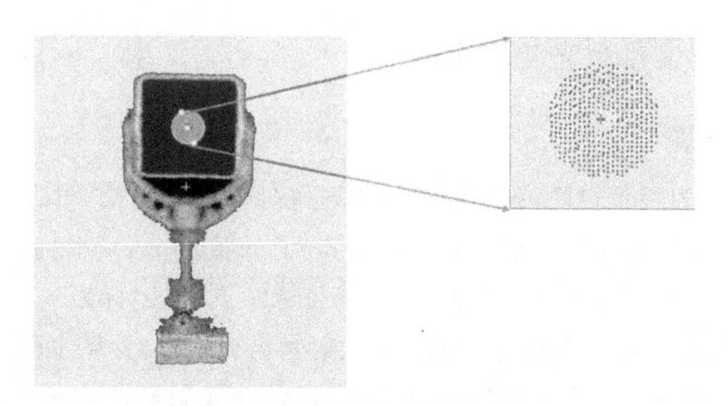

图 3-2　提取 3in 标靶点云数据

3. 求取 Leica C5 激光标定值

激光雷达的发射功率 P_t 受传输距离 R、激光入射角 θ、物体表面反射率 ρ 和自身的接收孔径 D_r、系统传输系数 η_{sys} 以及大气传输系数 η_{atm} 等多因素的影响，回收功率 P_r 与发射功率 P_t 存在关系为：

$$P_r = \frac{P_t D_r^2 \rho \cos\theta}{4R^2} \eta_{sys} \eta_{atm} \tag{3-1}$$

将仪器的接收功率定义为激光回波强度 I，仪器的发射功率及相关参数定义为常数 K，则激光回波强度的原始值 I 可表示为：

$$I = K \frac{\rho \cos\theta}{R^2} \eta_{atm} \tag{3-2}$$

可以简化为

$$I = f_1(\rho) f_2(\theta) f_3(R) \eta_{atm}$$

式中，$f_1(\rho)$、$f_2(\theta)$、$f_3(R)$分别为反射率函数、入射角函数和测站距离函数。

由于白色 3in 标靶的反射率近似全反射，即其表面反射率 ρ 为常数，且测站距离较短可以忽略大气传输系数 η_{atm} 的影响，最终得到不同测站距离、入射角的激光强度标准值 $I = G f_2(\theta) f_3(R)$，即定标值，其中 G 为常数。

3.2.4　样地设置与数据采集

1. 样地设置

平山基地由 4 个 10m×10m 的样地构成，4 个样地相邻，选择 1～4 年生毛竹共 146 棵左右为试验样本。东湖村后山共建立 3 个 20m×20m 样地，相互独立，共扫描毛竹 188 棵，如图 3-3 所示。

图 3-3 竹龄判别试验区

2. 数据采集

扫描工作步骤：①放置3个3in(约7.6cm)平面目标标靶，保证每个测站上能通视；②设置5个测站，要求立地稳定，扫描点云有良好的重叠度，拼接误差控制在1mm内，如图3-4所示；③平山基地通过人工判读竹龄，标记并编号样地内胸径大于5cm的毛竹，每木调查，记录每株毛竹的年龄(按年)、竹高、胸径；东湖村后山采用人工每木检尺，根据竹农标记，记录每株毛竹竹龄、坐标、胸径(1.3m处)、竹高等信息；④利用扫描仪高分辨率模式分别在5个测站上进行全景扫描，获取点云数据；⑤在实验室将扫描数据导入计算机。

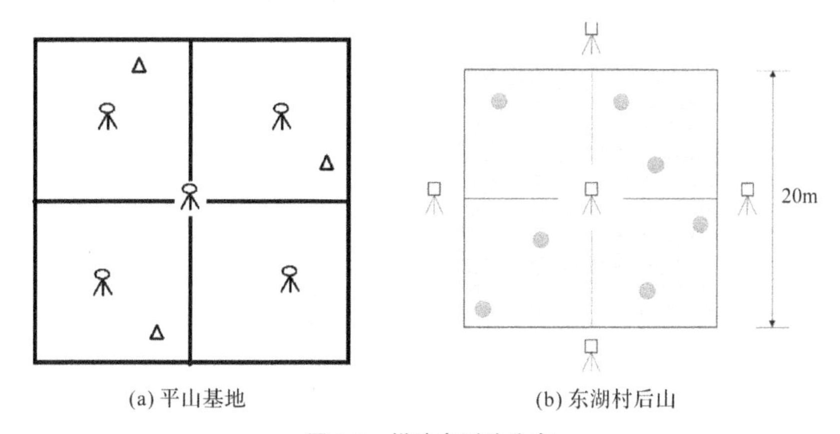

(a) 平山基地　(b) 东湖村后山

图 3-4 样地内测站分布

3.3 数据处理方法

3.3.1 点云数据预处理

在 Leica Cyclone 软件中预处理点云数据的方法和步骤与前述相同,先拼接后去噪,拼接是通过 3 个标靶将 5 个测站点云数据融合到同一个坐标系空间;去噪是通过 Fence 功能手动删除非竹秆的噪声点。

3.3.2 试验点云数据提取

平山基地竹秆点云数据的提取:

①根据毛竹年龄(按年)的每竹编号,使用 Cyclone 的 Fence 功能分别框选 1～4 年生毛竹各 5 棵作为试验样本,只提取竹秆部位的点云数据,将竹秆边缘、枝叶和竹秆变形处等点云视为强干扰点并剔除;②在①的基础上,用 0.05m×0.05m Fence 框分别截取每株毛竹第 1～10 节间中间部位的点云。由于整节竹秆不同部位的颜色等纹理并不相同,为了减少试验误差,Fence 框应在竹秆每段节间按上、中、下部位各截取 1 次,如图 3-5 所示;③利用 Cyclone 的 Export 功能,以标准格式.ptx 格式导出每个 0.05m×0.05m方框的点云数据,提取点云数量信息和激光回波强度值。

东湖村后山竹秆点云数据的提取:

①选取 1～7 年生毛竹各 8 株,截取地面到毛竹第一下枝的竹秆部位,利用 Cyclone 软件中的 Fence 功能,在每段竹节中部,以 0.02m×0.02m 左右大小窗口对每一竹节进行点云数据提取,如图 3-6 所示。

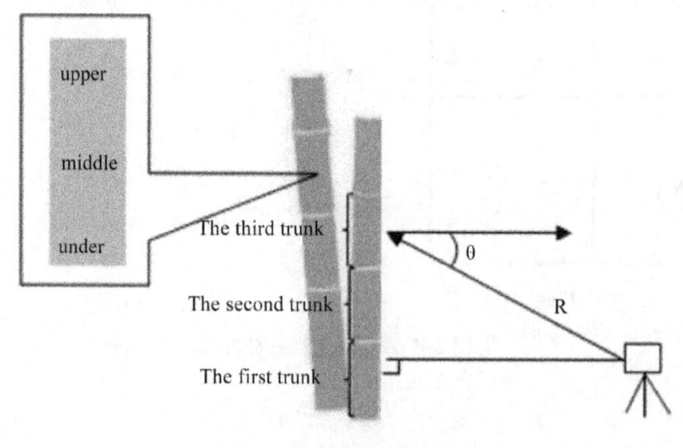

图 3-5 节间点云截取位置

②利用Cyclone的Export功能，以标准格式.ptx格式导出每个0.02m×0.02m方框的点云数据，提取点云数量信息和激光回波强度值。提取点云数据，并对激光强度值进行距离、入射角度改正，将改正后的强度值平均数作为该段竹节激光强度值。计算该竹节强度平均值时，剔除强度值数值最大最小各10%点云，以减小误差。

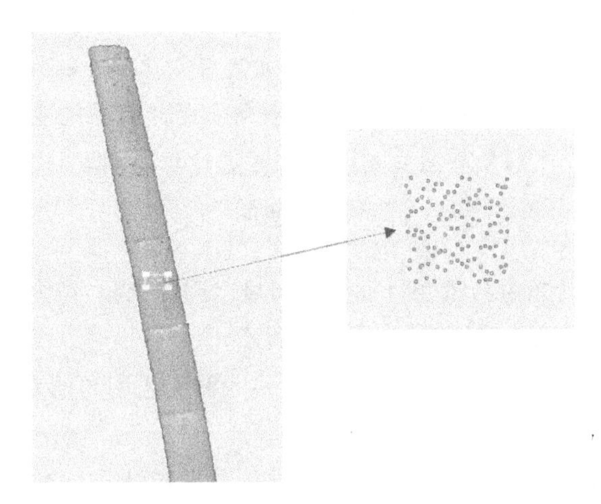

图3-6　提取竹节点云数据

3.3.3　点云激光回波强度改正

点云回波强度信息虽然与物体表面特征和物质特性有密切内在联系，经过多种因素联合作用后，会出现如同遥感影像相同的特性，即同物异值(强度值)或异物同值(强度值)现象(蔡越，2018；谭凯等，2015；程小龙等，2017)。有些影响要素难以控制，如扫描仪内部机制等，有些要素可以通过模型改正实现归一化处理，如测站距离、激光入射角等(王建军等，2014；方伟等，2015)。为了提取回波强度值与物体物质特性的内在关系，对点云回波强度进行改正是必要的，消除可以控制的影响要素。其中，试验中同人同仪器同时间段多次扫描相同的试验区域，次与次之间，扫描仪内部机制和外界环境基本雷同，对不同批次点云回波强度的影响也基本雷同，此时点云的回波强度的主要改正因素是测站距离和激光入射角，因此对点云回波强度的改正主要是消除测站距离和激光入射角的影响。

1. 平山基地毛竹竹秆点云数据回波强度改正

(1)激光回波强度改正方法

平山基地毛竹点云数据回波强度改正方法是采用谭凯等的基于多项式的

激光强度改正模型，改正要素是测站距离和激光扫描入射角，消除两因素的影响(谭凯等，2015)。

根据点云数据提取的激光回波强度值 I，基于多项式的激光强度改正模型求解回波强度值残差 v，其关系式为：

$$I + v = \sum_{i=0}^{n} K_i P^i \tag{3-3}$$

式中，$K_i(i=0,1,2,\cdots,n)$为多项式系数；n 为针对 Leica C5 的多项式次数，需要分析试验数据确定 n 的取值；P 是与入射角和距离有关的变量。

P 值是由激光入射角和激光测距值的函数计算，计算公式为：

$$P=\frac{\cos\theta}{R^2} \tag{3-4}$$

式中，θ 为入射激光光束与激光目标点法向量之间的夹角；R 为 Leica C5 扫描仪中心到激光点之间的直线距离，如图 3-6 所示。

由式(3-4)可知，同一目标由于测站距离或激光入射角的差异，P 值不同，激光回波强度值 I 也会不同。

由式(3-3)和式(3-4)，对每一激光点建立误差方程，如式(3-5)。

$$v=[1,P,P^2,\cdots,P^n]\cdot[K_0,K_1,K_2,\cdots,K_n]^{\mathrm{T}}-I \tag{3-5}$$

通过最小二乘平差来求取式(3-3)模型系数$[K_0,K_1,K_2,\cdots,K_n]^{\mathrm{T}}$。为了消除同物异值(强度值)或异物同值(强度值)现象，恢复激光回波强度值能反映物体表征的物质特性，使激光回波强度在目标分类中具有可比性，需要消除测距值和激光入射角的影响，即对激光回波强度值进行改正(谭凯等，2015)。

假定标准测距值 R_S 和标准入射角 θ_S，由式(3-4)可得，计算变量 P 的标准变量 P_S：

$$P_S=\frac{\cos\theta_S}{R_S^2} \tag{3-6}$$

式中，R_S 为扫描距离范围内任意距离值，类似于设定为距离单位权值；θ_S 同样在[0°，90°]可任意取值，为单位权入射角值。

为了简化计算，根据试验中扫描的所有数据，计算扫描距离 R 与激光入射角 θ 的平均值，作为标准测距值和标准入射角，则 I_S 为标准测距值和标准入射角的回波强度值，v_S 为标准回波强度值的残差，P_S 为标准变量，则由(3-3)式可改写为：

$$I_S + v_S = \sum_{i=0}^{n} K_i P_S^i \tag{3-7}$$

式中，$K_i(i = 0,1,2,\cdots,n)$ 为多项式系数；n 为多项式次数。

在相同的几何关系下每点的激光入射角和测站测距值相同，激光回波强度值只与目标反射率有关。因此，理论上的环境噪声、系统噪声等与真实情况相同，即 $v_S = v$。结合式(3-3) 和式(3-7) 可得：

$$I_S = I + \sum_{i=0}^{n} K_i (P_S^i - P^i) \tag{3-8}$$

由式(3-8)可知，I_S 与测站测距值和激光入射角无关，即 I_S 为改正后的激光回波强度值，此时 I_S 仅反映了毛竹竹秆的表面特性。

(2)点云回波强度改正模型参数

①多项式阶数 n 选定。式(3-3)中 Leica C5 三维激光扫描仪的 n 取值，是试验中进行改正激光回波强度值的一个重要参数。根据试验样本的点云数据，分别假定 n 值为(1,2,3,4,5,6)，代入多项式模型，统计多项式模型的拟合误差和程序运行时间，如图 3-7 所示。由图 3-7 可知，随着 n 值的增加，模型拟合中误差在降低，但运行时间增加，当 $n\approx4$ 时，拟合误差趋于稳定，运行时间处在急剧增加的拐点附近，因此统筹考虑运行时间和拟合精度，确定多项式阶数为$n=4$。

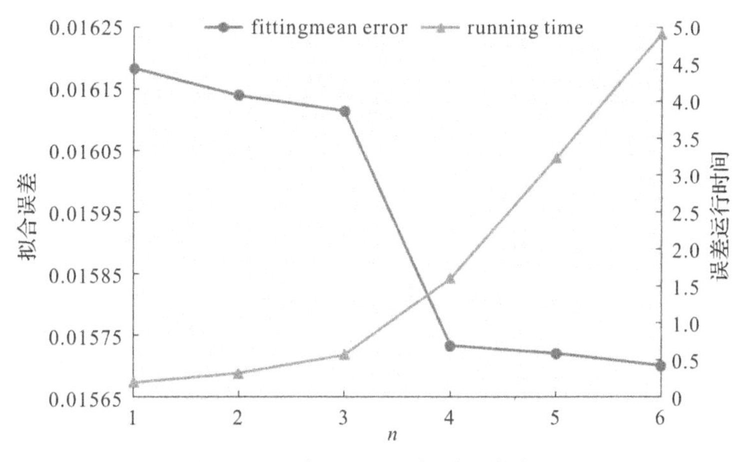

图 3-7 拟合误差和运行时间的关系

②模型系数 K_i 计算。利用最小二乘平差法，根据式(3-5)计算出模型系数 K_i ($i=1,2,3,4$)为(−0.17763452，0.648256124，−0.887632814，0.38538642)。试验标准距离值 $R_S=2.905$，标准入射角 $\theta_S=0°$，由公式(3-6)得到 $P_S=0.118$。

(3)基于多项式的试验点云回波强度改正成果

将 1～4 年生样本毛竹竹秆的第 1～10 节间的原始激光强度 I 和计算得到的变量 P 值，以及模型系数 K_i($i=1,2,3,4$)和标准变量 P_S，代入式(3-8)，得到

图 3-8～图 3-11，分别为试验样本点云数据改正前后的激光回波强度平均值 mean、标准差 STD 以及 R、$\cos\theta$ 和 P_S 的最大值和最小值。

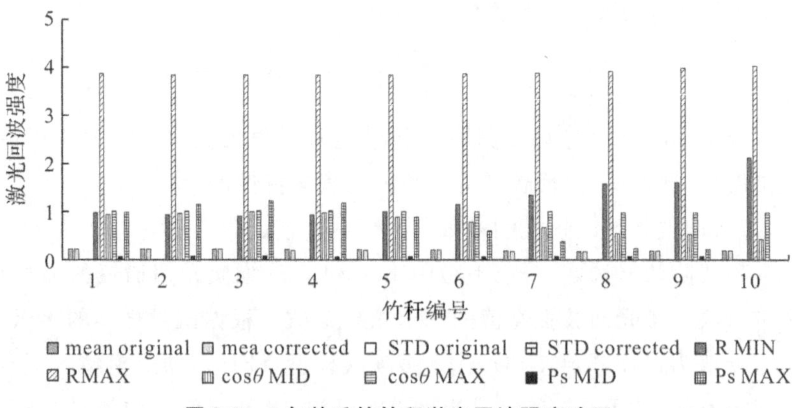

图 3-8　1 年龄毛竹竹秆激光回波强度改正

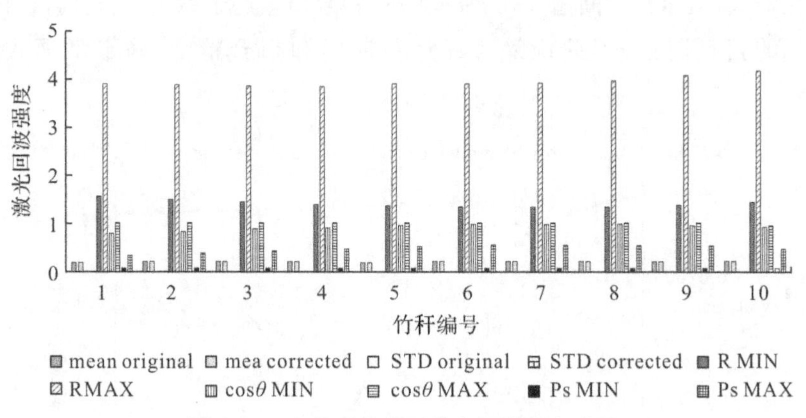

图 3-9　2 年龄毛竹竹秆激光回波强度改正

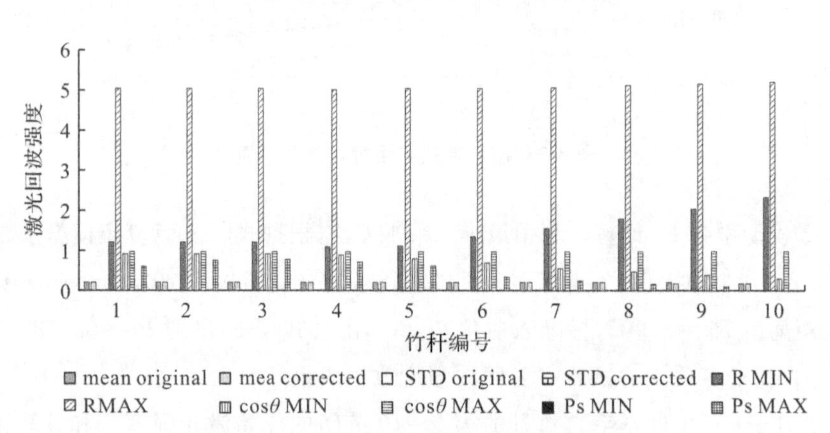

图 3-10　3 年龄毛竹竹秆激光回波强度改正

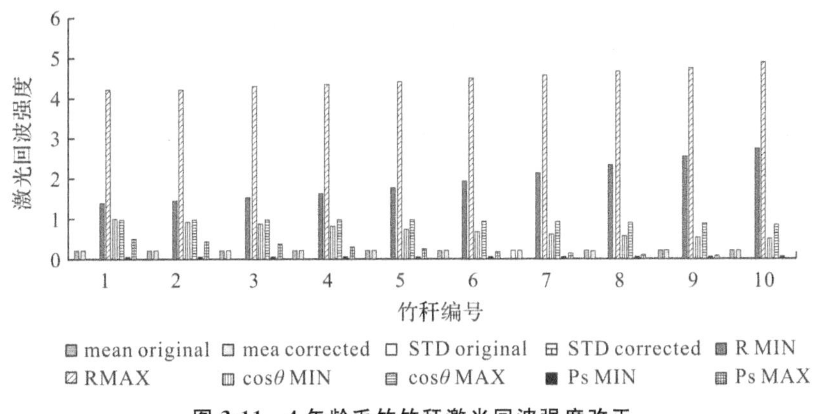

图 3-11　4 年龄毛竹竹秆激光回波强度改正

由图 3-8 至图 3-11 可知:①不同年龄竹秆点云的回波强度改正值的标准差均明显降低;②不同年龄毛竹竹秆激光回波强度有良好的区分度,重叠度较少;③多项式模型激光回波强度改正方法能有效消除测距值和激光入射角引起的回波强度偏差。

2. 东湖村后山毛竹竹秆点云数据回波强度改正

(1)点云回波强度改正函数模型

东湖村后山点云回波强度改正采用分段式多项式函数。为了研究测站距离和激光入射角对激光回波强度的影响,以标靶模拟监测目标。与机载 LiDAR 相比,地面 LiDAR 激光回波强度的距离效应和角度效应较为复杂,其点云回波强度按照激光回波强度定标写成经验模型:$I=Gf_2(\theta)f_3(R)$。

(2)测站距离和激光入射角对激光回波强度的影响

①测站距离的影响。当地面三维激光扫描仪入射角 $\theta=0^\circ$ 时,根据本书 3.2.3设计的测站距离步长,依次改变标靶到扫描仪的距离,进行扫描,获得固定入射角下不同测站测距与点云激光回波强度的关系,如图 3-12-a 所示。

由图 3-12-a 可知,对于 Leica C5 地面三维激光扫描仪,点云回波强度在 0～30m 范围内总体呈先急剧增大,超过一定距离后又快速减小,呈现两个明显峰值区域,其中在 20m 处激光回波强度达到最大值;

②激光入射角的影响。当测站距离为 10m 时,激光回波强度比较稳定,根据本书 3.2.3 节设计的入射角步长,依次旋转标靶平面,改变扫描时激光入射角,入射角范围设为 0°～80°,获得固定距离下不同激光入射角与点云激光强度的关系,如图 3-12-b 所示。

由图 3-12-b 可知,对于 Leica C5 地面三维激光扫描仪,点云激光回波强度在 0°～50°内基本稳定，当激光入射角度大于 50°后明显减弱。跟测站距离相比较，入射角达到一定角度后，随着回收的激光能量越少，点云激光回波强度跌至负值。

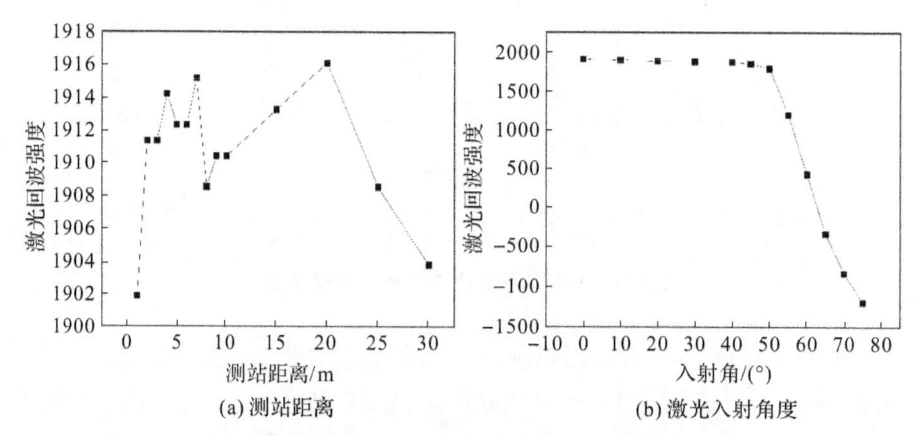

图 3-12　激光回波强度与测站距离和入射角的关系

(3)激光回波强度改正分段式函数

由于激光回波强度的改正是消除测站距离和激光入射角引起的扰动，本试验点云激光回波强度改正模型采用程小龙等提出的分段拟合函数（程小龙等，2017）：

$$I_S = \frac{Kf(\theta_S)f(R_S)}{Kf(\theta)f(R)}I = \frac{f(\theta_S)f(R_S)}{\sum_{i=0}^{N_1}(\alpha_i\theta_s^i)\sum_{i=0}^{N_2}(\beta_i R^i)}I \tag{3-9}$$

$$\theta = \arccos\theta = \mathrm{arc}\left(\left|\frac{(X,Y,Z)n}{R|n|}\right|\right) \tag{3-10}$$

$$R = \sqrt{X^2 + Y^2 + Z^2} \tag{3-11}$$

式中，X,Y,Z 为点云空间三维坐标；θ_S 为参考激光入射角，设为 0°；R_S 为参考测站距离，设为 10m；α_i 和 β_i 为多项式系数；$|n|$ 为法向量的模。式(3-10) 为激光入射角计算公式、式(3-11) 为根据三维坐标计算测站距离的公式。

(4)基于分段式函数的激光回波强度改正结果

如图 3-12 所示，测站距离改正的分段点位于 8～10m，求取此距离区间的多项式函数的极值点作为分段函数的临界点，经多项式拟合的极值点为 9.9m，从而确定距离改正分段函数的临界点距离为 9.9m；激光入射角改正的分段点位于 40°～55°，同理，求取此角度区间的多项式函数的极值点，得到入射角改正分段函数的临界点角度为 45°。

在 Visual Studio 2015 上利用 PCL 库混合编程平台，根据 K 近邻域法求得点云法向量 $\boldsymbol{n}=(n_1,n_2,n_3)$，根据余弦定理求得该点入射角余弦值 $\cos\theta$，再由反余弦函数 $\arccos\theta$ 得到该点的入射角 θ。根据最小二乘法，多项式拟合 $f(\theta)$、$f(R)$，代入拟合函数的不同阶数 N，根据式(3-14)计算均方根误差 RMSE 作为 $f(\theta)$、$f(R)$ 次数的选取依据，如表 3-1 所示，兼顾 $f(\theta)$、$f(R)$ 有较高拟合精度并避免过分拟合，确定 $N_1=4$，$N_2=3$，$N_3=3$，$N_4=4$。

表 3-1　分段多项式函数不同阶数的拟合函数均方根误差

NO.	R_1	R_2	cos1	cos2	RMSE	RMSE	RMSE	RMSE
	N_1	N_2	N_3	N_4	$R<9.9$m	$R>9.9$m	$A<45°$	$A>45°$
1	2	2	2	2	3.00	2.08	6.67	28.2
2	4	3	3	3	2.21	3.15	8.08	28.3
3	4	4	4	4	2.01	9.01	10.89	26.5
4	5	5	5	5	1.86	Null	11.23	28.9
5	6	6		6	2.58	Null	Null	41.0

经过测站距离和激光入射角度改正后，标靶平均激光回波强度趋于一致，如图 3-13-a、3-13-b 所示，计算点云激光回波强度改正前后的平均值的标准差，改正后的 RMSE 明显减小，如表 3-2 所示，说明分段式函数回波强度改正方法在本试验中切实有效。

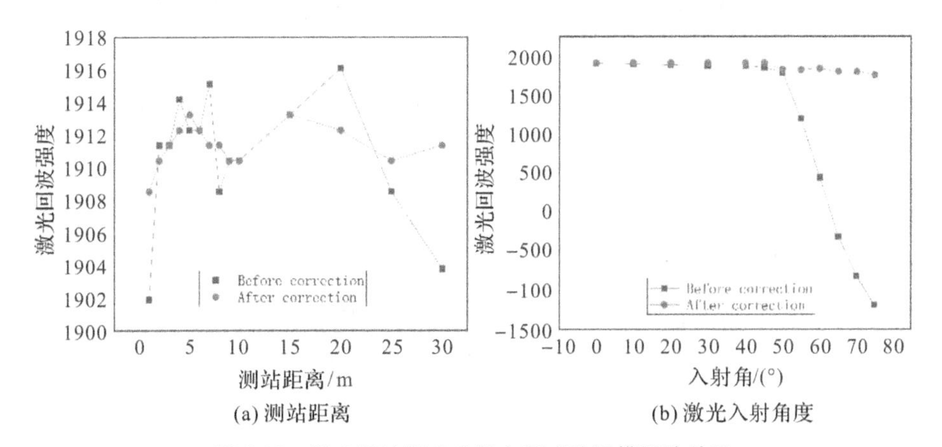

(a) 测站距离　　(b) 激光入射角度

图 3-13　激光回波强度分段多项式改正模型的效果

表 3-2　改正前后的标靶激光回波强度均方根误差

改正项	改正前	改正后
距离改正	4.07	1.31
入射角改正	57.67	24.30

3.3.4 数据统计分析方法

(1)利用 Excel 2013 软件,分别计算平均值($\overline{x}$)、标准差(s)和均方根误差(RMSE),统计毛竹竹秆的激光回波强度值和函数的误差等。

$$\overline{x}=\frac{x_1+x_2+\cdots+x_n}{n} \tag{3-12}$$

$$s=\sqrt{\frac{(x_1-\overline{x})^2+(x_2-\overline{x})^2+\cdots+(x_n-\overline{x})^2}{n}} \tag{3-13}$$

$$\text{RMSE}=\sqrt{\frac{1}{m}\sum_{i=1}^{m}[(h_x^i-y^i)]^2} \tag{3-14}$$

式中,$\overline{x}$ 为平均的激光回波强度值;x_n 为各回波强度值;s 为回波强度标准差;h_x^i、y^i 为改正前后的激光回波强度值;m 为激光点个数。

(2)以 SPSS 软件的多因素方差分析法,分析年龄、节数等交互作用的关联度;以 Matlab 软件解算激光回波强度多项式改正模型的拟合中误差和模型系数 K,判别毛竹年龄和验证模型的可行性;利用 Visual Studio 2015 的 PCL 库混合编程平台中 K 近邻域法和最小二乘法计算点云法向量和拟合多项式。

3.4 基于激光回波强度的毛竹"年"竹龄判别模型

平山基地的毛竹竹龄最大值为四年生,因此用以"年"来标识毛竹的竹龄,竹龄判别函数的因变量为"年",构建基于激光回波强度的毛竹"年"竹龄判别模型。

3.4.1 不同竹龄的回波强度的差异性解析

从不同"年"竹龄的毛竹竹秆点云数据中提取回波强度信息,根据多因素方差分析法,如表 3-3,结果表明,以"年"划分竹龄的激光回波强度在竹秆节间的差异性极显著($P<0.01$),但两者没有明显的相关性,说明不同竹龄的"年"数与竹秆不同节间的激光回波强度差异很大,这个特性为建立基于激光回波强度的毛竹竹龄"年"的判别模型奠定了理论基础。

表 3-3　竹龄和竹节与回波强度的相关性

源	类型 III 的平方和	*DF* 值	平方均值	*F* 值	*P* 值
竹龄	8.0E－3	3.0	3.0E－3	3.4265E＋1	0.0
竹节	3.0E－3	9.0	0.0	4.123	0.0
竹龄×竹节	1.0E－3	2.7E＋1	0.0	6.40E－1	9.14E－1
误差	1.3E－2	1.6E＋2	0.0		
总计	8.225	2.0E＋2			

3.4.2　“年”竹龄的竹秆回波强度特点

将 1～4 年生毛竹竹秆样本的激光回波强度值均值，按照第 1～10 节的上、中、下部作为数据单元进行处理，如图 3-14 所示。其中，图 3-14-a 是一年生毛竹竹秆激光回波强度值分布及差异性情况，由图 3-14-a 可知，总体上，从第 1 节先略微上扬，从第 4 节间至第 10 节间，由最大值逐渐减小到最小值。同一节间，不同部位的激光回波强度值基本符合“上大下小”递减的分布特征。

利用 SPSS 软件分析同一节三个部位和节与节之间的激光回波强度差异性，做双因素方差分析，如图 3-15 所示，结果表明：①1 年生毛竹竹秆不同节之间的激光回波强度差异极显著（$P<0.01$）；②同一节不同部位的激光回波强度差异显著（$P<0.05$）；③两者交互效应不明显。

不同节和节内不同部位的两两比较，如图 3-14-a，结果表明：第 1 至 4 节的不同节间、第 9 和第 10 节的节间激光回波强度差异极显著（$P<0.01$），说明毛竹底部与上部的不同节之间激光回波强度差异很大；而同一节间不同部位仅有第 2 节和第 3 节的上部和下部激光回波强度差异显著，是个体情况，说明每一节的不同部位激光回波强度的差异性不大。

如图 3-14-b～图 3-14-d 所示，2～4 年生毛竹竹秆不同节间和同一节不同部位的激光回波强度分布关系，可以雷同于 1 年生的分析方法，本书不再详细展开，其中只有 2 年生的第 1 节和第 2 节比较特殊，激光回波强度值小于 1 年生的，呈现先增大后减小的趋势，第 1 节是最小值 0.189378、第 5 节是最大值 0.209715。

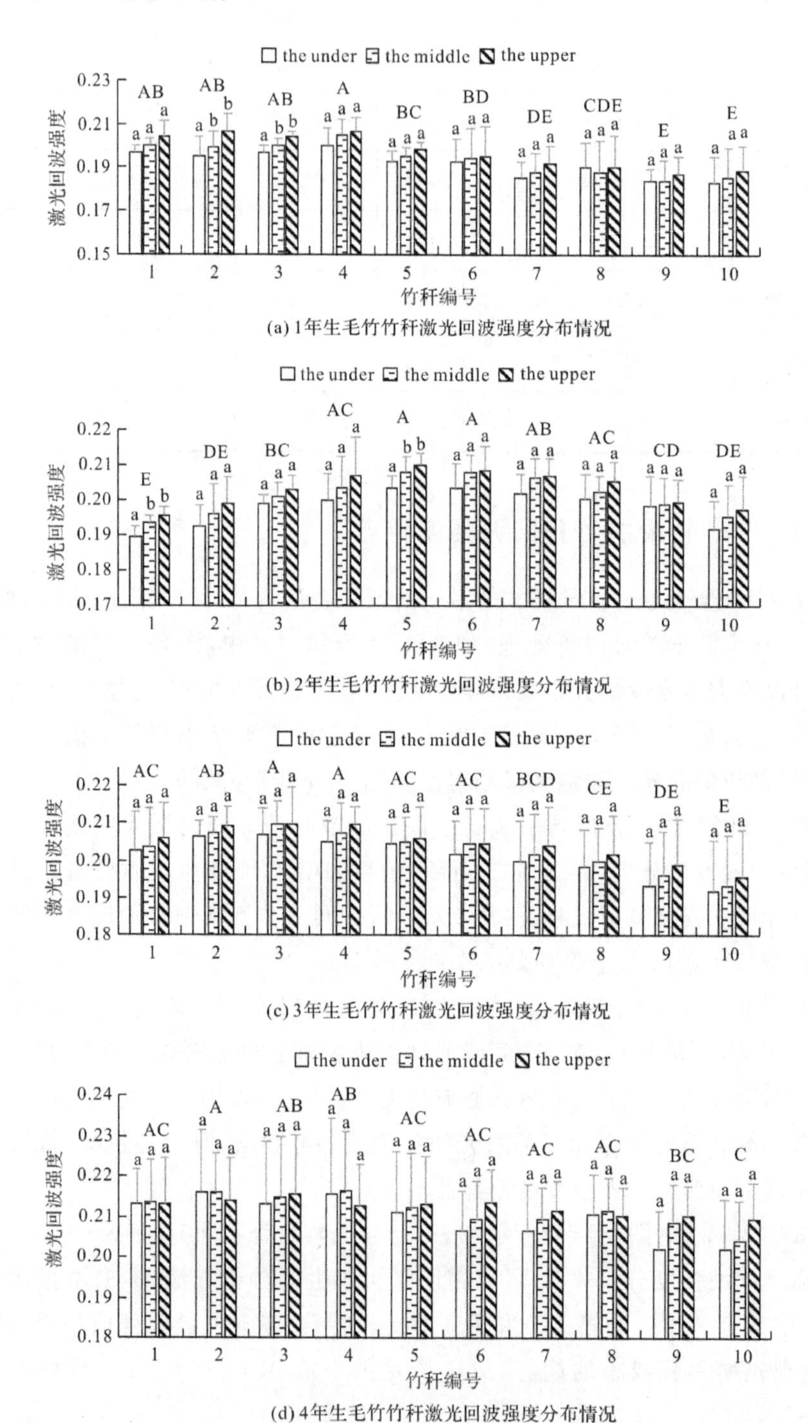

(a) 1年生毛竹竹秆激光回波强度分布情况

(b) 2年生毛竹竹秆激光回波强度分布情况

(c) 3年生毛竹竹秆激光回波强度分布情况

(d) 4年生毛竹竹秆激光回波强度分布情况

图 3-14　毛竹竹秆激光回波强度值分布与差异性

说明:图中 ABCDE 代表不同节间间显著性差异($P<0.05$),ab 代表节间内显著性差异($P<0.05$)。

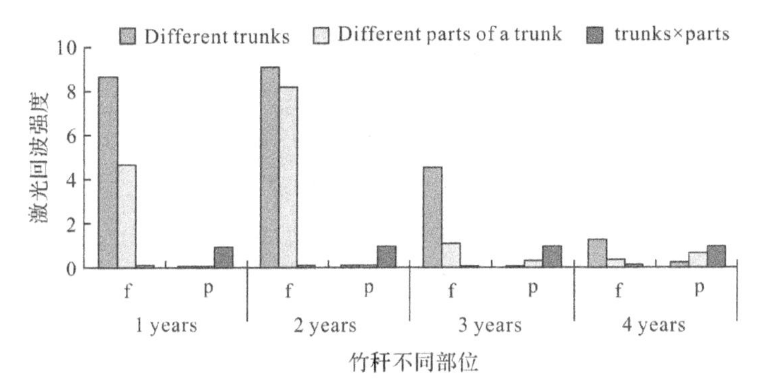

图 3-15　毛竹竹秆不同部位激光回波强度显著性分析

3.4.3　基于竹秆激光回波强度的毛竹"年"竹龄判别模型

平山基地共有 4 年生的人工抚育毛竹林，毛竹的年龄不适合竹农常用的"度"，因此以"年"来标记毛竹竹龄。将毛竹竹秆每节不同部位的激光回波强度值，由多项式模型[式(3-8)]改正后，求其均值，绘制不同"年"毛竹竹秆的激光回波强度与不同节的分布图，如图 3-16 所示。由图 3-16 可知：①竹龄 1 年的毛竹竹秆回波强度值 I_1 为 0.185～0.202，竹龄 2 年的 I_2 为 0.192～0.204，竹龄 3 年的 I_3 为 0.208～0.198，竹龄 4 年的 I_4 为 0.210～0.215；②竹龄 1～4 年的毛竹竹秆回波强度关系为 $I_4 > I_3 > I_2 > I_1$；③毛竹竹秆改正后的激光回波强度能较好地区分毛竹的不同"年"份。

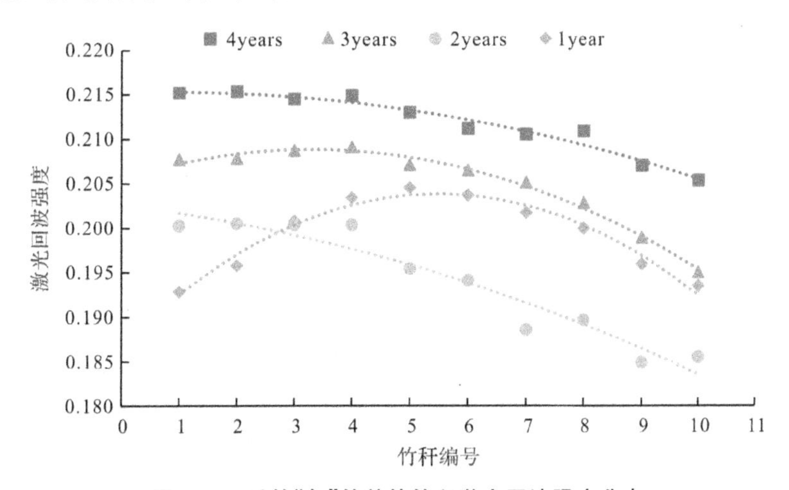

图 3-16　毛竹"年"竹龄的竹秆激光回波强度分布

根据试验样本改正后的竹秆回波强度值，利用多项式模型按"年"对竹秆的激光回波强度分别进行拟合，得到毛竹"年"竹龄拟合函数一元二次方程，$y_i =$

$k_0x^2+k_1x+k_2$。解算拟合模型参数 k_i 及相关系数 R^2，如下所示：

Bambooage=1year：$K_0=-0.0001, K_1=-0.008, K_2=0.2026, R^2=0.93$

Bambooage=2years：$K_0=-0.0006, K_1=0.0061, K_2=0.187, R^2=0.97$

Bambooage=3years：$K_0=-0.0003, K_1=0.0019, K_2=0.2056, R^2=0.99$

Bambooage=4years：$K_0=-0.0001, K_1=-0.002, K_2=0.2153, R^2=0.96$

可得毛竹"年"竹龄与激光回波强度模型为：

$$\begin{cases} y_1=-0.0001x^2-0.008x+0.2026 \\ y_2=-0.0006x^2+0.0061x+0.187 \\ y_3=-0.0003x^2+0.0019x+0.2056 \\ y_4=-0.0001x^2-0.002x+0.2153 \end{cases} \tag{3-15}$$

式中，y_1、y_2、y_3 和 y_4 分别为竹龄 1 至 4 年的毛竹竹秆拟合激光回波强度值；x 为毛竹竹秆的节数。

经计算，拟合函数的 R^2 均在 0.93～0.99 之间，说明函数拟合效果优良。

3.4.4 毛竹竹龄"年"判别函数的检验

1 毛竹竹龄"年"的判别依据

根据毛竹竹秆节间的激光回波强度竹龄"年"拟合模型 $y_i=k_0x^2+k_1x+k_2$，计算每一节间的拟合激光回波强度值 $y_{拟合}$ 与相应的实测激光回波强度值 $y_{实测}$：

$$\sigma=\sqrt{\frac{\sum_{n=1}^{10}(y_{拟合}-y_{实测})^2}{10}} \tag{3-16}$$

由式(3-16)解算 $y_{拟合}$ 与 $y_{实测}$ 的 RMSE(σ_i)。检验时，提取样本毛竹的竹秆激光回波强度值，分别代入式(3-15)中，由 4 个函数各自得到($\sigma_1, \sigma_2, \sigma_3, \sigma_4$)，通过比较 σ_i 值，当 $\sigma_i \approx 0$ 或 min 时，说明函数拟合结果最佳，符合该"年"竹龄的回波强度特征，则可判定该毛竹竹龄为 i。

2. 毛竹"年"竹龄判定模型的验证

试验选取竹龄 1～4 年的试验样本各 15 棵，将竹秆强度信息代入式(3-15)和式(3-16)，计算结果见表 3-4，可见毛竹竹龄"年"的判别模型准确率达到 93%。

表 3-4 毛竹竹龄判别模型检验

竹龄	毛竹样本/株数	判别正确/株数	准确率/%
1st	15	14	93
2nd	15	12	80
3rd	15	15	100
4th	15	15	100

3.5 基于激光回波强度的毛竹竹度判别模型

东湖村后山毛竹林为 1～7 年生毛竹，根据竹农的习俗，以“度”划分竹龄，通过改正后竹秆回波强度拟合竹“度”判定函数，函数的应变量为“度”，构建基于激光回波强度的毛竹竹度判别模型。

3.5.1 东湖村后山毛竹竹秆激光回波强度变化规律

每株毛竹枝下的竹节数并不一致，经统计，试验样本毛竹中最少竹节数为 17 节，为了更好比较不同“度”的毛竹竹秆激光回波强度的变化特征，统一竹节数，确定每株毛竹的第 1～17 节竹秆为研究对象。

样本毛竹点云激光回波强度值通过式(3-9)改正后明显收敛，Fence 窗口内点云激光回波强度互差均小于 20，将其均值作为该竹节激光回波强度值。通过多次提取点云数据的回波强度值，经统计发现 Leica C5 激光扫描仪的毛竹竹秆点云激光回波强度绝大多数范围为[－1200，－800]，则非此区间的点云即视为噪点，剔除。将每 2 年 1 度的样本竹秆回波强度值以节为横轴绘制成图，得到同年生不同节的激光回波强度曲线，取相邻两年的曲线均值线，即为该“度”的节间激光回波强度曲线，如图 3-17 所示，图 3-17-a～图 3-17-d 分别为 1～4 度竹 1～17 节的竹秆回波强度曲线。

如图 3-17-a 所示，1 度竹竹秆激光强度值呈递减趋势，激光回波强度区间为[－1200，－1000]。如图 3-17-b 所示，2 度竹呈递增趋势，激光回波强度区间也是[－1200，－1000]。如图 3-17-c 所示，3 度竹的 5 年生和 6 年生第 1～6 节毛竹竹秆激光回波强度规律不一致，其后均呈现递减趋势。强度值区间介于[－1150，－1000]。如图 3-17-d 所示，4 度竹激光回波强度变化波动较大。综上所述，样本毛竹竹秆点云激光回波强度区间介于[－1200，－900]，同一度竹内毛竹点云回波强度变化规律基本相同，不同度毛竹点云回波强度差别明显。

3.5.2 构建基于点云激光回波强度的竹度判别模型

提取图 3-17 中竹度的激光回波强度曲线，如图 3-18 所示，可见分段多项式模型改正后的毛竹点云回波强度可以区分毛竹的竹龄“度”。根据最小二乘法对竹度和竹节激光回波强度进行多项式拟合，如图 3-19 所示，得到基于毛竹竹秆激光回波强度的竹度拟合函数：

$$
\begin{cases}
y_1 = 0.48x^2 - 17.937x - 1014.5, R^2 = 0.9611 \\
y_2 = -0.4425x^2 + 12.983x - 1157.8, R^2 = 0.9231 \\
y_3 = -0.0547x^2 - 4.2539x - 1050.8, R^2 = 0.9546 \\
y_4 = 0.0016x^6 - 0.0849x^5 + 1.7891x^4 - 19.105x^3 + 109.77x^2 \\
\quad - 315.42x - 680.66, R^2 = 0.9466
\end{cases}
\tag{3-17}
$$

式中,1～4 度竹竹秆的激光回波强度拟合值;x 为竹节号;R^2 为拟合函数相关系数。

经计算得到,拟合函数模型相关系数 R^2 均大于 0.92,函数模型拟合效果优良。

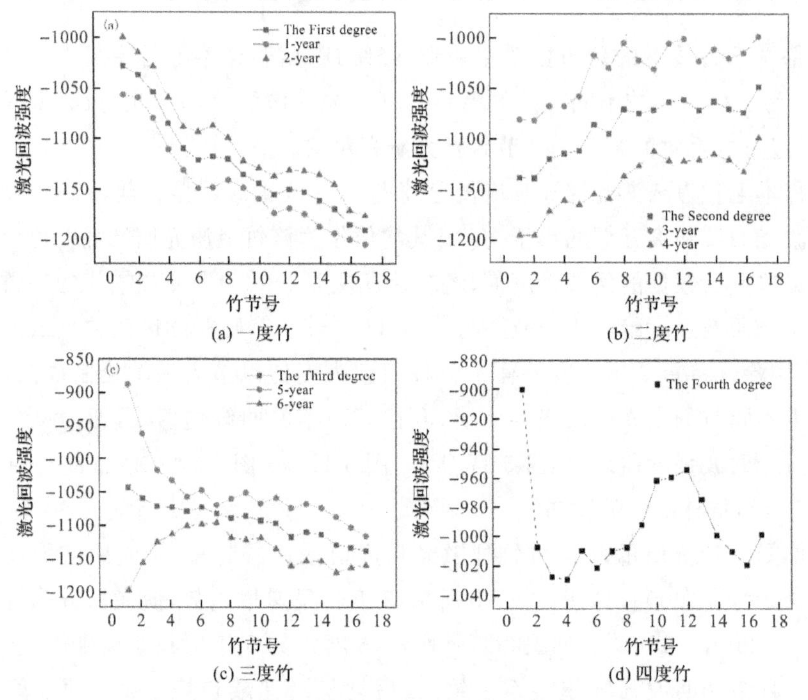

(a) 一度竹　(b) 二度竹　(c) 三度竹　(d) 四度竹

图 3-17　不同"度"毛竹竹秆激光回波强度分布特征

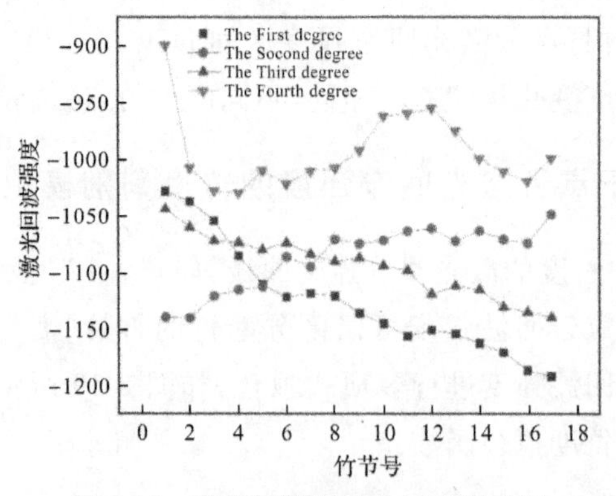

图 3-18　激光回波强度与竹度相关性

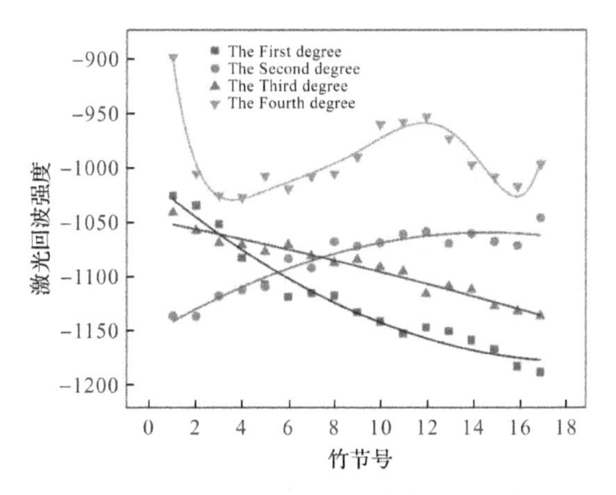

图 3-19　竹度—激光回波强度拟合曲线

3.5.3　毛竹竹度判别方法和模型验证

1. 毛竹"度"的判别方法

类似于本章 3.4.4，根据式(3-17)的毛竹竹秆的竹节序号与其激光回波强度拟合函数 $y_i = k_0 x^2 + k_1 x + k_2$，计算每一竹节的拟合激光回波强度值 $y_i(i=1,2,\cdots,17)$，差别是东湖村后山样地的标准差计算公式(3-18)中竹节数是 17 节，而平山基地的竹节数是 10 节，同样是计算每一节改正后的毛竹竹节激光回波强度 y_{i0} 与其拟合模型的激光回波强度 y_i 的标准差 σ_i，得到 4 个模型对应标准差 $\sigma_1, \sigma_2, \sigma_3, \sigma_4$，其中最小的或接近于 0 的标准差 σ_i，即为最优拟合，可判定该毛竹属于第 i 度竹。

$$\sigma_i = \sqrt{\frac{\sum_{n=1}^{17} (y_i - y_{i0})^2}{17}} \tag{3-18}$$

2. 毛竹竹度判别模型验证

选取 1～4 度毛竹试验样本各 20 株，带入标准差计算公式(3-18)，计算结果如表 3-5，可见根据毛竹竹秆点云激光回波强度判定毛竹竹度的准确率可达 93.75%，判定效果良好。

表 3-5　基于激光回波强度的毛竹竹度判别模型精度

竹龄	毛竹样本/株数	判别正确/株数	准确率/%
1st Du	20	19	95
2nd Du	20	20	100
3rd Du	20	18	90
4th Du	20	18	90

3.6 本章小结

毛竹竹龄是毛竹 AGB 测算的重要参数。本章通过试验，利用 Leica C5 三维激光扫描仪获得不同样地的毛竹点云数据，提取各竹节的点云数据激光回波强度，以多项式(谭凯等，2015)和分段式多项式(程小龙等，2017)激光回波强度改正模型对测站距离、激光入射角度进行改正，分析改正后不同年和度毛竹竹节激光回波强度的变化特征。基于不同年或度的毛竹竹秆颜色不同，毛竹竹秆的激光回波强度存在差异性，以平山基地 1～4 年生和东湖村后山 1～7 年生的毛竹竹秆激光回波强度分别构建激光回波强度与毛竹"年"竹龄或竹度判别模型，并进行了验证(蔡越等，2017；程小龙等，2017)。

3.6.1 研究结论

1. 点云激光回波强度可以有效区分毛竹竹龄差异

同一年或度内的毛竹竹秆激光回波强度变化特征基本一致。以"年"竹龄的竹秆点云回波强度基本上都是递减趋势，只有 2 年生的毛竹回波强度是先增后减；以"度"竹龄的一度竹与三度竹竹秆激光回波强度变化随竹节高度增长呈减小趋势，二度竹是随竹节高度增长呈增加趋势，四度竹是随竹节高度增长呈先减小后增大再减小趋势。综上所述，不同竹龄的回波强度变化都有着各自的特征，不同竹龄毛竹竹秆激光强度总体差异明显，但平山基地的竹龄 1 年和 2 年的、东湖村后山样地的第 3 至第 10 竹节的，激光强度差异不明显，甚至有重叠部分。

2. 多项式函数的点云激光回波强度改正模型能有效消除多因素影响

平山基地采用多项式函数 $I_S = I + \sum_{i=1}^{n} K_i (P_S^i - P^i)$ 和东湖村后山采用分段式函数 $I_S = \frac{Kf(\theta_S)f(R_S)}{Kf(\theta)f(R)} I = \frac{f(\theta_S)f(R_S)}{\sum_{i=0}^{N_1}(\alpha_i \theta_S^i)\sum_{i=0}^{N_2}(\beta_i R^i)} I$ 分别对样本毛竹竹秆原始点云回波强度进行改正，忽略反射率和大气环境的影响，能很好消除测站距离、入射角度对点云激光回波强度的影响，使改正后的点云激光回波强度值主要受毛竹竹秆表面特征影响。平山基地改正后毛竹竹秆激光强度区间为[0.185，0.215]、东湖村后山的区间为[－1200，－900]，与地面土壤激光回波强度差异明显，有利于基于点云激光回波强度的分类方法对于林下目标的分割效果(樊丽等，2016)，从而通过对激光强度进行改正，结合颜色、高度等信息可以避免大部分地物错分(程效军等,2017;孙圆等,2021)。但不同三维激光扫描仪的生产厂家不同,仪器内置参数不同,应根据试验采用合适的点云强度值改正函数模型。

3. 构建基于激光回波强度的竹龄判别模型精度良好

利用改正后的激光回波强度值与竹节号的对应关系,平山基地和东湖村后山都构建了一元二次函数 $y_i = k_0 x^2 + k_1 x + k_2$,利用多项式模型对不同竹龄竹秆的激光回波强度分别进行拟合,得到拟合模型参数及相关系数 R^2。虽然“年”竹龄判别模型与竹度判别模型存在差异,通过选择检验样本进行验证,相较于传统竹龄判定方法,竹龄判别模型的准确率都可达 93%左右。

3.6.2　本章讨论

本试验中,低龄的毛竹竹秆回波强度都出现了交叉现象,这也许与毛竹的生长特性有关。Song et al. (2002)研究发现在新竹爆发式生长过程中,老竹通过竹鞭向新竹输送大量的非结构性碳水化合物,2~3 年生的竹秆激光回波强度随高度增加呈先增加后减小的趋势,其原因可能是新竹爆发式生长期或后期,毛竹由上至下向新竹输送大量非结构性碳水化合物,在低龄竹秆底部积累了大量非结构性碳水化合物,使得低龄毛竹底部竹秆表面的激光强度减小。

本试验仪器设备 Leica C5 的激光是绿色激光,本书是根据该绿色激光的回波强度与竹龄的相关性构建了竹龄判别模型,为什么绿光激光雷达窄波段的强度信息能够区分竹龄?其背后的物理原理和逻辑是什么?本书并未深入研究,因此该模型有明确的仪器指向性,影响了模型的应用价值,只能针对具体的仪器型号或提供借鉴方法,有待于进一步深入研究,增加该方法的应用价值。

本章中阐述了两种竹龄标记方式的判别方法和模型,“年”竹龄尺度较小,而实际生产生活中竹农对毛竹年龄的划分常以“度”为单位判定竹龄,试验成果相似,可根据需要进行选择,可基本满足现实中对竹龄判定的需求,为高效准确判定竹龄提供了新方法。但试验样地局限于杭州市临安区,不同区域毛竹生长存在差异性,本试验建立的年/度判定模型能否满足不同区域毛竹竹度判定还有待进一步探究。通过研究不同区域毛竹竹秆激光回波强度差异性,有助于构建适用于不同区域的毛竹竹龄判别模型(Xu et al., 2018)。

参考文献

[1]Kaasalainen S, Jaakkola A, Kaasalainen M, et al. Analysis of incidence angle and distance effects on terrestrial laser scanner intensity: Search for

correction methods[J]. Remote Sensing, 2011,3(10):2207-2221.

[2]Kaasalainen S, Krooks A, Kukko A, et al. Radiometric calibration of terrestrial laser scanners with external reference targets[J]. Remote Sensing, 2009,1(3):144-158.

[3]Li S, Wang T, Hou Z, et al. Harnessing terrestrial laser scanning to predict understory biomass in temperate mixed forests[J]. Ecological Indicators, 2021,121:107011.

[4]Pfeifer N, Gorte B, Winterhalder D. Automatic reconstruction of single trees from terrestrial laser scanner data[J]. Remote Sensing and Spatial Information Sciences, 2004,35:114-119.

[5]Song J H, Han S H, Yu K Y, et al. Assessing the possibility of land-cover classification using LiDAR intensity data[J]. International Archives of Photogrammetry Remote Sensing and Spatial Information Sciences, 2002, 34(3/B):259-262.

[6]Wezyk P, Koziol K, Glista M, et al. Terrestrial laser scanning versus traditional forest inventory first results from the polish forests[J]. ISPRS Workshop on Laser Scanning and Silvilaser, 2007,36(3):424-429.

[7]Xia S, Wang C, Pan F, et al. Detecting stems in dense and homogeneous forest using single-scan TLS[J]. Forests, 2015,6(11):3923-3945.

[8]Xu W, Cheng X, Li Q, et al. Construction of correlation model of regional phyllostachys edulis's age and TLS intensity[C]//Proceedings-39th Asian Conference on Remote Sensing: Remote Sensing Enabling Prosperity, ACRS 2018,v5,p2789-2796.

[9]蔡越. 基于地面 LiDAR 的单株毛竹地上生物量测算方法研究[D]. 杭州:浙江农林大学,2018.

[10]蔡越,徐文兵,梁丹,等. 不同因素对地面三维激光扫描点云精度的影响[J]. 激光与光电子学进展,2017,54(9):364-373.

[11]曹林,佘光辉,代劲松,等. 激光雷达技术估测森林生物量的研究现状及展望[J]. 南京林业大学学报(自然科学版),2013,37(3):163-169.

[12]程小龙,程效军,郭王,等. 基于激光强度的建筑立面点云分类及信息提取[J]. 同济大学学报:自然科学版,2015,43(9):1432-1437.

[13]程小龙,程效军,李泉,等. 基于分段多项式模型的 TLS 激光强度改正[J]. 激光与光电子学进展,2017,54(11):112802.

[14]程效军,郭王,李泉,等. 基于强度与颜色信息的地面 LiDAR 点云联合分类

方法[J]. 中国激光,2017,44(10):1010007.
[15]樊丽,刘晋浩,黄青青. 基于特征融合的林下环境点云分割[J]. 北京林业大学学报,2016,38(5):133-138.
[16]范海英,李畅,赵军. 三维激光扫描系统在精准林业测量中的应用[J]. 测绘通报,2010(2):29-31.
[17]方伟,黄先锋,张帆,等. 依据点云强度校正的壁画纠正[J]. 测绘学报,2015,44(5):541-547.
[18]冯仲科,杨伯钢,罗旭,等. 应用 LiDAR 技术预测林分蓄积量[J]. 北京林业大学学报,2007,57(21):212803.
[19]黄洪宇,陈崇成,邹杰,等. 基于地面激光雷达点云数据的单木三维建模综述[J]. 林业科学,2013,9(4):123-130.
[20]栗荣豪,陈益楠,甘小正,等. 点云体素细化生成树木骨架的方法[J]. 激光与光电子学进展,2019,56(19):253-262.
[21]马振宇,庞勇,李增元,等. 地基激光雷达森林近地面点云精细分类与倒木提取[J]. 遥感学报,2019,23(4):743-755.
[22]孙圆,林秀云,熊金鑫,等. 基于地面激光强度校正数据的单木枝叶分离[J]. 中国激光,2021,48(1):56-66.
[23]谭凯,程效军. 激光强度值改正模型与点云分类精度[J]. 同济大学学报(自然科学版),2014,42(1):131-135.
[24]谭凯,程效军. 基于多项式模型的 TLS 激光强度值改正[J]. 中国激光,2015,42(3):0314002.
[25]谭凯,程效军,张吉星,等. TLS 强度数据的入射角及距离效应改正方法[J]. 武汉大学学报(信息科学版),2017,42(2):224-228.
[26]王建军,刘吉东. 影响机载激光扫描点云精度的测量误差因素分析及其影响大小排序[J]. 中国激光,2014,41(4):247-252.
[27]吴斡宁,万涛. 浅谈树木年龄测定方法的研究进展[J]. 绿色科技,2013,7:152-155.
[28]熊文愈,周芳纯,胡长龙. 毛竹竹株年龄的确定方法[J]. 林业科学,1965,2:87-88.
[29]杨赐福. 鉴定毛竹年龄的研究[J]. 林业科学,1965,10(2):193-196.
[30]赵小祥,黄亮. 基于点云强度的公园乔木检测方法[J]. 北京测绘,2020,34(3):292-295.
[31]周国模,刘恩斌,施拥军,等. 基于最小尺度的浙江省毛竹生物量精确估算[J]. 林业科学,2011,47(1):34-45.

第 4 章　基于红边波段的毛竹林大小年识别

4.1 引　言

毛竹林作为亚热带常绿树种，其生态特征和其他常绿植被有明显的不同之处，除了具有生长速度快和砍伐周期短等特点外，毛竹林还具有其他独特的生态特点：①逐年交替的大小年现象：大年竹林在春季有大量竹笋成竹，小年几乎没有竹笋产生。②毛竹生长速度快：在大年中，新竹笋（3 月中旬～4 月中旬出现）在 40～60 天内迅速发育成幼竹。③生长周期为两年循环：大小年现象每隔一年出现一次。例如，在同一地点，2019 年的大年毛竹林将在 2020 年成为小年毛竹林，2021 年又成为大年毛竹林。④竹林冠层和立地结构：在 6—9 月，大小年毛竹林冠层有着清晰的边界；在 4—11 月，它们也有不同的立地结构，但在去除树冠后，它们的外观是相似的。⑤大小年现象导致不同阶段的叶子和茎的颜色不同。小年毛竹林的叶子（约 30%）在 4—5 月间换色，大年毛竹林的叶子（约 20%）在 5 月换色，而年轻竹林的新叶在 6 月完全发育。这些特点使研究毛竹林空间分布特征和动态变化变得复杂（Chen et al.，2019），大小年毛竹林在不同时间完全不同的林分结构给毛竹林遥感分类也增加了难度。

毛竹林的大小年在遥感尺度上的识别，突破口是从遥感角度找到毛竹林大小年冠层的季节差异。Landsat 数据拥有更长的时间序列特征、合适的光谱和空间分辨率，所以目前大多数学者利用 Landsat 数据对毛竹林进行研究（丁丽霞等，2006；de Carvalho et al.，2013；Han et al.，2013；Mertens et al.，2008；Zhao et al.，2018；Zhou et al.，2011）。现有研究普遍认为红波段、近红外波段和短波红外波段是区分毛竹林的有效光谱波段（Goswami et al.，2010；Li et al.，2016；Linderman et al.，2004；Wang et al.，2009a），变换变量（如主成分分析等）和植被指数（如归一化植被指数）也常被用于毛竹林监测（Goswami et al.，2010；Liu et al.，2018），但由于毛竹林与其他森林均表现出四季常绿的特征，它们的光谱特征接近，单纯依靠光谱特征很难有效提取毛竹林信息。因此，很多学者在分类中加入空间变量(如纹理特征)和辅助信息(如地形、土壤)用来提高毛竹林分类精度(Deng et al., 2009; Ghosh et al., 2014; Han et al., 2014; Zhao et al., 2016)。尽管空间变量和辅助数据可以提高毛竹林的分类精度,但不确定因素仍然存在,如毛竹林独特的物候特征。物候学特征也被作为一个有效的分类变量用于毛竹林遥感分类(Li et al., 2016; Liu et al., 2018; Zhao et al., 2018)。季节性信息是选择数据和变量的一个关键因素。为了确定竹林监测的最佳季节,许多学者已经进行了大量研究。冬季被证实是区分竹林和其他森林类型的最佳季节(丁丽霞等,2006;官凤英等,2012;Wang et al., 2009b),因为竹子在冬季常绿,而落叶林则会落叶。

尽管毛竹林监测的遥感分类精度已经达到比较高的水平,但传统的分类方法仍存在一些局限性。例如,竹林和常绿林之间相似的光谱特征很少被考虑。此外,由于叶色、树冠结构、立地密度的频繁变化,以及大小年现象也导致了分类困难。此外,由于热带和亚热带地区的云量过大,很难能得到完整的时间序列数据。随着地球监测和成像技术的不断改进和发展,具有更高的时空分辨率和光谱分辨率的卫星已被发射。例如,具有红边波段的 Sentinel-2 传感器使得准确获取竹林生长周期的真实变化成为可能(Chen et al., 2019)。然而,与竹林监测相关的几个问题仍有待解决,如大小年现象的差异如何影响分类精度,与 Landsat 数据相比,Sentinel-2 数据的红边波长增加的光谱带是否能提高制图精度,此外,还需要了解在关注单季数据或多季数据时如何选择变量的组合。为了缓解这些问题并填补这些研究空白,本章节尝试实现以下具体目标:确定不同季节的大小年毛竹林的光谱特征,为大小年毛竹林监测制定新的多时相年际毛竹林指数,比较基于不同情景的 Sentinel-2 和 Landsat 8 数据的监测性能,以及在处理单时空或多时空遥感时提供有关变量组合的信息。

本章以浙江省西北部地区为研究区,利用时间序列 Sentinel-2 和 Landsat 8 遥感数据以及研究区域实测的真实地面数据,结合决策树和分层分类法对毛竹林及其大小年进行遥感分类(见图 4-1),主要的步骤为:①利用地面调查的毛竹林真实数据,分析大年季节光谱变化特征,找到区分毛竹林与其他常绿植被的最佳时间窗口和光谱波段,构建基于大小年的毛竹林多时相遥感指数;②从不同的分类策略和遥感数据源出发,结合不同的植被指数组合,利用决策树和分层分类法对研究区的毛竹林进行遥感分类,对比不同时相、不同数据源下的毛竹林遥感分类效果;③对不同时相、不同数据源下的毛竹林遥感分类结果进行精度评价,评估毛竹林多时相指数在其他研究区域的可移植性。

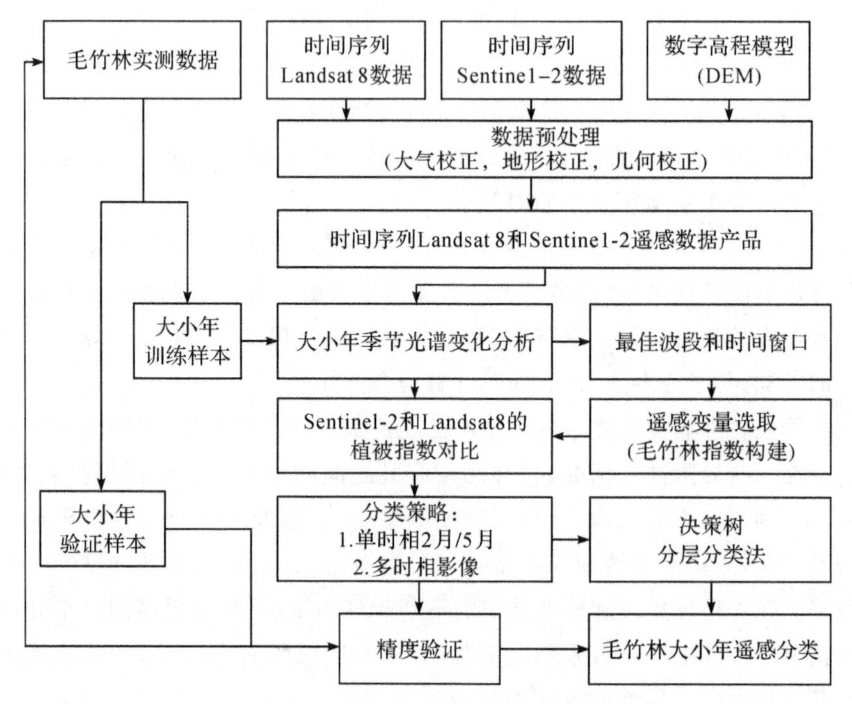

图 4-1 毛竹林大小年分类技术路线

4.2 研究区与数据处理

4.2.1 研究区概况

研究区选在毛竹林大小年明显的浙江省西北部一个面积为 538.06km² 的地区。该地区的高程为 25～805m，属亚热带季风气候，年降水量为 1400mm，年平均温度为 15℃。

根据安吉县林业局 2016 年的统计数据，该地区的森林主要为阔叶林、针叶林和毛竹林。毛竹林是研究区的主要竹林类型，占总数的 86%。其他绿色植被包括耕地和茶园。毛竹林是常绿林，有大小年现象，立地结构单一。由于其营养和物质周期的原因，4 月至 5 月，大小年毛竹林的叶片颜色不同，其余时间与其他常绿植物的颜色相同。其他植被类型有特定的生理特征，例如，茶园的采茶是在 4 月进行的，而园林修剪是在 5 月进行。

为了探索提出的方法在浙江西北部的可移植性，我们选择了另一个研究地区——浙江省中西部的龙游县。该地区也属于亚热带季风气候，高程为 52～

1391m,年降水量为1600mm,年平均温度为17.1℃。毛竹林面积约为256.66km²,占竹林总面积的96%。除此之外,它也具有明显的大小年现象。

4.2.2 数据获取与处理

1. 数据介绍

Landsat 8 OLI是美国Landsat计划的第八颗卫星,于2013年2月发射。该卫星距离地面高度705km,重访周期为16天,影像获取为当地早上10:30左右。该卫星的陆地成像仪(OLI)传感器成像幅宽185km×185km,共包含9个波段,涵盖了可见光、近红外和短波红外波段,空间分辨率为30m,其中包括一个全色波段(15m)。本研究所用的Landsat 8 OLI数据来源为美国地址调查局官网(USGS:https://glovis.usgs.gov/),轨道号为119/039,坐标系统为全球横轴墨卡托50°(UTM 50)带投影。

Sentinel-2是欧洲空间局哥白尼计划中的一个地球监测任务,是由Sentinel-2A和Sentinel-2B两颗卫星组成的卫星群,两颗卫星分别于2015年6月和2017年3月发射升空。该卫星高度786km,影像幅宽290km,其中一颗卫星的重访周期为10天,两颗互补后的重访周期为5天。它向公众提供免费一级产品数据用于全球环境监测,该卫星包含了13个多光谱波段,光谱范围覆盖可见光/近红外和短波红外,其中还包含了三个植被红边波段,对监测植被健康信息非常有效,提供空间分辨率10/20/60m影像,目前已经被广泛应用于植被信息提取和森林监测等方面。本研究所有的Sentinel-2数据均为官网(https://scihub.copernicus.eu/dhus/#/home)下载的一级产品坐标系统为全球横轴墨卡托50度带投影。

2. 遥感数据预处理

遥感数据的预处理主要包括几何校正、辐射校正、大气校正和地形校正,以及所有用到的矢量和栅格数据的投影坐标和空间位置匹配等。

(1)几何校正。由于受到传感器结构和成像特征等因素影响,遥感影像数据之间存在微小的几何畸变。因此在遥感影像在应用前,需要对这些畸变进行系统性或非系统性的校正,这一校正过程称为几何校正,一般可以分为几何粗校正和几何精校正两种。地面站提供给用户的遥感数据一般已经进行了粗校正,既消除了传感器引起的畸变,也消除了传感器不同时间遥感影像之间的偏差。但是不同传感器之间仍有一些几何位置上的偏差。

(2)辐射定标。辐射定标是将传感器的数字量化值转化为辐射亮度值的过程(梁顺林等,2013),一般包括两种定标方式,分别为相对定标和绝对定标,相对定标是将目标影像的各个波段像元的辐射度量归一化到某个范围内。绝对定标是通过标准辐射源建立辐射亮度值与数字量化值之间的定量关系,通过线性变换将数字量化值转换为辐射亮度值,其计算公式为:

$$L_\lambda = \text{Gain} \times \text{DN} + \text{Offset} \tag{4-1}$$

式中,L_λ 为波段的辐射定标值,单位是 $W/(m^2 \cdot \mu m \cdot sr)$;DN 为传感器记录的数字量化值;Gain 为辐射亮度增益值;Offset 为辐射亮度偏移值。

(3)大气校正。由于传感器受到大气分子和气溶胶等大气成分吸收与散射的影响,传感器获取的信息中混合了非目标地物信息。为消除大气对地物辐射的影响,获取地物的真实反射率,需要开展大气校正。常用的大气校正模型有基于大气辐射传输理论模型的 MORTRAN 模型、LOWTRAN 模型和 6S 模型等,和基于简化辐射传输模型的暗黑像元法(邓书斌,2014)。辐射传输模型是辐射校正的主要方法,它是利用电磁波在大气中的辐射传输原理建立模型从而对图像进行大气校正的方法。另外,欧空局发布了专门针对 Sentinel-2 生产 L2A 级数据的软件 SNAP 和插件 Sen2Cor,包含了辐射定标和大气校正,能将 L1C 的大气表观反射率数据处理为大气底层反射率数据。Sen2Cor 插件下载地址为欧空局官网(http://step.esa.int/main/third-party-plugins-2/sen2cor/)。

(4)地形校正。由于受到地形起伏的影响,阳坡接受的辐射多于阴坡接受的辐射,遥感影像中相邻像元间太阳辐射变化明显,因此不同坡向的同类地物亮度值差异较大,不同地物的亮度值则可能相近,出现"同物异谱"和"异物同谱"现象,因此需要对山区遥感影像进行地形校正。地形校正通过某种变换,将所有像元的辐射亮度变换到统一参考面上,消除由于地形引起的辐射亮度变化,使影像能够更好地反映地物的光谱特性。常用的地形校正模型有统计经验模型和朗博体模型,本文选用的为改进的 C 校正模型,它是对影像像元值与太阳入射角余弦值建立线性关系,利用两者的回归方程计算方程截距和斜率比值,构建半经验参数的校正模型(Teillet et al., 1982; Reese et al., 2011),计算公式为:

$$L_h = L_t \frac{\cos\theta + c}{\cos i + c} \tag{4-2}$$

$$\cos i = \cos\theta \cos e + \sin\theta \sin e \cos(\varphi_m - \varphi_s) \tag{4-3}$$

$$L = a\cos i + b \tag{4-4}$$

$$c = \frac{a}{b} \tag{4-5}$$

式中，L_h 为校正后的反射率；L_t 为校正前的反射率；θ 为太阳天顶角；c 为校正系数；$\cos i$ 为太阳光照系数；e 为坡度；φ_m 为方位角；φ_s 为坡向；a，b 为与波段相关的经验系数。

(5)地理空间数据批量化处理。由于时间序列数据空间存储量大，单个数据处理需要大量的时间投入，本研究使用 Python 进行预处理。Python 提供了大量的数据处理库，如 Numpy 和 Pandas 等，以及空间数据处理库，如 ArcGIS 自带的 Arcpy 库和 Python 的 Gdal 等开源库，这些开源的代码库为遥感大数据处理提供了便利。本研究根据研究需求，撰写了对时间序列数据进行处理的程序代码，实现了对连续时间序列数据进行自动化批处理，如投影转换、裁剪、计算植被指数等，基于 Python 的自动化数据批处理能够大大提高数据处理的效率。

3. 数据处理

为了捕捉毛竹林的时间序列特征，研究区所用遥感影像云量均低于 5%。从哥白尼开放存取中心下载获取了 2016—2018 年 Sentinel-2A/B 影像(位置：T50RQU，T50RQV)的共 17 个 Level-1C(L1C)产品(见表 4-1)。本研究只使用了 10 个光谱波段，包括 10m 空间分辨率波段(蓝、绿、红和近红外波段)和 20m 空间分辨率波段(红边、近红外窄波段和 SWIR 波段)。使用欧洲航天局(ESA)提供的 Sen2Cor 插件对 Sentinel 影像进行了大气校正。使用哨兵应用平台(SNAP)上的三次卷积法，将 20m 空间分辨率波段重新取样至 10m。

同一时期的五幅 Landsat 卫星影像场景(path 119，row 39)从美国地质调查局的数据服务器(http://landsat.usgs.gov)获得。对这些影像进行了辐射校正，并通过 FLAASH 方法进行了大气校正。经过大气校正后，可见光波段的平均值较低，特别是蓝色波段，而红边、近红外和短波红外波段的平均值则较高。使用 Gram-Schmidt 对多光谱波段进行融合(15m 空间分辨率)。

从 NASA(https://earthdata.nasa.gov)下载具有 12.5m 空间分辨率的 DEM 数据，并通过三次卷积法重采样至 10m。为了减少地形的影响，使用重采样的 DEM 数据，用 C 校正方法对 Sentinel 和 Landsat 卫星影像进行地形校正。以 2018 年 7 月 18 日的 Sentinel 影像作为参考图像，并对其他影像进行配准。每次配准的误差都控制在 0.5 个像元以内。所有影像均在同一投影系统(UTM 50N)中使用，研究区域被相同的矢量边界裁剪。

2016 年到 2018 年期间，对研究区开展了实地调查，获得了 300 多张带有坐标信息的照片，并在 Google Earth 上将不同的森林类型画成多边形。共记录了

517个多边形作为训练样本，其中包括122个(830像元)的小年毛竹，141个(960像元)的大年毛竹，138个(940像元)的阔叶林，117个(800像元)的针叶林。根据地面调查数据，在整个研究区随机抽取了600个验证点，其中竹林300个点(大年毛竹和小年毛竹各150个点)，阔叶林、针叶林和其他土地植被类型各100个点。

表4-1　研究数据汇总

数据集	空间分辨率	位置	获得日期
Sentinel-2A/B	10m/20m	安吉县	2017年2月28日;2017年4月29日;2017年10月31日;2017年12月20日;2017年12月25日;2018年1月9日;2018年2月13日;2018年4月9日;2018年4月19日;2018年5月4日;2018年7月18日
		龙游县	2017年4月29日;2018年2月13日;2018年4月9日;2018年4月19日;2018年5月4日;2018年7月18日
Landsat 8 OLI	30m/15m	安吉县	2017年5月11日;2017年11月3日;2018年2月23日;2018年3月11日;2018年4月28日
DEM数据	12.5m	安吉县,龙游县	
地面调查数据		安吉县,龙游县	2016—2018年

4.3 研究方法

4.3.1 大小年毛竹林光谱特征分析

光谱特征分析是研究目标地物在不同波谱上的特征，找到最佳遥感特征变量，是遥感信息提取的基础。植被在红波段的低反射谷和近红外波段的高反射率峰，是区分植被信息与其他地类的重要特征。毛竹林是常绿植被，找到毛竹林与其他常绿植被类型的光谱差异，是毛竹林信息提取的关键。

本研究选取与毛竹林光谱特征相似的两类常绿森林类型(阔叶林和针叶

林)作为参考地类,对比分析毛竹林与其他常绿森林在时间序列光谱特征上的异同。在结合高分辨率遥感数据和野外调查的基础上,从中选出有代表性的感兴趣区纯净像元各 15 个(其中小年毛竹林 830 个像元,大年毛竹林 960 个像元,阔叶林 940 个像元,针叶林 800 个像元),确保所选中的感兴趣区在 2017—2018 年没有发生地类变化。这些纯林样本被用来统计在不同时间下四个不同植被类型的波谱值,从不同季节和不同时间下分析四类植被在 Sentinel-2 和 Landsat 8 数据上不同波段的光谱曲线,对比竹林大小年在时间序列下的光谱变化特征,获取可以区分竹林和其他森林类型的季节信息和光谱信息。

通过对比研究区内主要的四种常绿植被(大年毛竹林,小年毛竹林,阔叶林,针叶林),分析它们在 Sentinel-2 和 Landsat 8 数据中的季节光谱特征(见图 4-2)。可以发现:①对比图 4-2-a1～图 4-2-a2 和图 4-2-a4～图 4-2-b4 发现,2017 年的小年毛竹林与 2018 年的大年毛竹林光谱特征在 5 月接近,同理 2017 年大年毛竹林和 2018 年小年毛竹林,这个现象说明了研究区内毛竹林的大小年逐年交替,两年为一个周期,这种交替的现象在遥感光谱上同样存在。例如,某一个地块,今年是大年毛竹林,明年就是小年毛竹林,而其他的常绿森林生长周期为一年,而且每一年的光谱特征皆相似;②大年毛竹林和小年毛竹林在冬季的光谱信息一致,且光谱值较低,比其他植被类型稍高,而大小年在春夏季生长季节光谱信息差异较大,尤其在 5 月,大小年毛竹林则表现出了差异较大的光谱特征,这是由大小年自身独特的营养供给导致大小年在 5 月的冠层颜色完全不同;③尽管传感器不同,但主要四种绿色植被类型在 Sentinel-2 和 Landsat 8 上的光谱特征趋近一致,又有一些细微的差异,例如在秋季,相比 Sentinel-2 数据(见图 4-2-a2),毛竹林在 Landsat 8 数据(见图 4-2-b2)11 月的 NIR 和 SWIR1 波段值明显比其他植被类型高。由于遥感时间的微小差异,光谱特征存在一些不同的地方,如 a1 为 2017 年 4 月 29 日,a2 为 2017 年 5 月 11 日,a1 中的小年毛竹林在近红外波段比 a2 中的低,而这个时间正是毛竹林小年近红外波段增长最剧烈的时间段;④从 Landsat 8 数据所表现出的毛竹林与其他植被的光谱差异,集中在秋季和冬季的 NIR 和 SWIR1 上,毛竹林比其他植被的光谱反射率高。同时,冬季的 Sentinel-2 数据在 NIR 和 SWIR1 上也具有与 Landsat 8 相同的特征,除此之外,Sentinel-2 新增的红边波段 2、3 和窄波近红外与近红外的反射率相同,这几个波段为区分毛竹林及大小年与其他植被地类提供了可能。

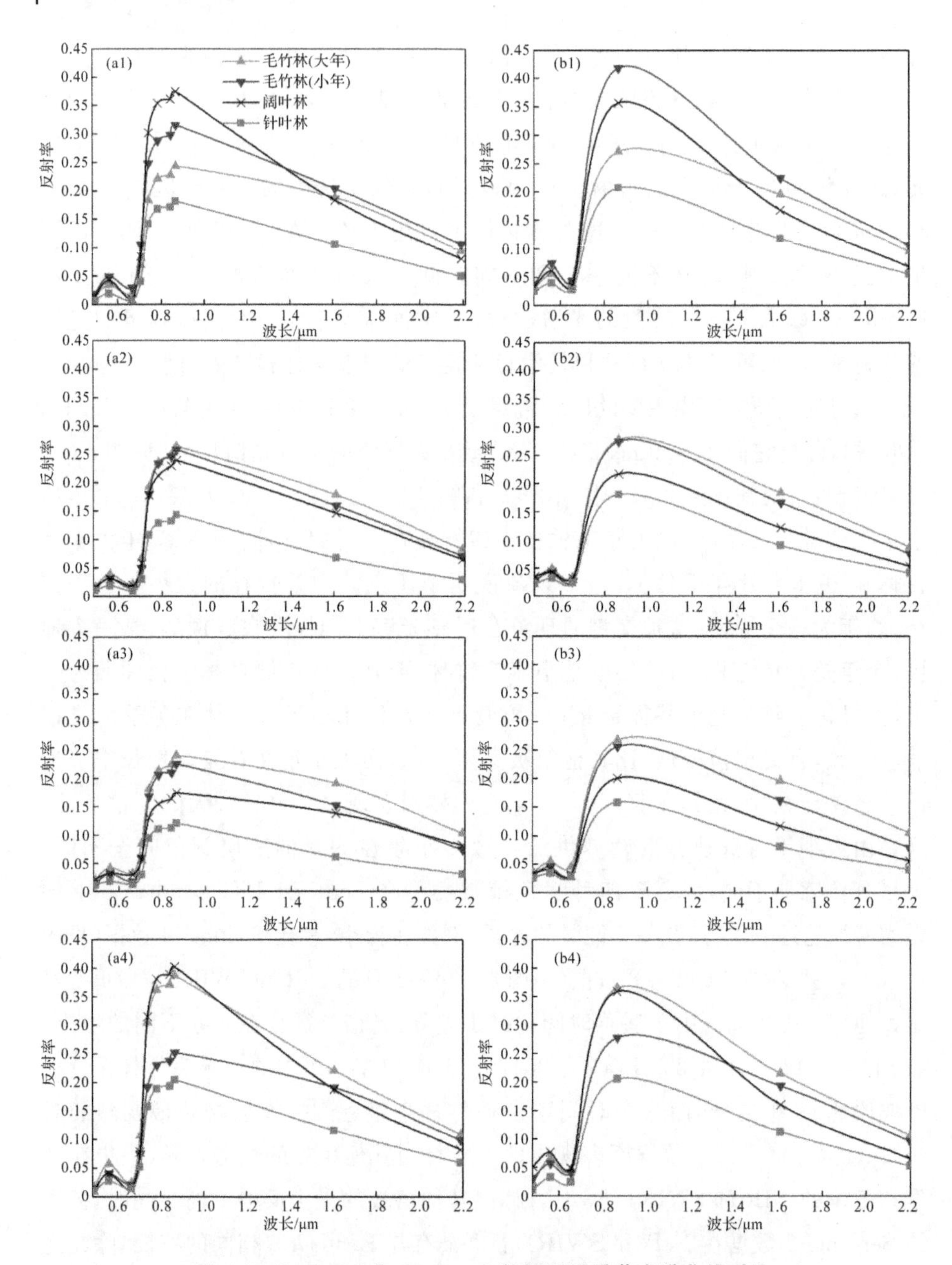

图 4-2　Sentinel-2 和 Landsat 8 数据不同季节光谱曲线对比

说明：a 系列为 Sentinel-2 数据，b 系列为 Landsat 8 数据。数据时间：(a1)2017 年 4 月 29 日，(a2)2017 年 10 月 31 日，(a3)2018 年 2 月 13 日，(a4)2018 年 5 月 4 日，(b1)2017 年 5 月 11 日，(b2)2017 年 11 月 3 日，(b3)2018 年 2 月 23 日，(b4)2018 年 4 月 28 日。

毛竹林的大小年周期规律也表现在了遥感光谱特征上，它们在秋冬季节的光谱特征相近，而在春季的光谱特征差异巨大。如果只区分竹林与其他植被类型，区分性能较好的波谱范围集中在 0.74～0.865μm，且秋冬季节最佳，这与以往的一些研究结论一致（Wang et al.，2009b；官凤英等，2012）。如果要区分开毛竹林大小年，则需要结合大小年生长季节的光谱变化特征，因此具体的大小年毛竹林区分时间窗口还需要进一步结合时间序列遥感数据进行分析。

为了进一步找到毛竹林大小年的光谱差异细节，找到合适的变量来区分毛竹林大小年的空间分布，本研究整合了研究区内 2017—2018 年所有能够获取的 Sentinel-2 数据和 Landsat 8 数据，着重分析了毛竹林大年和小年在时间序列上的光谱变化特征，如图 4-3。

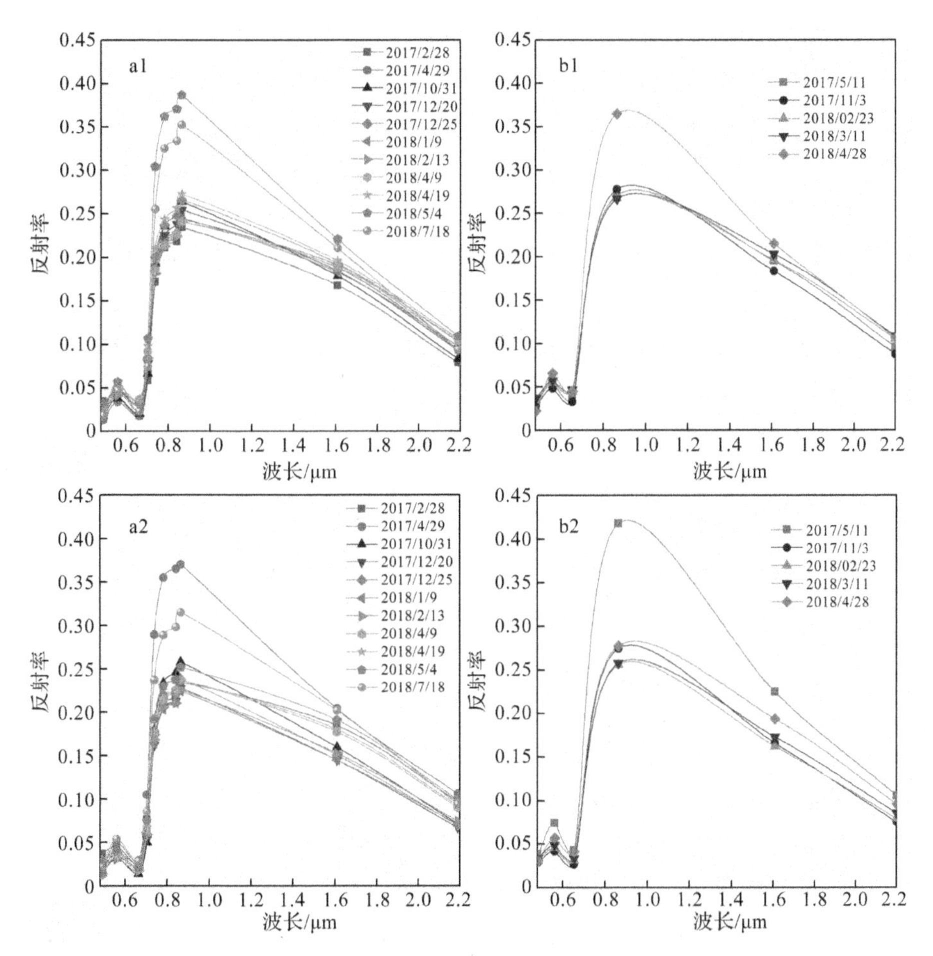

图 4-3　大小年竹林在两年中的光谱曲线变化

说明：a 为 Sentinel-2 数据，b 为 Landsat 8 数据，1 为竹林大年，2 为竹林小年。

图4-3中可以看到:①大年毛竹林(见图4-3-a1～图4-3-b1),由于新长出的幼竹6月展叶,因此在5月之前的遥感影像主要体现老竹的光谱特征,表现为光谱时间曲线稳定,而在6月新竹展叶后光谱值开始明显升高,其中红边波段增长幅度最大,11月砍伐后光谱反射率比小年略高;小年毛竹林(见图4-3-a2～图4-3-b2),春季4月换叶后开始积累营养,在4月中下旬红边波段开始升高,在5月达到最大,7月开始下降,在秋季与大年光谱特征一致,在12月至次年2月,光谱值略低于大年毛竹。②总体上看,毛竹林大小年在Landsat 8和Sentinel-2数据上的特征一致,小年毛竹林比大年毛竹林在春季(4月底至7月底)具有更剧烈的反射率变化,同时结合二者数据可以发现,小年毛竹林的0.74～0.865μm波谱范围在4月底到5月上旬的反射率在逐渐上升,而在7月开始回落。毛竹林小年在Landsat 8数据5月的可见光波段会比其他时期要高,而Sentinel-2则没有这个现象。③阔叶林的光谱特征与小年毛竹林类似,阔叶林是潜在容易与毛竹林混淆的地类,但阔叶林春季换叶比小年毛竹林更早,因此它在4月上旬时红边波段开始逐渐升高,在5月达到最高后开始逐渐降低,在7—11月光谱特征与小年竹林非常接近,因此可以利用这个时间差区分开毛竹林和阔叶林;针叶林在一年中的光谱曲线比较稳定,在各个时间段的光谱反射率均比其他常绿植被类型。

因此,在10月底到次年4月初的时间内,大小年毛竹林的光谱特征接近,较难区分开大年毛竹林和小年毛竹林;而在4—7月,大小年光谱明显和其他时间不同,其中区分最大的时间在5月。Landsat 8中区分最大的波段在NIR和SWIR1,而Sentinel-2则需要结合红边波段3、近红外和窄波红外波段。但单纯依靠波段差异进行区分,很难得到很好的效果,需要对这些敏感的波段进行处理或变换,构建新的植被指数进一步拉大毛竹林大小年之间以及毛竹林和其他常绿森林的可区分性。

4.3.2 构建毛竹林多时相指数

结合毛竹林的光谱季节特征和时间序列特征分析,本研究分别从两个角度构建植被指数,一个是单一影像波段差异入手,基于单一影像种中差异明显的波段构建指数进行区分毛竹林,如利用冬季和春季中Red-edge$_{705}$、NIR、Narrow NIR和SWIR波段进行植被指数构建,结合了以往的研究,列举并计算了5个不同的植被指数,如NDVI、NDMI、MVI(Microwave Vegetation Index,微波植被指数)和BI,这些传统的指数包含了区分竹林与其他森林的主要差异波段,如Red、NIR、SWIR和红边波段,另一个则是从多期遥感数据的大小年季节变化角度，即利用竹林在不同季节的变化构建植被指数，如月际变化竹林指数(Monthly Change Bamboo Index，MCBI)和年际变化竹林指数(Yearly Change Bamboo Index，YCBI)，基于不同季节间的波段运算来获取指数，增加毛竹林与其他森林之间的指数差距。

从单一数据和多期数据两个角度分别构建植被指数和毛竹林指数(见表 4-2)，结合研究做季节和时间序列分析的建模样本数据，统计研究区四种地类的植被指数值在不同时间上的值并制图，为了方便对比分析，我们将传统的指数和新的毛竹林变化指数值域变化范围统一约束为 1，其中传统的指数值在 0～1，而新的毛竹林变化指数值则在 0.6～1.6，这是由于毛竹林的红边波段和近红外波段在本年(月)和次年(月)的光谱值变化剧烈，例如小年毛竹林的红边波段(840nm)反射率值在 2018 年 4 月 29 日为 0.35，而在 2017 年的同时间为 0.23。对比分析 Landsat 8 和 Sentinel-2 两种数据的指数差异，找到在两种不同数据不同季节下区分竹林及大小年的关键指数组合，为毛竹林的分类奠定变量基础。

表 4-2　毛竹林遥感分类植被指数

植被指数	公式	来源
归一化植被指数($NDVI_m$)	(NIR－Red)/(NIR＋Red)	(Tucker, 1979)
宽度植被指数($WDRVI_m$)	(a×NIR－Red)/(a×NIR＋Red)	(Gitelson, 2004)
归一化植被水分指数($NDMI_m$)	(NIR－SWIR)/(NIR＋SWIR)	(Gao, 1996)
多植被指数(MVI_m)	(NIR－Red－SWIR)/(NIR＋Red＋SWIR)	(Xu et al., 2003)
竹林指数(BI_m)	(NDVI－NDWI)/(NDVI＋NDWI)	(Goswami et al.,2010)
归一化红边植被指数($NDVI_{Red_m}$)	(NIR－Red-edge_{705})/(NIR＋Red-edge_{705})	(Sims and Gamon, 2002)
月际变化竹林指数[$MCBI_{(mi\text{-}mj)y}$]	(NIR_{mj}＋NIR-narrow_{mj}＋Red-edge3_{mj})/(NIR_{mi}＋NIR-narrow_{mi}＋Red-edge3_{mi})	(Chen et al., 2019)
年际变化植被指数[$YCBI_{(yi\text{-}yj)m}$]	(NIR_{yj}＋NIR-narrow_{yj}＋Red-edge3_{yj})/(NIR_{yi}＋NIR-narrow_{yi}＋Red-edge3_{yi})	(Li et al., 2019)

说明：m 为月；i 为月数字；j 为年份数字；y 为年份；a 为权重系数(0.1～0.2)；Red 为红波段；Red-edge 为红边波段；NIR 为近红外波段；SWIR 为短波红外波段；NDWI 为归一化水体指数。

4.3.3 大小年毛竹林信息提取

基于以上的光谱特征和物候特征分析，整个分类流程基于决策树分层分类法逐步剔除非竹林地类，最终获取竹林及大小年的分布信息，主要步骤有二：

(1)为了尽可能地减小竹林的分类误差，我们首先利用冬季的 $NDVI_{winter}$ 区分植被和非植被类型，同时去除一些冬季落叶的植被，如农田、落叶阔叶林，由于竹林属于常绿植被且覆盖度较高，研究通过实验对比分析，确定 0.5 作为植被和非植被的阈值，当 $NDVI_{winter}$ 小于 0.5 的像元皆为非植被类型，包含水体、不透水代表等，而 $NDVI_{winter}$ 大于 0.5 的像元则为绿色植被类型。

表 4-3 毛竹林分类策略、植被指数组合及阈值

策略	数据源	地类	指数组合及阈值
单时相(2 月)	Sentinel-2	毛竹	$WDRVI_{(18)2}>0.1$
	Landsat 8	毛竹	$NDWI_{(18)2}<0.2$ and $BI_{(18)2}>0.5$
单时相(5 月)	Sentinel-2	大年毛竹	$NDWI_{(17)5}<0.2$ and $NDVI\text{-}Red\text{-}egde1_{(17)5}<0.5$
		小年毛竹	$NDWI_{(17)5}<0.15$ and $0.5<NDVI\text{-}Red\text{-}egde1_{(17)5}<0.55$
	Landsat 8	大年毛竹	$NDWI_{(17)5}<0.25$ and $BI_{(17)5}>0.55$ and $MVI_{(17)4}<0.15$
		小年毛竹	$NDWI_{(17)5}>0.3$ and $BI_{(17)5}<0.5$ and $MVI_{(17)4}>0.2$
多时相	Sentinel-2	大年毛竹	$MCBI_{(4-5)18}>1.3$ and $YCBI_{(17-18)5}>1.1$
		小年毛竹	$MCBI_{(4-5)18}<1.1$ and $YCBI_{(17-18)5}<0.8$
	Landsat 8	大年毛竹	$NDWI_{(17)4}<0.25$ and $BI_{(17)5}<0.55$ and $MVI_{(17)4}<0.15$
		小年毛竹	$NDWI_{(18)4}<0.25$ and $BI_{(18)5}<0.55$ and $MVI_{(18)4}<0.15$

说明：WDRVI，宽度动态植被指数；NDWI，归一化水体指数；BI，竹林指数；NDVI，归一化植被指数；MVI，多植被指数；MCBI，月际变化毛竹林指数；YCBI，年际变化毛竹林指数。

(2)在获取绿色植被类型的基础上，结合毛竹林时间序列光谱特征和各个植被指数在不同季节/不同传感器的表现，本研究从两个策略进行毛竹林分类，一个是基于传统指数对单一影像进行分类，分别对 2 月、5 月的影像进行分类，另一个策略则是基于年际和月际竹林变化信息所构建的竹林指数进行毛竹林提取(见表 4-3)。单时相(2 月)区分毛竹地类和其他，单时相(5 月)和多时相则区分出大年毛竹，小年毛竹和其他地类。为了提高分类精度，根据不同植被指数在相应时间的区分性能，从 Sentinel-2 和 Landsat 8 两个典型遥感数据源入手，每个策略都选取相对应的最佳变量组合进行毛竹林信息的提取，根据各个指数在不同季节上的表现，选取合适的阈值进行提取，具体的植被指数选择和相应的指数阈值见表 4-3。例如，单时相 2 月 Sentinel-2 数据分类策略，由于冬季大年和小年毛竹不易区分，只选用了 WDRVI 进行竹林分类，通过对比竹林

和其他森林在 WDRVI 的指数的差异，竹林的 WDRVI 值大于 0.15，而阔叶林和针叶林则小于 0.1，因此确定了 0.1 作为区分竹林和其他森林的阈值。在多时相 Sentinel-2 数据的分类策略中，新构建的多时相季节指数 $MCBI_{(4-5)18}$ 和多时相年际指数 $YCBI_{(17-18)5}$ 被选为区分毛竹林大小年的变量组合，因为根据光谱季节分析和毛竹林的大小年逐年更替特征，毛竹林在本年 5 月和次年 5 月的光谱呈现明显差异，因此毛竹林大年和小年的 $YCBI_{(17-18)5}$ 值会远离 1，而其他植被（阔叶林和针叶林）的 $YCBI_{(17-18)5}$ 值则会趋近于 1，结合光谱值的统计分析，$YCBI_{(17-18)5}$ 大于 1.1 的地类被区分为大年竹林，而 $YCBI_{(17-18)5}$ 小于 0.8 的则被区分为小年竹林，为了达到更好的区分效果，结合毛竹林在 4—5 月的光谱变化规律，研究增加了多时相季节指数 $MCBI_{(4-5)18}$ 进行变量约束，因此分类的结果会更加准确。基于分层分类法和植被指数组合，对不同策略和不同传感器的遥感数据进行分类，最终将分类结果汇总为竹林大年、竹林小年和其他地类三个类别。

4.3.4　分类结果精度评估

基于单点验证，在获取的样地数据基础上，结合高分辨率遥感影像数据，制作精度验证地面真实样本点 600 个，其中大年 150 个，小年 150 个，其他地类 300 个，用于毛竹林大小年分类结果精度评价。由于冬季影像无法很好区分大小年的分布，因此在冬季影像分类结果评价时，我们将大小年真实样本点数据合并，仅对竹林和其他地类进行了精度评价，而基于 5 月和多数据源的分类结果则分别针对大年竹林、小年竹林和其他地类进行评价。基于混淆矩阵分别计算毛竹林总体、大年、小年的总体精度（Overall Accuracy，OA）、生产者精度（Producer's Accuracy，PA）和用户精度（User's Accuracy，UA），评估毛竹林空间分布及大小年分布的精度（计算公式见表 4-4）。

表 4-4　分类结果混淆矩阵精度评估指标

评估指标	计算公式	指标简介
总体精度（OA）	$OA=\frac{\sum_{i=1}^{r} x_{ii}}{N}$	总体精度反映分类结果与实际地物的一致性，总体精度等于被正确分类的样本数除以总样本数。
用户精度（UA）	$UA=\frac{x_{ii}}{x_{i+}}$	用户精度表明被正确分类到 i 类的样本总数与分类器分得的 i 类样本总数的比值，它反映了该类被正确识别的可靠程度。
生产者精度（PA）	$PA=\frac{x_{ii}}{x_{+i}}$	生产者精度表明某一地类被正确分类的样本数与参考数据中该类的样本总数的比值，它反映了参考数据被正确分类的比例。

说明：r 是误差矩阵的总列数（总类别数），x_{ii} 是误差矩阵中第 i 行、第 i 列上的样本数（被正确分类的样本数），x_{i+} 和 x_{+i} 分别是第 i 行和第 i 列的样本总数，N 是总的用于精度评价的样本数。

多时相毛竹林指数是利用了毛竹林的物候特点和时间序列遥感数据特点构建的，在浙江省西北部毛竹林分布广泛的地区可以将大年和小年毛竹林区分开来，但是该指数在不同地区的稳定性还有待验证，为了验证毛竹林多时相指数的可移植性，本研究选取了浙江省西南部龙游县作为验证区域，该区域毛竹林分布广泛，也同样具有毛竹林大小年现象。因此本研究收集了龙游县的多时相 Sentinel-2 数据，选用了和本研究同样的分层分类和指数组合方法，利用年际变化竹林指数(YCBI)和月际变化竹林指数(MCBI)，提取龙游县的毛竹林大小年空间信息，并对龙游县毛竹林遥感提取结果进行精度评价，分析多时相毛竹林指数的稳定性和可移植性。

4.4 结果与分析

4.4.1 不同植被指数对大小年毛竹林的表现对比

对比分析传统的五个植被指数和新构建的竹林指数在 5 月和 2 月的空间特征(见图 4-4)，对比了这些指数在两个遥感数据上的差异并制图。可以看到，毛竹林在 5 月时大小年差异明显，但是 NDWI、BI 和多时相毛竹林指数的区分效果更好，其中 BI 和 MCBI 的目视区分效果最佳。而在 2 月，大小年之间有差异，但这种差异很难直接用植被指数直接区分开来。

统计分析四种不同植被类型在不同季节、不同传感器上的植被指数表现(见图 4-5)，传统的植被指数在区分竹林和其他森林类型时，在不同的时间区分能力差异较大，例如，WDRVI(见图 4-5-a2)在 2017 年 4 月和 2018 年 4 月，能够区分出竹林大小年，在 5 月仅仅能区分竹林小年和其他森林，而在其他月则区分不出毛竹林和其他森林类型，其他指数情况也大同小异，这说明季节是区分毛竹林和其他森林类型的重要信息。综合对比五个指数，能够区分出大小年的月主要为 4—5 月和 2 月，而其他月则往往只能区分出大年或小年竹林，这也是以往研究毛竹林遥感分类忽视的一个重要因素。尽管在 4—5 月和 2 月，这些传统的指数可以区分毛竹林大小年及其他森林，区分度还不够大，毛竹林与其他植被类型的最大差异值不超过 0.15。

新建的毛竹林多时项指数则能够较好区分毛竹林大小年，其中年际毛竹林指数 $YCBI_{(17-18)}$ 最优，大小年的 YCBI 值相差最大，且与其他植被类型的差异大于 0.3，这是由于竹林的生长周期为 2 年，而且在 5 月的光谱差异较大，例如，2018 年的小年毛竹林在波段 Red-edge3，NIR1 和 NIR2 值很高，但在 2017 年却很低，因此不管是大年毛竹林还是小年毛竹林，在年际毛竹林指数中的值会偏离 1，而其他常绿植被，如阔叶林等，由于年际变化较小，它们的指数值更接近于 1(见图 4-5-a6)。研究在对比了三个不同月组合的月际毛竹林指数后，发现 5 月和 4 月组合的月际毛竹林变化指数 $MCBI_{(4-5)}$ 最好，大小年的指数值分离较大，这也证明了毛竹林的最佳分类季节在 5 月，但同时也能够看到这种月际毛竹林变化指数的区分效果要微弱于年际毛竹林变化指数。

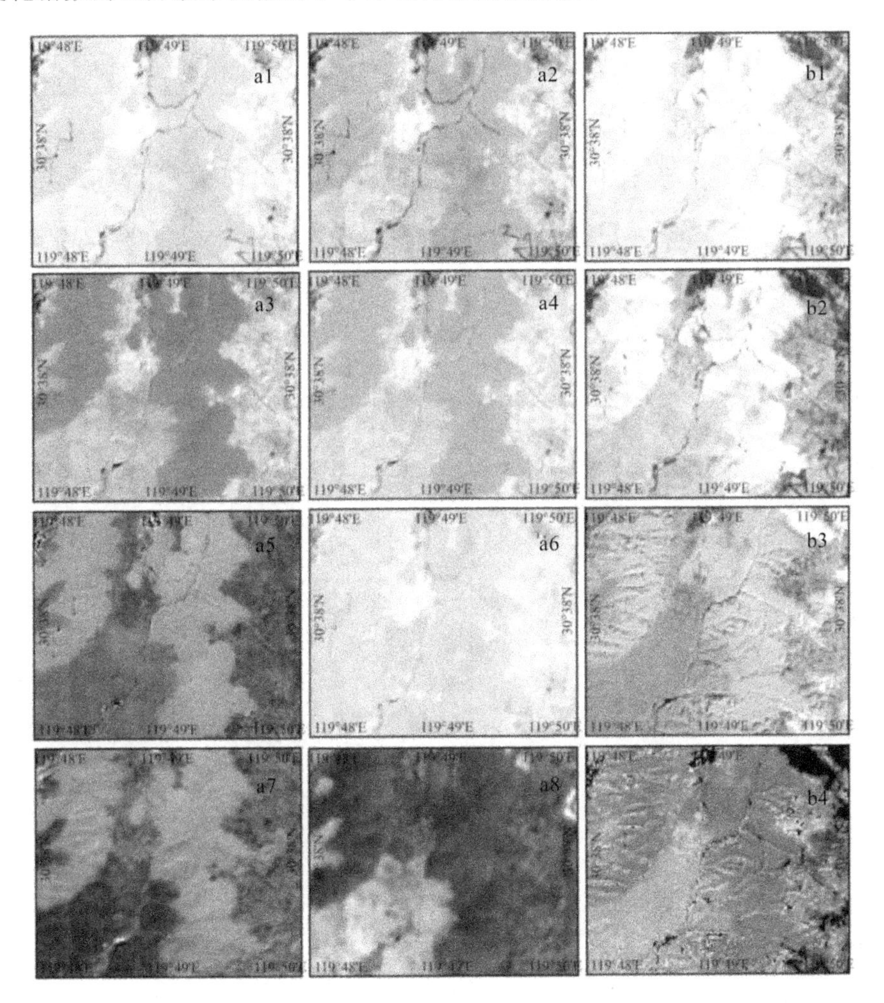

图 4-4　植被指数空间对比

说明：a1-a6 为 2018 年 5 月 4 日的植被指数；b1-b4 为 2018 年 2 月 23 日的植被指数；a1 为 NDVI；a2 为 WDRVI；a3 为 NDWI；a4 为 MVI；a5 为 BI；a6 为 $NDVI_{Red}$；a7 为多时相竹林指数 MCBI；a8 为多时相竹林指数 YCBI；b1 为 NDVI；b2 为 WDRVI；b3 为 NDWI；b4 为 BI。

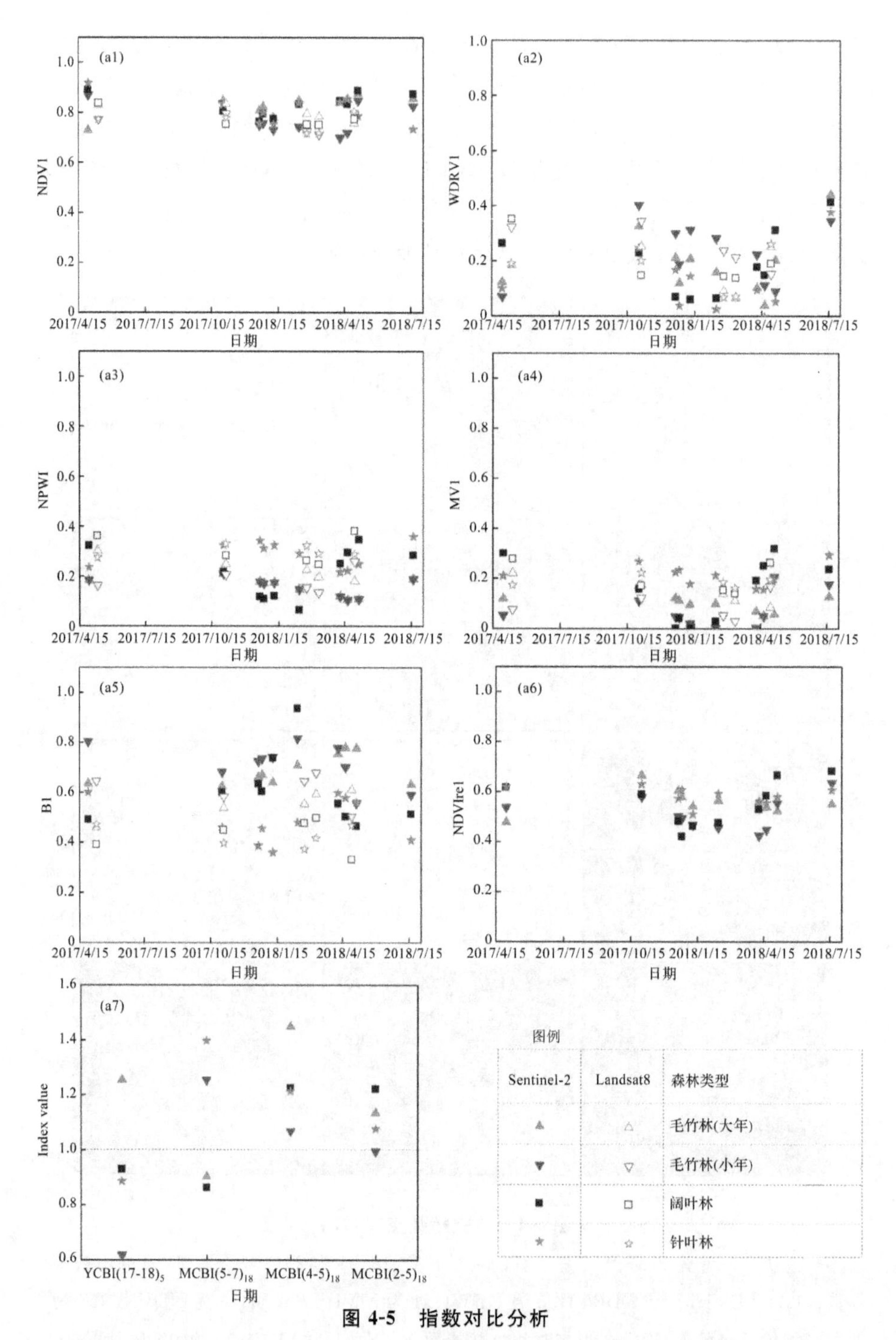

图 4-5 指数对比分析

说明：a1 为 NDVI，a2 为 WDRVI，a3 为 NDWI，a4 为 MVI，a5 为 BI，a6 为 $NDVI_{Red}$，a7 为多时相竹林指数。

4.4.2　分类结果精度验证

利用分层分类和不同变量选取最优阈值的方法，获取了不同策略的毛竹林遥感分类结果，如表 4-5 所示。基于实测样地数据，利用混淆矩阵对比评价不同数据源、不同季节下的分类精度。由于冬天很难区分大小年，因此将大小年的真实样本数据合并后进行评价。

表 4-5　毛竹林遥感分类精度评价

	策略	数据		参考数据					PA	UA	OA
				大年	小年	阔叶林	针叶林	其他	/%	/%	/%
分类结果	单时相（2 月）	Sentinel-2	竹林	252		21	10	9	84.0	86.1	79.3
			阔叶林	26		67	8	5	67.0	62.8	
			针叶林	13		7	76	5	76.0	74.7	
			其他	9		5	8	81	81.0	78.0	
		Landsat 8	竹林	240		25	15	6	80.0	83.7	75.3
			阔叶林	35		60	8	10	60.0	52.8	
			针叶林	15		9	72	4	72.0	71.5	
			其他	10		6	5	80	80.0	78.6	
	单时相（5 月）	Sentinel-2	大年	137	5	2	2	2	91.3	92.6	88.3
			小年	4	132	10	4	2	88.0	86.8	
			阔叶林	2	6	84	3	3	84.0	85.7	
			针叶林	3	4	2	87	3	87.0	87.9	
			其他	4	3	2	4	90	90.0	87.4	
		Landsat 8	大年	134	5	3	2	3	89.3	91.2	86.7
			小年	4	130	12	4	3	86.7	85.0	
			阔叶林	3	7	82	3	3	82.0	83.7	
			针叶林	4	4	1	86	3	86.0	87.8	
			其他	5	4	2	5	88	88.0	84.6	
	多时相	Sentinel-2	大年	141	3	2	1	2	94.0	94.6	91.2
			小年	1	140	6	2	1	93.3	93.3	
			阔叶林	2	4	87	4	3	87.0	87.0	
			针叶林	2	1	2	88	3	88.0	91.7	
			其他	4	2	3	5	91	91.0	86.7	
		Landsat 8	大年	137	3	1	2	2	91.3	94.5	89.0
			小年	2	137	6	5	4	91.3	89.0	
			阔叶林	3	6	85	4	3	85.0	84.2	
			针叶林	3	2	4	86	2	86.0	88.7	
			其他	5	2	4	3	89	89.0	86.4	

说明：PA 为生产者精度；UA 为用户精度；OA 为总体精度。

从数据源上来看，Sentinel-2 数据都比 Landsat 8 数据的分类精度要高；从不同季节下的分类结果看，多数据组合分类结果精度最高，5 月次之，2 月最低，其中以毛竹林指数组合为基础的 Sentinel-2 多数据组合分类精度最高，为 94.2%，而 2 月分类精度较低的原因则有许多，如冬季毛竹林和其他森林类型的光谱差异还不够大等。

从分类的用户精度和生产者精度看，大年的生产者精度和用户精度都高于小年竹林，这是由于在 4—5 月，小年和阔叶林换叶子后开始生长，且光谱曲线非常接近造成的，但这种差异在基于竹林季节指数上已经基本可以消除。从分类精度上可以看到基于毛竹林季节指数可以更好反映毛竹林大小年的变化，且能够获取较好的分类精度，如大小年的生产者精度和用户精度都在 93%以上。因此在面对单一数据源时，建议首选 5 月的影像，次选 2 月影像，如果拥有多期遥感数据，则建议利用不同年份同一季节或者同年份不同季节的影像，如 2018 年 4 月和 5 月的影像。

研究同时分析了本研究构建的多时相毛竹林指数的可移植性，选取了浙江省龙游县作为验证区域，采用 2017 年的 Sentinel-2 数据和相同的多时相年际和月际毛竹林指数，用于提取龙游县区域内的毛竹林及其大小年空间分布信息(见图 4-6)。结果表明，龙游县与研究区相似，毛竹林分布众多，但大小年毛竹林的分布特征不同，2017 年主要分布的是大年毛竹林，小年毛竹林仅分布在龙游县东部地区。利用混淆矩阵对遥感分类结果进行精度评价，结果显示毛竹林大小年的遥感分类生产者精度和用户精度均超过了 91%。这表明多时相的毛竹林遥感指数不仅能够有效区分毛竹林及其大小年的空间分布，也具有很好的空间可移植性。

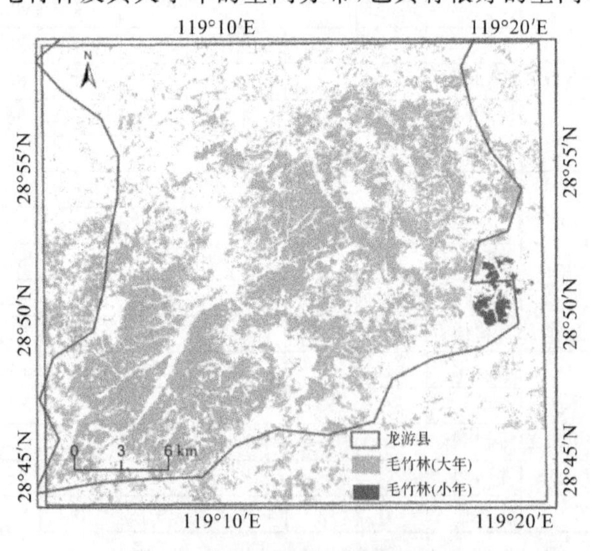

图 4-6　龙游县毛竹林大小年空间分布

4.4.3　不同数据源的毛竹林提取对比

基于三种不同策略，本研究完成了毛竹林遥感制图（见图 4-7）。总体上看，在 2 月毛竹林很难区分出大小年的空间分布，而在 5 月和多时相数据中，竹林大小年是能够被区分出来的。因此，合适的遥感数据时间选择和针对竹林生理特征构建的指数能够更好地区分毛竹林及大小年。在分类效果上，多时相数据优于单时相 5 月和单时相 2 月遥感数据。Sentinel-2 和 Landsat 8 两个数据所提取的大小年毛竹林连续性较好，但 Sentinel-2 数据提取的精度明显高于 Landsat 8。由于更强的光谱差异和多个变量的约束，Sentinel-2 的数据结果大小年分布更为完整，Landsat 8 数据提取的竹林大小年结果出现了漏分、多分的现象，如图 4-7 中所示，2017 年的毛竹林大年分布一致，而利用 2017 年的 Landsat 8 数据做，则出现了漏分和错分的现象，又如图 4-7-b2 中右侧，真实为阔叶林地类，而 Landsat 8 数据则将其错误分为小年地类。这是由于 Landsat 8 的波段少，尽管进行了变量组合，但竹林和其他地类的区分度不够大。

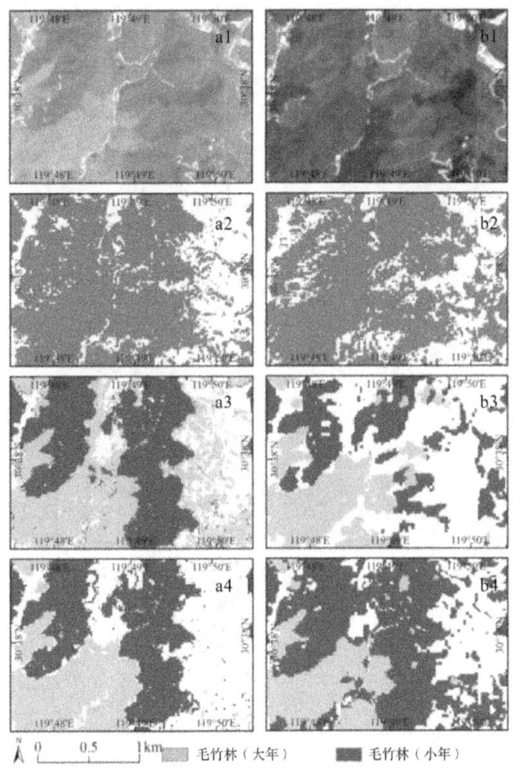

图 4-7　基于 Sentinel-2 和 Landsat 8 的 2017 年毛竹林遥感分类对比

说明：a1-a4 代表 Sentinel-2 数据；b1-b4 代表 Landsat 8 数据；a1 和 a3 图像时间为 2017 年 4 月 29 日；b1 和 b3 图像时间为 2017 年 5 月 11 日；a2 图像时间为 2018 年 2 月 13 日；b2 图像时间为 2018 年 2 月 23 日；a4 和 b4 是基于多时相遥感影像制作。

4.4.4 大小年毛竹林时空分布

毛竹林是研究区内分布最广泛的森林类型，主要分布在研究区的中部地区，沿山脉东北—西南走向分布(见图 4-8)。毛竹林面积为 262.04km²，占研究区总面积的48.7%。2017 年，大年竹林面积为 203.21km²，占毛竹林面积的 77.5%；小年毛竹林面积为 58.83km²，占毛竹林总面积的 22.5%。小年毛竹林的面积明显比大年少。

不同的地区呈现了竹林不同的分布特征，如研究区的西北、南部和东部皆为海拔较低的区域，主要地类为城镇，研究区北部为山地和丘陵过渡地带，这里种植了大面积的茶园，因此这里的毛竹林分布较少，中部山脉地区海拔较高，此区域内的毛竹林分布多且林分较纯，东南部的山里有大量的人工针叶林种植，因此这部分区域主要为针叶林和竹林混交分布。

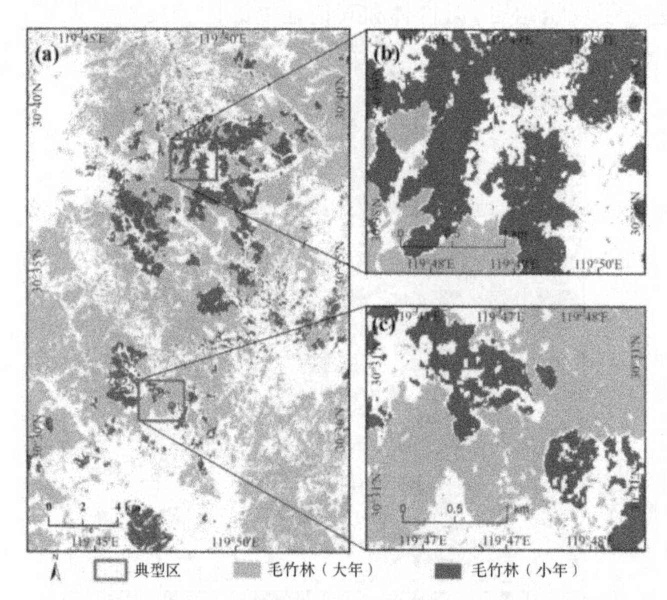

图 4-8 基于多时相毛竹林指数的研究区 2017 年毛竹林大小年空间分布

4.5 研究讨论

毛竹林处在一个新竹连续生长和老竹不断择伐的动态平衡生态系统中，具有明显的大小年现象。频繁的竹林结构变化和生理特点使得基于遥感的毛竹林精细分类比其他森林生态系统更加复杂和困难，实现毛竹林精细分类的关键是寻找并实现毛竹林和其他常绿森林的区别最大化，而这些区别需要结合毛竹林自身的生理特点和遥感变量去分析寻找，本节从光谱变化、传感器分辨率和分类精度三个方面讨论毛竹林遥感分类中的问题与解决办法。

4.5.1 毛竹林光谱变化对分类的影响

光谱变化往往和物候有关，森林具有明显的生长开始期和生长结束期。植被信息红波段和近红外波段的光谱值会在生长开始期和结束期前后发生剧烈变化，因此基于这两者波段的植被指数，如 NDVI，是区分植被信息和非植被信息的经典遥感变量。但是经过研究发现，NDVI 在对毛竹林进行分类时有明显的不足，这是因为毛竹是常绿植被，且郁闭度很高，NDVI 在高密度植被有饱和现象，毛竹林和其他常绿植被的 NDVI 值非常接近，直接用 NDVI 很难直接将毛竹与其他常绿植被区分开来。因此一些学者开始利用不同的波段和植被指数组合来对毛竹林进行分类，例如基于短波红外和近红外构建的 NDWI，Goswami et al. (2010)结合了 NDVI 和 NDWI 两个指数的表现创建了毛竹林指数，Li et al. (2016)通过随机森林筛选竹林分类变量，结果显示 NDWI 的贡献度最大，是最佳的区分变量。

和其他常绿植被相比，毛竹林具有独特的物候特点，例如，阔叶林换叶期早于毛竹林换叶期，阔叶林换叶期通常发生在 4 月，而毛竹林大年和小年的换叶期也不同，小年毛竹林换叶发生在 4 月底到 5 月初，而大年毛竹林换叶较少，大约有 20%的老叶在 5 月换叶(方伟等，2015)。毛竹林独特的物候导致了它与其他森林不同的光谱变化规律。可以看到，毛竹林在不同季节所表现出的光谱特征差异很大。不同学者对竹林的最佳季节进行了分析和探讨，例如 Zhao et al. (2018)对比了东非地区不同季节的竹林遥感提取精度，结果表明 9 月至次年 2 月的影像的分类精度最高，而 5—6 月的精度最低，用户精度仅有 15%。Wang et al. (2009b)认为冬季是区分竹林和其他森林的季节；同时指出红边位置和红边振幅可以用作毛竹遥感识别的重要参数，春季是毛竹林分类的最佳时期，其次是秋季；而在冬季，大年和小年毛竹林皆为常绿且光谱特征一致，很难将它们区分开来。因此，毛竹林频繁的光谱变化，使得遥感影像的时间选择对毛竹林及其大小年遥感分类非常重要(陈瑜云，2019)。本研究也是对比了不同季节的毛竹林光谱变化规律，大小年毛竹林在 5 月的光谱差异最大，因此得出 5 月是区分毛竹林大小年的最佳季节，其次是冬季，冬季大小年光谱差异不明显，区分较困难。

4.5.2 空间分辨率对分类的影响

遥感数据的空间分辨率决定了研究尺度和分类方法选择。本研究是基于Sentinel-2 和 Landsat 8 数据的区域尺度研究，利用分层分类法实现毛竹林及其大小年空间制图。本研究所用的方法和变量组合可能不适合用于其他尺度的研究。例如，大尺度的毛竹林遥感分类研究，往往选用 MODIS(500m 空间分辨率)数据，大尺度的竹林信息提取需要中等分辨率的竹林空间信息数据(如 Landsat)作为基础和验证，研究往往将中等分辨率的数据重采样到粗分辨率的尺度后作为样本进行分析，但目前在尺度上推过程中还存在很多不确定性(Du et al.，2018)，同时由于一个 500m×500m 的像元内往往会包含非竹林信息，如阔叶林和裸地/不透水地表等(见图 4-9-a)，混合像元问题仍是大尺度毛竹林提取的挑战之一(崔璐，2018；崔璐等，2019；俞淑红，2016；商珍珍，2012)，如何准确地识别大尺度像元中的竹林丰度还需要更多不同区域的数据来探讨和验证。

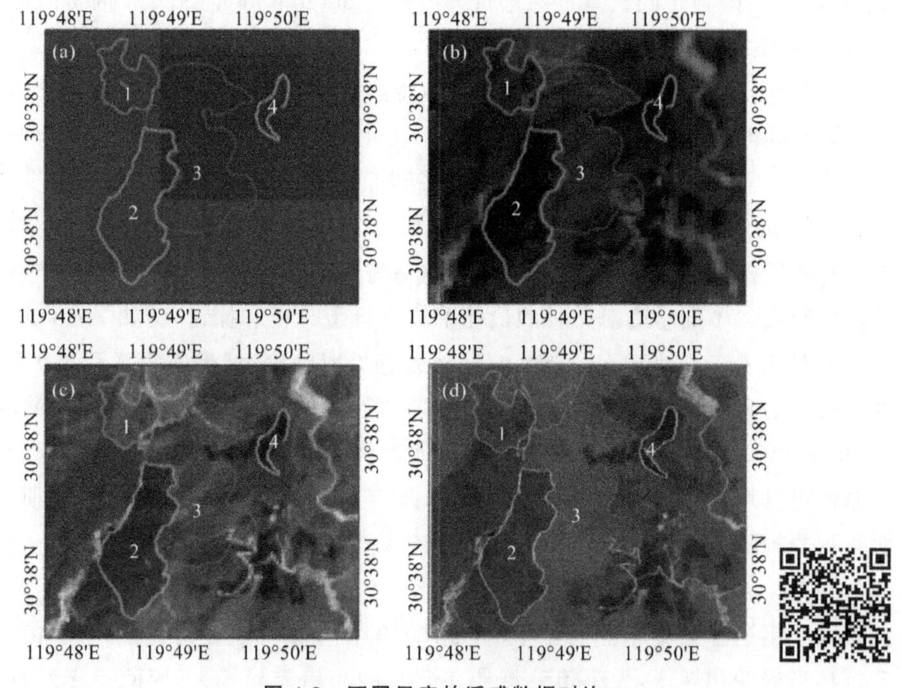

图 4-9 不同尺度的遥感数据对比

说明：(a)空间分辨率 500m 的 MODIS 数据，2017 年 5 月 11 日；(b)30m 的 Landsat 8 数据，2017 年 5 月 11 日；(c)10m 的 Sentinel-2 数据，2017 年 4 月 29 日；(d)0.61m 的 Quickbird 数据，2017 年 5 月 4 日。数字 1 号代表阔叶林，2 号代表大年毛竹林，3 号代表小年毛竹林，4 号代表针叶林。

高分辨率遥感数据如Quickbird常用于小尺度的研究，图4-9-d中可以明显看出毛竹林大小年在Quickbird影像(5月)的颜色巨大差异，毛竹林的大年和小年可以通过目视判断出差异，例如小年毛竹林表现为浅绿色，而大年毛竹林表现为深绿色，但是仍然存在小年毛竹林和阔叶林颜色相近，大年毛竹林和针叶林颜色相近，因此通过阈值很难直接对它们进行区分，Quickbird数据也没有红边波段，需要进一步结合光谱分析确定最佳植被指数和分类方法。

4.5.3　遥感分类精度

毛竹林遥感分类的精度取决于样本的选择、变量的组合和阈值的确定。

由于毛竹林在不同季节具有不同的光谱特征，因此分类的样本选择尤为重要。如果在训练样本和验证样本中没有考虑大小年的因素，则势必影响最后的分类精度。尽管目前毛竹林遥感分类研究的精度普遍较高，但仍然需要去考虑毛竹林大小年现象在验证样本选择中的影响，因为大小年的光谱特征在4—6月明显不同，同时这种大小年现象在中国南方普遍存在(黄伯惠等，1980；陈新安，2010；徐燕等，2013；姚希世等，2015；张德值，2016；邹官辉，2013)，如果在验证样本中不考虑大小年现象，很多毛竹林的像元会被误分为其他地类，分类精度也会有较大误差。

变量及其阈值的选择是另一个影响分类精度的重要因素，变量组合常常被用于提高毛竹林分类精度。很多植被指数(NDVI,EVI等)被用于分类，但不同的植被指数在不同季节对毛竹林大小年于其他常绿森林的区分效果不同，例如含有红边波段的植被指数对毛竹林的区分度显著大于其他植被指数(Chen et al.，2019)。由于Landsat 8没有红边波段，因此需要更多的植被指数组合去提高毛竹林的分类精度，同时这些阈值需要通过光谱特征分析仔细检查。本研究结合多时期的Sentinel-2遥感影像和毛竹林在年际和月际上的生理生态变化特征，构建了多时相毛竹林指数，该指数可以显著增加毛竹林大小年与其他常绿森林的光谱可区分性，原因在于不仅利用了近红外波段在植物生长期和结束期的光谱变化，同时增加了红边波段和窄波近红外波段的光谱变化特征。例如，月际毛竹林指数$MCBI_{(4-5)18}$，它充分利用了红边/近红外/窄波近红外在4—5月上的光谱变化特征，对毛竹林小年信息非常敏感。年际毛竹林指数$MCBI_{(4-5)18}$对毛竹林大年和小年都敏感，因为毛竹林大小年现象的逐年循环交替，而其他的森林则没有这种特征。

多时相毛竹林指数也存在一些问题有待进一步探索和明确。首先，从2017年的毛竹林分类精度来看，小年毛竹林精度低于大年毛竹林，原因在于多时相毛竹林指数由不同时期的光谱波段构成，研究选用2017年此时期的影像时间为4月29日，而2018年的影像为5月4日，小年毛竹林在2017年的4月29日还未完全换叶进入生长期，这个遥感影像的时间差造成了分类精度的下降(Li et al.，2019)。其次，多时相毛竹林指数是利用了不同时间下的光谱波段构成的，因此如果这两个时间间隔内有毛竹林发生了地类变化，则此指数会引起分类误差。最后，通过文献分析和实地调研，毛竹林除了大小年现象，还有“花年”现象(邹官辉，2013)，即每年都有新的毛竹生长和老竹砍伐，因此年际毛竹林指数在区分花年毛竹时会有遗漏，需要结合月际毛竹林指数进一步分析和提取，从而提高毛竹林的分类精度。

4.6 本章小结

本章使用2017—2018年的Sentinel-2和Landsat 8时间序列数据，结合地面调查数据，分析了毛竹林大小年的季节变化和时间序列变化特征，对比了毛竹林和其他常绿植被的光谱差异，利用毛竹林独特的物候特征构建了多时相毛竹植被，从单时相(2月)，单时相(5月)和多时相三个策略构建毛竹林分类体系，实现了毛竹林及其大小年的遥感信息提取，对比了Sentinel-2和Landsat 8数据的毛竹林遥感分类效果，完成了毛竹林大小年遥感分类精度评价，探讨了物候，遥感变量，尺度等在毛竹林遥感分类中的作用。主要的结论如下：

(1)大小年现象是影响区域尺度毛竹林遥感分类的重要因素，大年毛竹林和小年毛竹林的光谱差异主要体现在5月，区分毛竹林和其他森林的最佳季节是4—5月，其次是12月至次年2月，区分大年毛竹林和小年毛竹林的最佳时间为5月。

(2)毛竹林与其他常绿森林的光谱差异主要集中体现在740～865nm，红边波段和近红外波段是区别毛竹林遥感分类的重要波段，本研究构建的多时相毛竹林指数不仅能够有效区分毛竹林和其他常绿森林，还能将大年毛竹林和小年毛竹林区分开来，其中年际变化毛竹林指数的区分效果最好。

(3)Sentinel-2由于具有更高的时间/空间和光谱分辨率，它在区域尺度毛竹林遥感分类中效果明显优于Landsat 8数据。Sentinel-2数据新增的红边波段是区分毛竹林和其他常绿植被的有效变量。

(4)本研究构建的多时相毛竹林指数具有最高的分类精度，基于Sentinel-2多时相毛竹林指数的遥感分类总体精度达91.2%，而且它具有很好的区域可移植性，在龙游县的毛竹林遥感分类用户精度和生产精度均达到91%。

(5)毛竹林是研究区内分布最广泛的森林类型,其中毛竹林面积 262.04km^2,占研究区总面积的 48.7%,毛竹林主要分布在研究区的中部地区,沿山脉东北—西南走向分布。

(6)在面对单一数据源进行毛竹林遥感分类时,建议首选 5 月的影像,次选 2 月影像。在面对多期遥感数据,建议利用不同年份同一季节或者同年份不同季节的影像,如 2018 年 4 月和 5 月的影像。

参考文献

[1]de Carvalho A L, Nelson B W, Bianchini M C, et al. Bamboo-dominated forests of the southwest Amazon: Detection, spatial extent, life cycle length and flowering waves[J]. PLoS One, 2013,8(1):e54852.

[2]Du H, Mao F, Li X, et al. Mapping global bamboo forest distribution using multisource remote sensing data[J]. IEEE Journal of Selected Topics in Applied Earth Observations and Remote Sensing, 2018, 11(5): 1458-1471.

[3]Gao B. NDWI—A normalized difference water index for remote sensing of vegetation liquid water from space[J]. Remote Sensing of Environment, 1996,58(3):257-266.

[4]Ghosh A, Joshi P K. A comparison of selected classification algorithms for mapping bamboo patches in lower Gangetic plains using very high resolution WorldView 2 imagery[J]. International Journal of Applied Earth Observation and Geoinformation, 2014,26:298-311.

[5]Gitelson A A. Wide dynamic range vegetation index for remote quantification of biophysical characteristics of vegetation[J]. Journal of Plant Physiology, 2004,161(2):165-173.

[6]Goswami J, Tajo L, Sarma K K. Bamboo resources mapping using satellite technology[J]. Current Science, 2010,99(5):650-653.

[7]Han N, Du H, Zhou G, et al. Spatiotemporal heterogeneity of Moso bamboo aboveground carbon storage with Landsat thematic mapper images: A case study from Anji County, China[J]. International Journal of Remote Sensing, 2013,34(14):4917-4932.

[8]Han N, Du H, Zhou G, et al. Object-based classification using SPOT5

imagery for Moso bamboo forest mapping[J]. International Journal of Remote Sensing, 2014,35(3):17.

[9]Li L, Li N,Lu D, et al. Mapping Moso bamboo forest and its on-year and off-year distribution in a subtropical region using time-series Sentinel-2 and Landsat 8 data[J]. Remote Sensing of Environment, 2019,231:111265.

[10]Li M, Li C,Jiang H, et al. Tracking bamboo dynamics in Zhejiang, China, using time-series of Landsat data from 1990 to 2014[J]. International Journal of Remote Sensing, 2016,37(7):1714-1729.

[11]Linderman M, Liu J,Qi J, et al. Using artificial neural networks to map the spatial distribution of understory bamboo from remote sensing data [J]. International Journal of Remote Sensing, 2004,25(9):1685-1700.

[12]Liu C, Xiong T,Gong P, et al. Improving large-scale Moso bamboo mapping based on dense landsat time series and auxiliary data: a case study in Fujian Province, China[J]. Remote Sensing Letters, 2018,9(1):1-10.

[13]Mertens B, Hua L,Belcher B, et al. Spatial patterns and processes of bamboo expansion in Southern China[J]. Applied Geography, 2008,28 (1):16-31.

[14]Reese H,Olsson H. C-correction of optical satellite data over alpine vegetation areas: A comparison of sampling strategies for determining the empirical c-parameter[J]. Remote Sensing of Environment, 2011,115(6): 1387-1400.

[15]Sims D A,Gamon J A. Relationships between leaf pigment content and spectral reflectance across a wide range of species, leaf structures and developmental stages[J]. Remote Sensing of Environment, 2002,81(2-3): 337-354.

[16]Teillet P, Guindon B,Goodenough D. On the slope-aspect correction of multispectral scanner data[J]. Canadian Journal of Remote Sensing, 1982,8(2):84-106.

[17]Tucker C J. Red and photographic infrared linear combinations for monitoring vegetation[J]. Remote Sensing of Environment, 1979,8(2): 127-150.

[18]Wang T, Skidmore A K,Toxopeus A G. Improved understorey bamboo cover mapping using a novel hybrid neural network and expert system[J].

International Journal of Remote Sensing, 2009a,30:965-981.

[19]Wang T, Skidmore A K,Toxopeus A G, et al. Understory bamboo discrimination using a winter image[J]. Photogrammetric Engineering & Remote Sensing, 2009b,75(1):37-47.

[20]Zhao P, Lu D and Wang G, et al. Forest aboveground biomass estimation in Zhejiang Province using the integration of Landsat TM and ALOS PALSAR data[J]. International Journal of Applied Earth Observation and Geoinformation, 2016,53:1-15.

[21]Zhao Y, Feng D and Jayaraman D, et al. Bamboo mapping of Ethiopia, Kenya and Uganda for the year 2016 using multi-temporal landsat imagery [J]. International Journal of Applied Earth Observation and Geoinformation, 2018,66:116-125.

[22]Zhou G, Xu X, Du H, et al. Estimating aboveground carbon of Moso bamboo forests using the k nearest neighbors technique and satellite imagery[J]. Photogrammetric Engineering & Remote Sensing, 2011, 77 (11):1123-1131.

[23]陈新安.毛竹林大小年生长规律探讨[J].中南林业调查规划,2010,29(1):21-23.

[24]陈瑜云.基于 Sentinel-2 影像数据的毛竹林生物量估测[D].杭州:浙江农林大学,2019.

[25]崔璐.中国竹林遥感信息提取及 NPP 时空模拟研究[D].杭州:浙江农林大学,2018.

[26]崔璐,杜华强,周国模,等.决策树结合混合像元分解的中国竹林遥感信息提取[J].遥感学报,2019,23(1):166-176.

[27]邓书斌.ENVI 遥感图像处理方法[M].北京:高等教育出版社,2014.

[28]邓旺华.竹林地面光谱特征及遥感信息提取方法研究——以福建省顺昌县为例[D].北京:中国林业科学研究院,2009.

[29]丁丽霞,王祖良,周国模,等.天目山国家级自然保护区毛竹林扩张遥感监测[J].浙江林学院学报,2006,3:297-300.

[30]方伟,桂仁意,马灵飞,等.中国经济竹类[M].北京:科学出版社,2015.

[31]官凤英,邓旺华,范少辉.毛竹林光谱特征及其与典型植被光谱差异分析[J].北京林业大学学报,2012,34(3):31-35.

[32]黄伯惠,朱剑秋,梅文钰,等.毛竹大小年形成原因探讨[J].浙江林业科技,

2:14-18,1980.

[33]梁顺林,李小文,王锦地.定量遥感:理念与算法[M].北京:科学出版社,2013.

[34]商珍珍.基于多源遥感毛竹林信息提取及地上部分碳储量估算研究[D].杭州:浙江农林大学,2012.

[35]徐燕,刘方勤,胡和元.大小年竹林盛而不衰的原因及技术措施[J].上海农业科技,2013,1:95-96.

[36]姚希世,林建忠,林斌,等.毛竹丰产林大小年生长差异研究[J].湖南林业科技,2015,42(6):111-118.

[37]俞淑红.利用多尺度遥感数据的竹林信息提取研究[D].杭州:浙江农林大学,2016.

[38]张德值.大小年毛竹林改造试验[J].福建林业科技,2016,43(1):65-67+76.

[39]邹官辉.毛竹大小年与花年经营模式的利弊分析[J].宁夏农林科技,2013,54(10):113-115.

第 5 章　毛竹林大小年时空分异规律

5.1 引　言

毛竹林在营养物质积累、内源激素节律和外部环境共同作用下形成了周期性的大小年现象(黄志远等,2021),主要表现为大年大量出笋、次年小年极少产笋甚至不产笋。毛竹林大小年现象的研究是毛竹林生态系统研究的重要环节。该现象决定了毛竹竹笋的生长范围和竹材的产量,对毛竹培育和经营管理影响显著。有学者认为大小年现象可以有效避免毛竹生长期间内的病虫害(徐燕等,2013),相比于花年,大小年经营下的毛竹林在保证竹林产量和质量的同时,还提高了经营效率,降低了管护成本(陈新安,2010;邹官辉,2013;姚希世等,2015)。另外,大小年现象还会造成毛竹林的地上生物量(AGB)、总初级生产力(Gross Primary Productivity,GPP)、叶绿素含量(CC)和叶面积指数(LAI)等在不同年份存在显著差异(Chen et al., 2019; Xu et al., 2018; Chen et al., 2018)。

大小年作为毛竹林的特殊现象,其空间分布信息是毛竹林生态系统研究的重要基础。目前大尺度的毛竹林空间分布信息提取主要依靠遥感技术,已经有大量学者开展了毛竹林遥感信息提取的研究(颜梅春等,2004;Han et al., 2014; Han et al., 2015; 孙晓燕等,2013;高国龙等,2016;杜华强等,2008;徐小军等,2011;Li et al., 2016),这些研究大多集中于毛竹林遥感提取技术改进方面,较少有研究从生物物候学角度开展毛竹林遥感信息提取。本书第 4 章在对比 Landsat 8 和 Sentinel-2 数据的基础上,发现了毛竹林大小年的遥感光谱差异窗口和时间差异窗口,并在此基础上建立了多时相年际毛竹林遥感指数,提高了毛竹林的遥感分类精度,证实了利用遥感开展大小年毛竹林精准监测的可行性。而 Chen et al. (2019)和 Li et al. (2019)认为大小年是影响毛竹林地上生物量准确估测的重要影响因素,毛竹林大小年在时间上交替发生,且在空间上同时存在。毛竹林大小年的时空分异性给毛竹林生态系统研究带来了极大挑战(李龙伟,2020)。

基于毛竹林独特存在的生理特征,本章选取毛竹分布广泛的浙江省安吉县和安徽省广德市,结合2018—2020年时间序列Sentinel-2遥感数据和地面调查数据,根据大小年毛竹林的物候特征和多时相毛竹林遥感指数,获取大小年毛竹林的空间分布数据,分析大小年毛竹林在不同行政区划和地形条件下的空间分布格局。构建毛竹林大小年分异指数,研究大小年毛竹林空间分异规律。研究结果对探明大小年空间分异规律具有重要的科学价值,对政府决策规划和林农绿色经营等方面具有重要的指导意义。

5.2 研究区和数据处理

研究区选在毛竹分布广泛的浙江省安吉县和安徽省广德市,两个研究区毗邻,皆为著名的毛竹之乡。安吉县地处浙江省西北部,属亚热带季风气候,下辖15个乡镇,全县总面积为1886km^2。安吉县是中国著名的竹子之乡,是浙江省九大重点林区县之一,森林资源极为丰富(崔瑞蕊等,2011)。据统计,安吉县拥有的竹林面积占林地总面积的41.3%,毛竹的蓄积量和商品竹产量均位居世界第一(刘玉莉,2020)。广德市地处安徽省东南部,属北亚热带季风气候,下辖9个乡镇,全市总面积为2116km^2。广德市是"中国十大竹乡"之一,全市拥有竹林面积6.5×10^{4}hm^2,位居安徽省首位(张新,2018)。

本章所用遥感数据为哨兵2号(Sentinel-2)数据,它是欧洲航空局哥白尼计划的对地监测卫星,由Sentinel-2A和Sentinel-2B两颗卫星,两颗卫星互补后的重返周期为5天。Sentinel-2携带一枚多光谱成像仪,可覆盖13个光谱波段,提供了空间分辨率10m、20m和60m的影像。本章所使用的Sentinel-2数据下载自欧洲航空局的数据共享网站(https://scihub.copernicus.eu),数据时间分别为2019年5月24日、2020年2月8日和2020年5月13日,选用了10m和20m的10个波段,坐标系统为通用横轴墨卡托50°带投影。除了使用Sentinel-2数据,本研究还用到Quickbird高分辨率遥感影像用于毛竹林分类精度验证,行政边界矢量数据和DEM数据用于统计不同区划下的毛竹林空间分异特征、不透水地表数据主要用于分析毛竹林和人类活动的空间相关性等(见表5-1)。

本章遥感数据预处理主要包括辐射定标、大气校正、重采样、地形校正和裁剪。采用SNAP-Sen2Cor软件(http://step.esa.int/main/third-party-plugins-2/sen2cor/)对Sentinel-2 Level-1C数据进行辐射定标和大气校正,获得地物真实反射率,得到Level-2A级数据,并使用三次卷积法将20m空间分辨率的波段重采样至 10m。研究选用改进后的 C 校正模型进行地形校正(Teiliet et al., 1982; Reese, et al., 2011),随后用行政边界进行裁剪,获取各研究区 Sentinel-2 序列产品。

表 5-1　研究数据汇总

数据类型	数据描述
Sentinel-2 数据	安吉县、广德市数据时间为 2019 年 5 月 24 日、2020 年 2 月 8 日、2020 年 5 月 13 日,用于指数构建和毛竹林大小年信息提取。
Quickbird 数据	用于毛竹林遥感信息提取精度验证。
行政边界矢量数据	安吉县、广德市县(市)级、乡镇级行政边界矢量数据。
DEM 数据	安吉县、广德市高程数据及其衍生的坡度数据。

本研究的数据统一选用通用横轴墨卡托 50°带投影系统,以 Sentinel-2 数据为空间基准,对 Quickbird 高分辨率遥感影像和 DEM 数据进行空间配准,配准精度在 1 个像元以内。DEM 数据生成的坡度信息用于分析毛竹林的分布特征,利用 ArcGIS 软件提取坡度并重采样。

5.3　研究方法

5.3.1　大小年毛竹信息提取及精度验证

毛竹信息提取的关键是将毛竹林与其他常绿植被区分开来。Li et al. (2019)通过对比时间序列的 Sentinel-2 数据,发现毛竹在 5 月大小年差异最为明显,而当年 5 月和次年 5 月光谱差异较为突出,且其他植被没有这种现象,其研究提出的年际变化竹林指数(YCBI)能够很好地将毛竹与其他植被信息进行区分。因此,本研究选取 YCBI 区分大小年毛竹林。YCBI 计算公式为:

$$\mathrm{YCBI}_{(y_i-y_{i+1})m}=\frac{\mathrm{NIR}_{865_{(y_{i+1})m}}+\text{Red-edge}_{783_{(y_{i+1})m}}+\text{Red-edge}_{740_{(y_{i+1})m}}}{\mathrm{NIR}_{865_{(y_i)m}}+\text{Red-edge}_{783_{(y_i)m}}+\text{Red-edge}_{740_{(y_i)m}}}\tag{5-1}$$

式中,NIR 为近红外波段;Red-edge 为红边波段;m 为月;y_i 为年份。

本研究使用分层分类方法,基于决策树逐步剔除非竹林地类,最终分别获取大小年毛竹林的分布信息,主要步骤有以下两点:①基于冬季 NDVI 区分常绿植被和其他地类信息;②基于常绿植被信息,使用 YCBI 区分大小年毛竹林和常绿植被。通过实验对比分析,确定冬季 NDVI 值等于 0.5 作为植被与非植被的阈值,即冬季 NDVI 小于 0.5 的像元皆属于其他地类,包含水体、不透水地表和落叶林等,冬季 NDVI 大于 0.5 的像元属于常绿植被。毛竹林的大小年逐年更替，本年5月和次年5月的光谱呈现明显差异，因此大小年毛竹林的YCBI值会远离1，而其他植被的YCBI值会趋近于1。根据统计分析，YCBI值大于1.1的地类被归为2019年小年毛竹林，而YCBI值小于0.8的地类被划分为2019大年毛竹林。

根据决策树最终将分类结果归并为2019年大年毛竹林、2019年小年毛竹林和其他地类三个类别。基于外业调查数据，结合谷歌地图影像，选取600个真实地类样本用于精度验证，其中2019年大年毛竹林和小年毛竹林各150个，其他森林300个。基于混淆矩阵分别计算毛竹林生产者精度(PA)、用户精度(UA)和总体精度(OA)，评估毛竹林空间分布及大小年分布的精度。

5.3.2 毛竹林大小年空间分布格局和分异规律分析

空间异质性是生态学变量在空间上的不均匀性和复杂性，对林木生长具有很大影响。调查研究发现毛竹具有明显的空间异质性，大小年现象增加了空间异质性的复杂程度，因此毛竹林的空间分布信息具有自身独特的分异规律。研究从行政区划、高程、坡度三个角度开展空间异质性研究，计算大小年毛竹林的分布面积和比例，分析在不同行政区划、高程和坡度下的毛竹林空间分布格局，对比不同省份的毛竹林大小年空间分布规律。DEM及其衍生坡度数据经过重采样处理，具体分级标准见表5-2。

表5-2 高程与坡度数据分级表

类别	分级情况
高程	<50m，50～100m，100～200m，200～300m，300～400m，400～500m，500～600m，600～700m，700～800m，800～900m，900～1000m，>1000m
坡度	<5°，5～10°，10～15°，15～20°，20～25°，25～30°，30～35°，35～40°，40～45°，45～50°，>50°

同时，研究认为某个地区毛竹林大年和小年的分布面积越接近则分异化程度愈高，基于此构建一个新的毛竹林大小年分异指数(MODI)来表现大小年毛竹在空间分布上的分异程度。分别从乡镇级行政区划和像元(500m)的尺度计算MODI，MODI结果分成五个等级：分异程度极低(0≤MODI<0.2)、分异程度较低(0.2≤MODI<0.4)、分异程度一般(0.4≤MODI<0.6)、分异程度较高(0.6≤MODI<0.8)、分异程度极高(0.8≤MODI≤1)，最终完成MODI在乡镇和500m尺度上的空间制图。MODI的计算公式为：

$$\overline{A}=\frac{A_{\text{on-year}}+A_{\text{off-year}}}{2} \tag{5-2}$$

$$MODI=1-\sqrt{\frac{(A_{on\text{-}year}-\overline{A})^2+(A_{off\text{-}year}-\overline{A})^2}{2\,\overline{A}^2}} \tag{5-3}$$

式中：$A_{on\text{-}year}$为大年毛竹面积；$A_{off\text{-}year}$为小年毛竹面积；$\overline{A}$为大年毛竹面积与小年毛竹面积的平均值；MODI 为毛竹林大小年分异指数。

5.4　结果与分析

5.4.1　毛竹林大小年空间分布总体格局

基于地面调查数据和高分辨率遥感数据，制作安吉县和广德市大小年毛竹林分类精度评估表（见表 5-3），从表中可以看出，安吉县和广德市毛竹提取生产者精度和用户精度都达到 85%以上，总体精度分别为 91.2%和 91.3%，从多时期影像构建变量可以准确提取不同时间的毛竹信息。

表 5-3　毛竹林遥感分类精度评价

研究区	地类	评价系数/%		
		生产者精度	用户精度	总体精度
安吉县	大年毛竹	94.0	94.6	91.2
	小年毛竹	93.3	93.3	
	其他	95.3	95.0	
广德市	大年毛竹	92.2	94.0	91.3
	小年毛竹	96.5	91.3	
	其他	85.8	88.7	

结合安吉县行政区划数据，安吉县 2019 年毛竹林总面积为 624.02km^2，占研究区面积的 32.96%，集中分布在安吉县的东部和西部（见图 5-1-a），2019 年大小年毛竹林分布面积分别为 239.2km^2 和 384.8km^2。2019 年大年毛竹主要分布在安吉县的东南部和西北部（见图 5-1），占研究区面积的 12.64%；2019 年小年毛竹主要分布在安吉县的西南部（见图 5-1-a2），占研究区面积的 20.32%。

结合广德市行政区划数据，广德市 2019 年毛竹林总面积为 325.45km^2，占研究区面积的 15.98%，集中分布在广德市的北部和南部（见图 5-1-b），2019 年毛竹大小年分布面积分别为 99.45km^2 和 235km^2。2019 年大年毛竹主要分布在广德市的南部和北部部分地区（见图 5-1-b1），占研究区面积的 4.88%；2019 年小年毛竹主要分布在广德市的中部（见图 5-1-b2），占研究区面积的 11.1%。

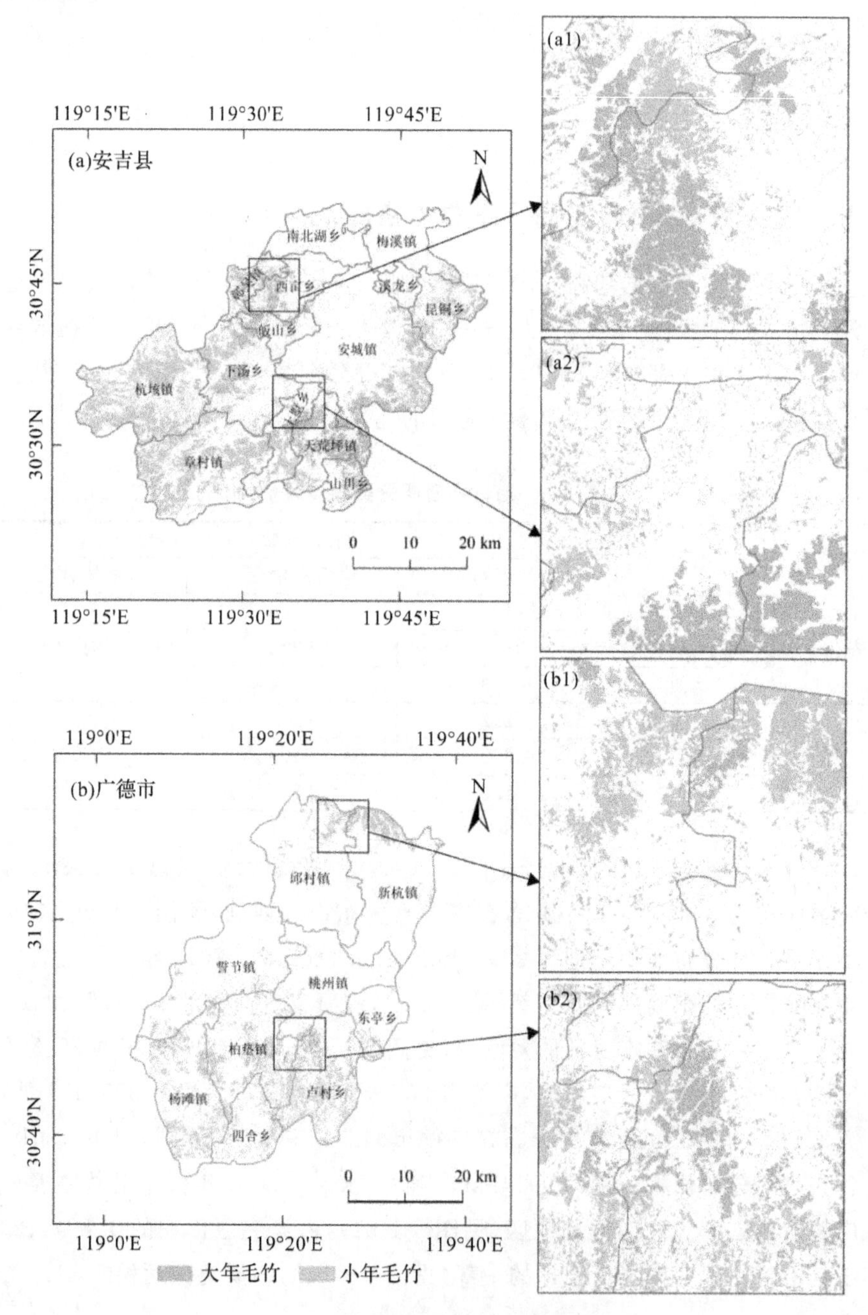

图 5-1 研究区毛竹信息空间分布

5.4.2 安吉县和广德市毛竹林空间分布规律

1.行政区划下的毛竹林空间分布格局

结合安吉县的乡镇区划数据，2019年毛竹大年比例最高的地方是天荒坪镇为43.1%，2019年毛竹小年比例最高的地方是杭垓镇为52.1%，其次是章村镇为45.5%。安吉县2019年毛竹大年面积分布前三分别是安城镇63.78km^2、天荒坪镇49.49km^2、下汤乡29.50km^2（见图5-2），占安吉县2019年毛竹大年面积的59.7%，占行政区划面积的7.5%。2019年毛竹小年面积分布前三分别是杭垓镇138.31km^2、章村镇119.75km^2、下汤乡40.63km^2，占安吉县2019年毛竹小年面积的77.6%，占行政区划面积的15.8%。

结合广德市的乡镇区划数据，2019年毛竹大年比例最高的地方是卢村乡为12.5%；2019年毛竹小年比例最高的地方是柏垫镇为22.0%，其次是卢村乡为19.8%。广德市2019年毛竹大年面积分布前三的分别是卢村乡26.02km^2、杨滩镇17.14km^2、柏垫镇15.39km^2（见图5-2），占广德市2019年毛竹大年面积的58.9%，占行政区划面积的2.9%。2019年毛竹小年面积分布前三的分别是柏垫镇52.71km^2、杨滩镇45.91km^2、新杭镇33.37km^2，占广德市2019年毛竹小年面积的58.4%，占行政区划面积的6.5%。

2.地形条件下的毛竹林空间分布格局

结合安吉县的高程和坡度数据，在高程分布方面（见图5-3-a1），大年毛竹主要分布在50～400m的范围内，约占大年毛竹林面积的87.47%；而小年毛竹主要分布在100～800m的范围内，约占小年毛竹林面积的87.78%。相比于大年毛竹，小年毛竹在500～900m也有分布。在坡度分布方面（见图5-3-a2），大小年毛竹呈现正态分布，主要集中在5°～45°的区间，约占毛竹林面积的90.19%。

和安吉县相比，结合广德市的高程和坡度数据，在高程分布方面（见图5-3-b1），大年毛竹主要分布在50～300m的范围内，约占大年毛竹林面积的80.42%；而小年毛竹主要分布在100～500m的范围内，约占小年毛竹林面积的93.18%。相比于大年毛竹，小年毛竹在100～400m分布较多。在坡度分布方面（见图5-3-b2），大年毛竹呈现面积随坡度的增加而下降的趋势，主要集中分布在5°～30°的区间，约占大年毛竹林面积的64.37%；而小年毛竹呈现正态分布，主要集中在5°～45°的区间，约占小年毛竹林面积的92.86%。

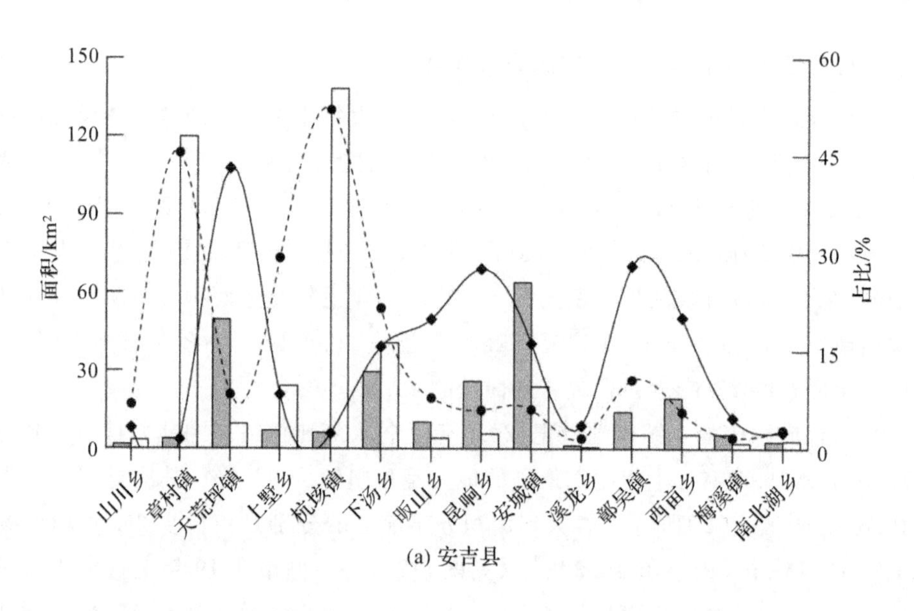

(a) 安吉县

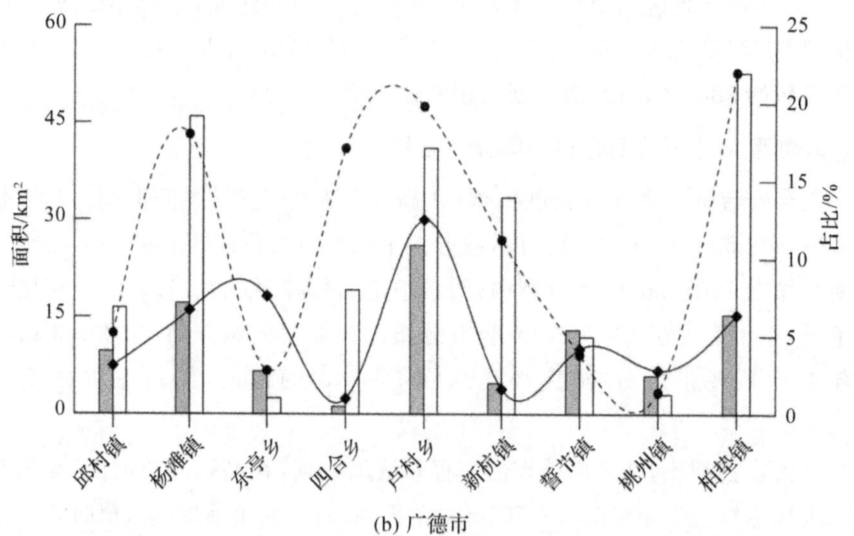

(b) 广德市

大年毛竹面积　小年毛竹面积　大年毛竹占比①　小年毛竹占比

图 5-2　研究区毛竹信息在行政区划上的分布

说明：①大年毛竹占比：指大年毛竹分布面积占该乡镇行政区划面积之比×100%，小年毛竹比例亦同。

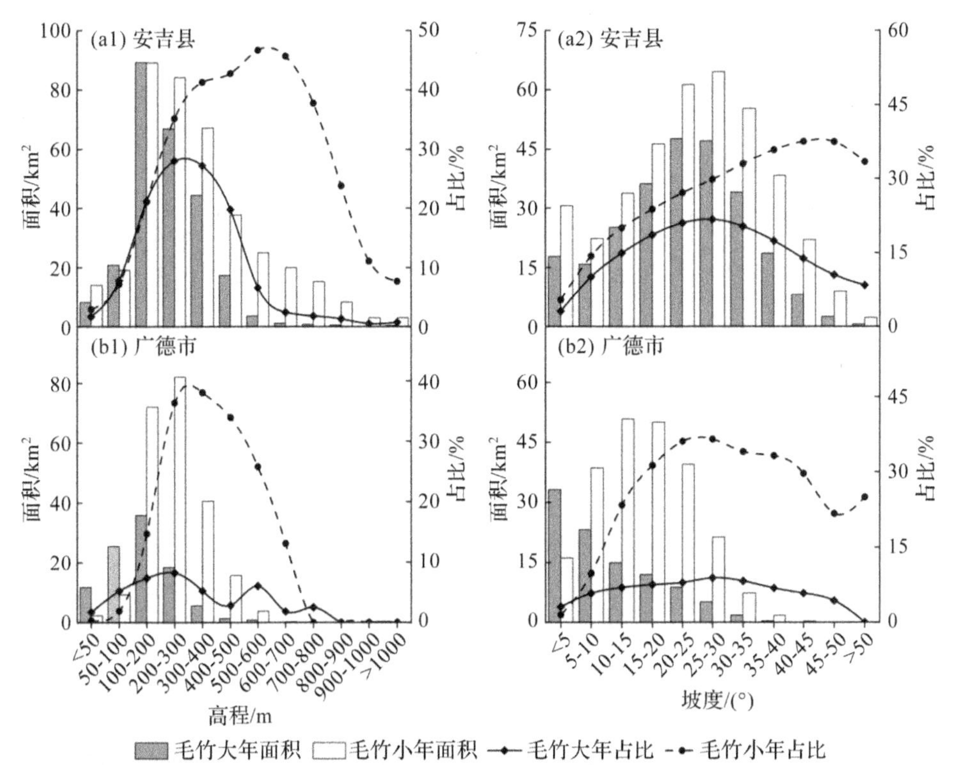

图 5-3　研究区毛竹信息在高程和坡度上的分布

5.4.3　大小年毛竹林空间分异规律

在构建的毛竹林大小年分异指数 MODI 基础上，本研究分别计算了县级、乡镇级和像元尺度(500m，1000m，2000m)下的 MODI，并对乡镇级和 500m 进行分级制图显示。从县级结果看，安吉县毛竹林大小年分异指数 MODI 为 0.767，分宜化程度较高，广德市毛竹林大小年分异指数 MODI 为 0.594，分宜化程度一般。从乡镇级结果看(见图 5-4)，安吉县的南北湖乡、下汤乡和广德市的誓节镇的分异化程度最高，这三个乡镇的 MODI 分别为 0.94、0.84 和 0.96。安吉县的杭垓镇、章村镇和广德市的四合乡的毛竹大小年分异化程度最低，这三个乡镇的 MODI 分别为 0.08、0.06 和 0.11。结合毛竹林大小年在安吉县和广德市的面积和比例分布，安吉县的杭垓镇和章村镇毛竹分布最多、比例最高，然而其毛竹大小年的分异化程度非常低。分异化程度较高的三个乡镇的毛竹林分布面积较低。

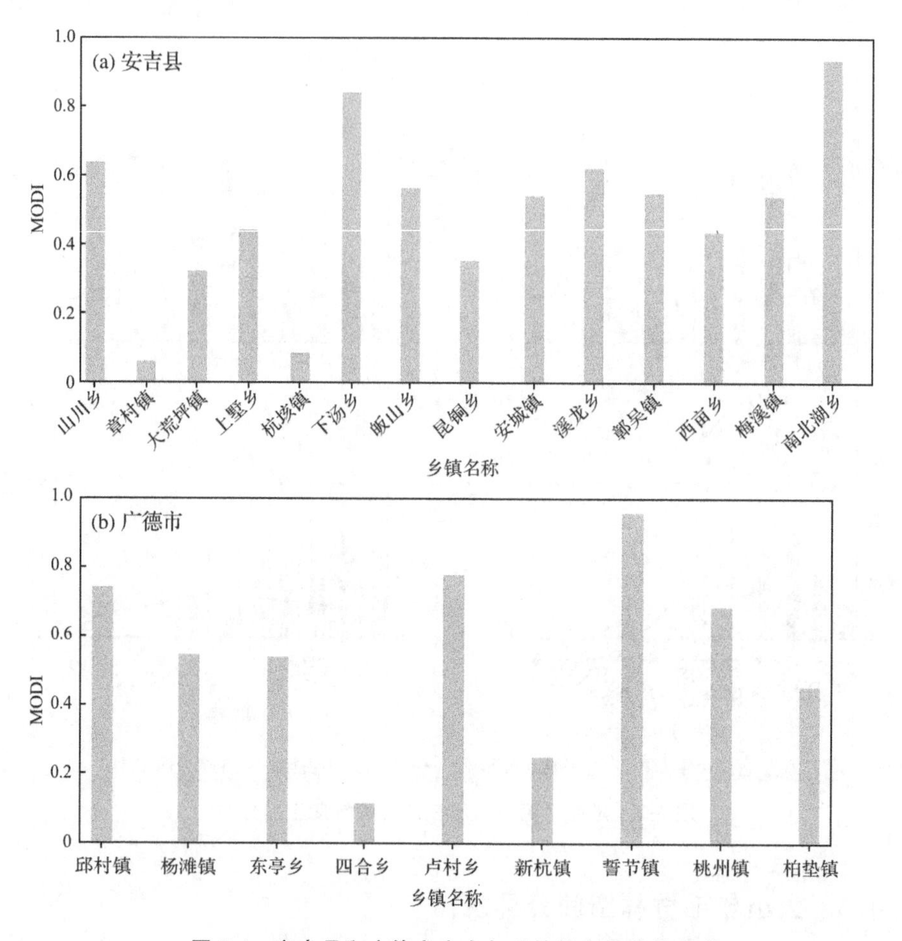

图 5-4　安吉县和广德市大小年毛竹林空间分异程度

从 500m 像元级结果看(见图 5-5),毛竹林分异化程度呈离散分布,与乡镇级毛竹林分异图有很大区别,一些像元内无毛竹大小年分布。在安吉县,毛竹林分异化程度较高的地方集中在北部地区,分异化程度低的地方主要在西南地区,结合毛竹的空间分布来看,杭垓镇和章村镇毛竹分布面积大,大小年结果单一,分异化程度低,而在分异化程度高的东北部地区,毛竹林并没有大面积分布,这说明该地区的毛竹林分布少,但大小年分异化程度高。在广德市,毛竹林分异化程度较高的地方集中在西南地区,分异化程度低的地方主要在东北部地区,结合毛竹的空间分布来看,东北部地区很少有毛竹分布,分异化程度低。分异化程度高的毛竹主要集中在中部部分地区。

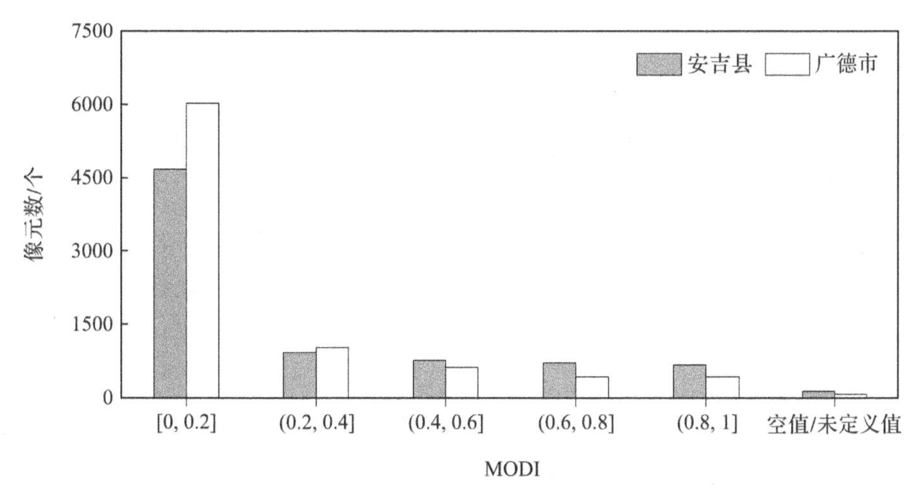

图 5-5　像元级(500m)大小年毛竹林空间分异程度

5.5　结果与讨论

大小年现象是毛竹林自身的生理结构特点，造成这种现象的原因是多方面的。安吉县和广德市皆为毛竹林分布较多的地区，且从研究结果看，两地均有大小年毛竹林分布。计算结果显示，安吉县毛竹林分异指数 MODI 较广德市相比更高，原因是近年来安吉县不断加强毛竹经营管理力度，农民采收小年毛竹林稀少的竹笋，保留大年毛竹林的竹笋，这也直接导致安吉县毛竹林大小年分异程度更明显。MODI 可以从不同尺度反映某一个区域下的毛竹林大小年分异化程度，然而还存在一些问题需要继续探索和分析。例如，研究 MODI 的对象主要有县级和乡镇级行政区划和像元级，这些对象在空间上有一定的限制，后续研究可从分水岭角度来继续分析大小年的分异程度。另一方面，MODI 可以结合着尺度下的毛竹林分布比例来继续深入分析，不同毛竹林分布比例下的毛竹林大小年分异化程度。同时，毛竹林在空间尺度上的分异化程度原因，可以结合不同像元尺度下的人类活动数据，如不透水地表数据，分析不同范围下的毛竹林大小年分异程度变化，量化人类活动对毛竹林大小年分异的影响。

毛竹独特的生理特征造成了其空间分布的异质性，本研究结合了毛竹物候特征和 Sentinel-2 数据，获取了安吉县和广德市 2019 年的大小年毛竹林空间分布信息，从乡镇级行政区划、高程和坡度分析了毛竹空间分布格局，构建了毛竹林大小年分异指数，分析了大小年毛竹林在行政区划和像元级的分异规律，探索了人类活动对大小年毛竹林空间分异规律的影响。研究结论如下：

(1)安吉县和广德市行政区划面积接近，而毛竹林的分布面积和分布地区差异显著。安吉县和广德市的毛竹林分布面积分别是624.02km² 和 325.45km²。安吉县2019年毛竹林集中分布在安吉县的东部和西部，而广德市2019年毛竹林集中分布在广德市的北部和南部。

(2)研究区毛竹信息在高程和坡度上的分布有一定规律。在高程分布方面，小年毛竹分布面积均呈正态分布。大、小年毛竹主要集中分布在100～400m的范围内；在坡度分布方面，大、小年毛竹主要集中分布在5°～35°的范围内。

(3)毛竹林大小年分异指数能从不同尺度反映研究区的大小年分异程度，其中下汤乡、南北湖乡和晳节镇分异化程度最高，三个乡镇的MODI分别为0.94、0.84和0.96。安吉县的杭垓镇、章村镇和广德市的四合乡的毛竹大小年分异化程度最低，三个乡镇的MODI分别为0.08、0.06和0.11。

参考文献

[1]Chen S, Jiang H,Cai Z, et al. The response of the net primary production of Moso bamboo forest to the On and Off-year management: A case study in Anji County, Zhejiang, China[J]. Forest Ecology and Management, 2018,409:1-7.

[2]Chen Y, Li L,Lu D, et al. Exploring Bamboo Forest Aboveground Biomass Estimation Using Sentinel-2 Data[J]. Remote Sensing, 2019,11(1):7.

[3]Han N, Du H,Zhou G, et al. Object-based classification using SPOT5 imagery for Moso bamboo forest mapping[J]. International Journal of Remote Sensing, 2014,35(3):1126-1142.

[4]Han N, Du H,Zhou G, et al. Exploring the synergistic use of multi-scale image object metrics for land-use/land-cover mapping using an object based approach[J]. International Journal of Remote Sensing, 2015,36(13):3544-3562.

[5]Li L, Li N,Lu D, et al. Mapping Moso Bamboo forest and its on-year and off-year distribution in a subtropical region using time-series Sentinel-2 and Landsat 8 data[J]. Remote Sensing of Environment, 2019,231:111265.

[6]Li L, Lu D, Kuang W. Examining Urban Impervious Surface Distribution and Its Dynamic Change in Hangzhou Metropolitan[J]. Remote Sensing, 2016,8(3):265.

[7]Li M, Li C, Jiang H, et al. Tracking bamboo dynamics in Zhejiang, China, using time-series of Landsat data from 1990 to 2014[J]. International Journal of Remote Sensing, 2016,37(7):1714-1729.

[8]Reese H, Olsson H. C-correction of optical satellite data over alpine vegetation areas: A comparison of sampling strategies for determining the empirical c-parameter[J]. Remote Sensing of Environment, 2011,115(6): 1387-1400.

[9]Teillet P M, Guindon B, Goodenough D G. On the Slope-Aspect Correction of Multispectral Scanner Data[J]. Canadian Journal of Remote Sensing, 1982,8(2):84-106.

[10]Xu X, Du H, Zhou G, et al. Remote estimation of canopy leaf area index and chlorophyll content in Moso bamboo (Phyllostachys edulis (Carrière) J. Houz.) forest using MODIS reflectance data[J]. Annals of Forest Science, 2018,75(1):1-14.

[11]陈新安. 毛竹林大小年生长规律探讨[J]. 中南林业调查规划,2010,29(1): 21-23.

[12]崔瑞蕊,杜华强,周国模,等. 近 30a 安吉县毛竹林动态遥感监测及碳储量变化[J]. 浙江农林大学学报,2011,28(3):422-431.

[13]杜华强,周国模,葛宏立,等. 基于 TM 数据提取竹林遥感信息的方法[J]. 东北林业大学学报,2008,36(3):35-38.

[14]高国龙,杜华强,韩凝,等. 基于特征优选的面向对象毛竹林分布信息提取[J]. 林业科学,2016,52(9):77-85.

[15]黄志远,钟哲科,张小平,等. 毛竹林大小年形成机制及调控措施研究进展[J]. 世界林业研究,2021,34(5):20-25.

[16]李龙伟. 基于时间序列遥感数据的毛竹林物候监测、分类和地上生物量估测研究[D]. 杭州:浙江农林大学,2020.

[17]刘玉莉. 安吉践行"两山"的毛竹林碳汇研究[J]. 湖州职业技术学院学报, 2020,18(4):76-80.

[18]孙晓艳,杜华强,韩凝,等. 面向对象多尺度分割的 SPOT5 影像毛竹林专题信息提取[J]. 林业科学,2013,49(10):80-87.

[19]徐小军,杜华强,周国模,等. Erf-BP 混合像元分解及在森林遥感信息提取中应用[J]. 林业科学,2011,47(2):30-38.

[20]徐燕,刘方勤,胡和元. 大小年竹林盛而不衰的原因及技术措施[J]. 上海农业科技,2013(1):95-96.

[21]颜梅春,张友静,鲍艳松. 基于灰度共生矩阵法的 IKONOS 影像中竹林信息提取[J]. 遥感信息,2004,15(2):31-34.

[22]姚希世,林建忠,林斌,等. 毛竹丰产林大小年生长差异研究[J]. 湖南林业科技,2015,42(6):111-118.

[23]张新. 我国竹产业生态化研究——以安徽省广德市为例[D]. 南京:南京林业大学,2018.

[24]邹官辉. 毛竹大小年与花年经营模式的利弊分析[J]. 宁夏农林科技,2013,54(10):113-115.

第6章　基于高时空分辨率遥感的毛竹林物候监测

6.1　引　言

物候是影响毛竹林大小年遥感分类的重要因素，也是决定着毛竹林生态系统碳循环的核心要素(Chen et al., 2019; Henebry and de Beurs, 2013; Li et al., 2019)。毛竹林与其他常绿植被相比，除了具有生长季外，还具有两年的生长周期循环和自身独特的竹笋期，落叶期等。物候直接影响到毛竹林碳积累，监测毛竹林物候变化是明确毛竹林固碳机制的前提。

遥感是反演森林物候的有效技术手段。MODIS 和 Landsat 等时间序列遥感影像常被用于森林物候研究(Melaas et al., 2013; Pastor-Guzman et al., 2018)。植被指数常用于森林物候研究，由于它们具有揭示物候过程的潜力(Henebry and de Beurs, 2013)。例如，NDVI 和 EVI 等指数通常用于指示各种森林(包括阔叶或针叶林，红树林)的物候变化监测(Guyon et al., 2011; Wu et al., 2014; Liu et al., 2016; Pastor-Guzman et al., 2018)。与基于红色和近红外波段的传统植被指数相比，红边波段及其转换后的指数对植被的生长状态更为敏感。例如，定义为红色—近红外坡度的拐点的红边位置(Clevers et al., 2002)，与叶绿素和氮有很强的相关性(Clevers and Gitelson, 2013; Main et al., 2011; Zarco-Tejada et al., 2019)。当红边位置向短波方向移动时，植物表现出不良的生长状况，而当红边位置 P 向长波方向移动时，植物表现出良好的状况。一般来说，常绿森林的生长物候很难监测，因为与落叶林相比，时间序列传统植被指数的变化相对较小(Liu et al., 2016)。

在初始步骤中卫星遥感数据提取的时间序列植被指数含有各种噪声成分，因此，平滑方法被应用于植被指数数据集的时间序列，以尽量减少残余噪声并重建更具代表性的植被状况。目前去噪声的方法主要包括三种(Zeng et al., 2020)：①经验方法，如移动平均滤波(Ma and Veroustraete, 2006)和权重变化滤波法(Zhu et al., 2012);②曲线拟合法,如 Logistic 函数、改进的 Logistic 函数(Elmore et al., 2012; Zhang et al., 2003)和 Savitzky-Golay (Chen et al., 2004);③数据变换法,如傅里叶变换(Hermance, 2007)和小波变换(Sakamoto et al., 2005)。时间序列植被指数被分解为周期性、趋势性、季节性和不规则(如噪声)成分。时间序列的谐波分析法(Harmonic Analysis of Time Series, HANTS)是对快速傅里叶变换的改进(Zhu et al., 2015),它不仅可以去除噪声点,而且不需要严格的时间序列区间。因此,它可以处理不同时间间隔的遥感图像数据,在频率和时间序列长度的选择上,HANTS 具有更大的灵活性。

毛竹林属于常绿林型,与其他森林类型有几个重要差异。①毛竹的无性繁殖导致快速增长。竹笋在 40～60 天内迅速发育成幼竹,高度达到 5m。②独特的营养循环系统导致了大小年现象。大年的竹林有笋,小年很少有竹笋。③人为集约管理造成树冠变化。秋冬,修剪掉大年毛竹林中的新竹树冠,砍伐老竹。相反,小年的毛竹林没有修剪和砍伐。这些特点使毛竹林在一年中的变化迅速,16 天重访周期的 Landsat 数据不能有效捕捉其物候。而 MODIS 数据空间分辨率低,也不适于毛竹林(Chen et al., 2019)。由于竹林复杂而频繁的变化,需要高时空系列遥感数据和敏感变量进行物候分析。

目前,随着遥感技术的发展,更多高时空分辨率影像可以使用,包含红色边带的卫星可以用于植被物候监测,如 MERIS、RapidEye、Worldview 等。VENμS 是由以色列航空航天局(ISA)和法国国家空间研究中心(CNES)联合开发,是近极太阳同步轨道微卫星,用于植被和环境监测,于 2017 年 8 月发射(Manivasagam et al., 2019)。它采样了世界上 150 个基础研究区域,提供了高时序的遥感数据(重访时间为 2 天,空间分辨率为 5 m)。它提供了从 443 nm 到 910 nm 的总共 12 个光谱带。这些携带红色边带的卫星具有准确监测红边位置的潜在能力(Frampton et al., 2013),并应用于陆地表面监测的许多方面(Herrmann et al., 2011; Xie et al., 2019)。

Li et al. (2019)之前的研究证明了使用红边波段和物候信息在竹林提取中的重要性,但由于 Landsat 8 和 Sentinel-2 数据的时间分辨率相对较低,以及亚热带地区的云层问题,其两年生长周期的物候变化还没有被探索到。在本章研究中,我们获得了 2018 年至 2019 年的 VENμS 数据的密集时间序列,这为探索竹林的物候特征提供了条件。研究比较分析从可见光到近红外的光谱波段,以确定监测毛竹林季节性变化的最佳波段,提出基于红边(非红边波段、单红边波段、多红边波段)的几种植被指数,然后更新各时间序列植被指数。还将比较毛竹林和其他常绿林的不同物候期,并探讨气象因素对毛竹林物候特征的影响。

本章的研究可以使更好地了解竹林的物候特征，这些信息将有助于地方政府制定适当的政策来更好地管理竹林和生产。

本章节主要的研究流程（见图6-1）为：①将2018—2019年的时间序列VENμs数据进行预处理，获取无云的时间序列数据产品，分析可见光至近红外的光谱时间序列特征；②对比以不同红边为基础构建的时间序列植被指数特征，利用时间序列谐波分析法对时序植被指数进行平滑和拟合处理，遴选毛竹林物候监测的最佳植被指数；③运用物候监测算法反演毛竹林的物候期，分析时序植被指数与气象因子的响应关系。

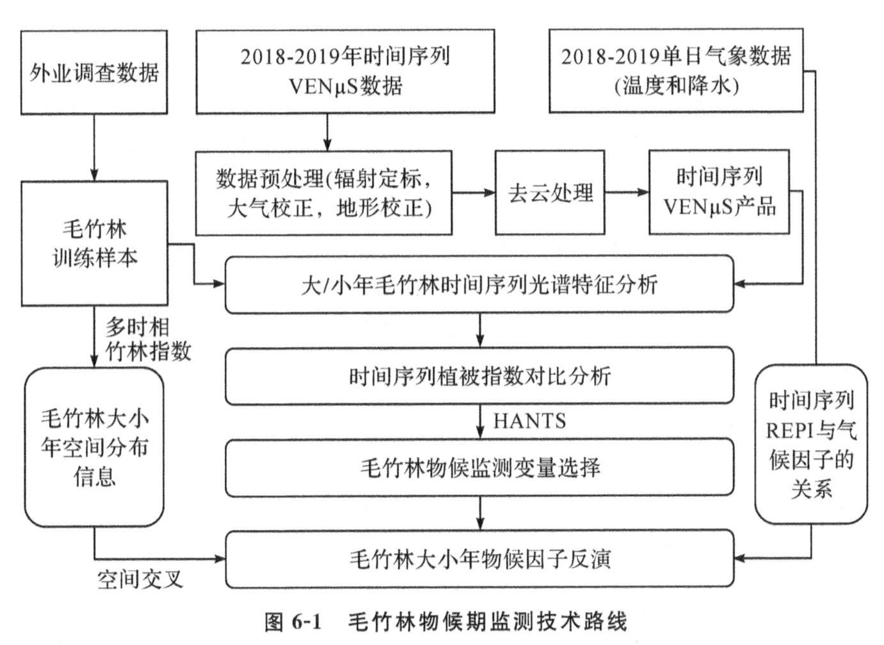

图6-1　毛竹林物候期监测技术路线

6.2　研究区和数据处理

6.2.1　研究区概况

本研究区选在VENμS卫星在浙江省安吉县的飞行的覆盖范围，一个54km×27km的矩形区域，研究区内山脉呈现东北—西南走向，高程分布在0～1100m。该区域与本书第4章和第5章的研究范围接近，属于亚热带季风气候，年降水量1512mm，年均温度16.9℃，四季分明，区内主要的植被类型有阔叶林、针叶林和竹林。安吉县的毛竹在当地经济发展中涉及方方面面，如食物、建筑、艺术、旅游等。该县2015年竹产业产值有53亿元，占安吉县生产总值的17.67%。

6.2.2 数据获取与处理

1. 数据介绍

VENμS 是以色列航天局和法国国家空间研究中心联合开发项目，该项目于 2005 年 4 月签署，并于 2017 年 8 月 2 日发射启动。该卫星是一颗近极太阳同步轨道微卫星，有一个为期 2 天的重访轨道，该轨道允许在恒定的太阳光照角度下保持恒定的视角。卫星首次升空高度为 720km，在它的整个科学任务中，选择了全世界至少 150 个兴趣点进行扫描，浙江省安吉县是其中的一个兴趣点。在整个任务期间，将每两天对这些点进行一次重新扫描，以收集图像数据。它的科学任务目标是在各种环境和人为因素下监测和分析地表，开发和验证各种生态系统功能模型，改善和验证全球碳循环模型，确定规模转移的理论和实践方法，收集和分析低空间分辨率传感器收集的数据。VENμS 卫星通过 THEIA 平台向研究者提供数据，目前提供的数据有 L1C 和 L2A 两个等级，L1C 为大气顶层反射率数据，没有经过大气校正和地形校正，L2A 为地表反射率数据。每一景数据包含 12 个多光谱波段和 3 个质量波段，多光谱波段波长分布在 420～910nm（详见表 6-1），3 个质量波段分别为饱和像元波段、坏点波段和云量波段，质量波段主要用于去噪处理。本研究所有的 VENμS 数据均为 THEIA 平台下载的一级和二级产品。

表 6-1 主要遥感数据对比

Landsat 8 OLI			Sentinel-2			VENμS		
Band	CW/μm	SR/m	Band	CW/μm	SR/m	Band	CW/μm	SR/m
						B1	0.42	5
B1	0.443	30	B1	0.443	60	B2	0.443	5
B2	0.483	30	B2	0.49	10	B3	0.49	5
B3	0.563	30	B3	0.56	10	B4	0.555	5
						B5	0.62	5
						B6	0.62	5
B4	0.655	30	B4	0.665	10	B7	0.667	5
			B5	0.705	20	B8	0.702	5
			B6	0.74	20	B9	0.742	5
			B7	0.783	20	B10	0.782	5
			B8	0.842	10			
B5	0.865	30	B8A	0.865	20	B11	0.865	5
			B9	0.945	60	B12	0.91	5
B9	1.375	30	B10	1.375	60			
B6	1.61	30	B11	1.61	20			
B7	2.2	30	B12	2.19	20			

说明：Band 为波段；CW 为中心波长；SR 为空间分辨率。

2. 数据预处理

VENμS 相对于 Sentinel-2 有一个相对更窄的监测角度，大概在±10.3°，由于大部分陆地表面由非朗伯表面组成，这可能会造成双向反射效应，因此需要对 VENμS 数据进行双向反射分布函数（BRDF）校正。已经有学者对全球的 Landsat 系列和 Sentinel-2 数据进行分析，得到了不同波段的 BRDF 的校正系数（Claverie et al.，2015；Roy et al.，2016），利用这些校正系数可以获得系统有效且稳定的数据产品（Roy et al.，2017）。本研究选用 c 系数进行 BRDF 校正，对 VENμS 数据进行了校正，校正公式见式（6-1）和式（6-2），表 6-1 列出了几个典型波段的全球校正系数。

$$\rho(\lambda,\theta^{\mathrm{NBAR}})=c(\lambda)\cdot\rho(\lambda,\theta^{\mathrm{Sensor}}) \tag{6-1}$$

$$c(\lambda)=\frac{f_{\mathrm{iso}}(\lambda)+[f_{\mathrm{geo}}\cdot k_{\mathrm{geo}}(\theta^{\mathrm{nadir}})]+[f_{\mathrm{vol}}\cdot k_{\mathrm{vol}}(\theta^{\mathrm{nadir}})]}{f_{\mathrm{iso}}(\lambda)+[f_{\mathrm{geo}}\cdot k_{\mathrm{geo}}(\theta^{\mathrm{Sensor}})]+[f_{\mathrm{vol}}\cdot k_{\mathrm{vol}}(\theta^{\mathrm{Sensor}})]} \tag{6-2}$$

式中，$\rho(\lambda)$为波段 λ 的光谱反射率，θ^{NBAR}为校正后的传感器系数，θ^{Sensor}为传感器太阳照明几何系数（如监测天顶角，太阳天顶角等），θ^{nadir}为传感器太阳照明几何系数在 nadir 位置（监测天顶角为 0），$c(\lambda)$为波段 λ 的改正系数。k_{geo} 和 k_{vol} 为体积核和几何核，f_{iso}、f_{geo}、f_{vol} 为 BRDF 光谱模型参数的常数值（Claverie et al.，2015；Manivasagam et al.，2019），详见表 6-2。

表 6-2　BRDF 校正系数

波段	f_{iso}	f_{iso}	f_{vol}
蓝	0.0774	0.0079	0.0372
绿	0.1306	0.0178	0.058
红	0.169	0.0227	0.0574
红边 1	0.2085	0.0256	0.0845
红边 2	0.2316	0.0273	0.1003
红边 3	0.2599	0.0294	0.1197
近红外	0.3093	0.033	0.1535

本章研究所用到的数据包括 VENμS 遥感数据、野外调查数据和辅助数据。VENμS 数据包含了 2018—2019 年总计 89 幅影像，经筛选云量后总计 59 幅影像被用于本研究（见表 6-3）。

表 6-3 遥感数据

数据集	数据时间及介绍
VENμS 影像	2018：6 Feb；8 Feb；12 Feb；26 Feb；28 Mar；3 Apr；9 Apr；11 Apr；15 Apr；17 Apr；29 Apr；3 May；14 June；18 June；26 June；10 July；14 July；26 July；28 July；5 Aug；7 Aug；23 Aug；29 Aug；28 Oct；30 Oct；1 Nov；9 Nov；23 Nov；27 Nov；1 Dec；17 Dec；29 Dec； 2019：18 Jan；22 Jan；24 Jan；23 Mar；6 Apr；8 Apr；4 May；14 May；22 May；28 May；3 June；5 June；29 July；2 Aug；30 Aug；23 Sep；25 Sep；29 Oct；31 Oct；14 Nov；20 Nov；08 Dec；10 Dec；12 Dec；14 Dec；16 Dec；28 Dec
野外调查数据	2018—2019 年对该研究区内进行野外调查，主要针对大小年毛竹林和其他土地类型开展。
辅助数据	气象数据包括了 2018 年和 2019 年日降水量、日最高气温、日最低气温和日平均气温。

6.3 研究方法

6.3.1 时间序列光谱分析

根据野外调查的四种植被数据（毛竹林小年，毛竹林大年，阔叶林，针叶林）和高分辨率卫星图像，植被调查数据被数字化为矢量格式数据。从矢量化数据中随机选择训练样本和验证样本。训练样本包括四种植被类型，包括小年毛竹 640 个像元、大年毛竹 540 个像元、阔叶林 358 个像元、针叶林 253 个像元。验证样本分别包括大年、小年竹林的 150 个和其他地类的 100 个。计算每种植被类型的平均光谱反射率值，并绘制出四种植被类型的光谱曲线。检查每个波段的时间序列特征，然后根据光谱分析确定适合季节变化的光谱范围。

结合收集到的真实样本数据（包含四个常绿植被地类，即小年毛竹林、大年毛竹林、阔叶林、针叶林）和 VENμS 2018—2019 年时间序列遥感数据集中的 7 个波段（蓝波段、绿波段、红波段、3 个红边波段、近红外波段），计算不同地类在不同时间的光谱反射率，制作不同植被的光谱反射率时间序列图，分析不同植被在时间序列上的特征。

从图 6-2 中可以看到 VENμS 数据不同波段的时间序列特征：①VENμS 数据的 7 个光谱波段在时间序列上总体上呈现一致现象，且波段互相之间没有交叉；②B9、B10、B11 3 个波段是变化最剧烈的波段，光谱反射率值域从 0.15～0.55，这 3 个波段的光谱值在春季上升而后在秋季下降，而其余 4 个波段的光谱反射率在一年内保持平稳，波动较小，反射率值域从 0～0.13。7 个波段之间的差异显示，相对于其他波段而言，红边波段(B9，B10)和近红外波段(B11)有更高的季节变化性，也就是波长在 730～920nm 区间内的光谱波段具有区分不同植被类型季节变化的潜力。

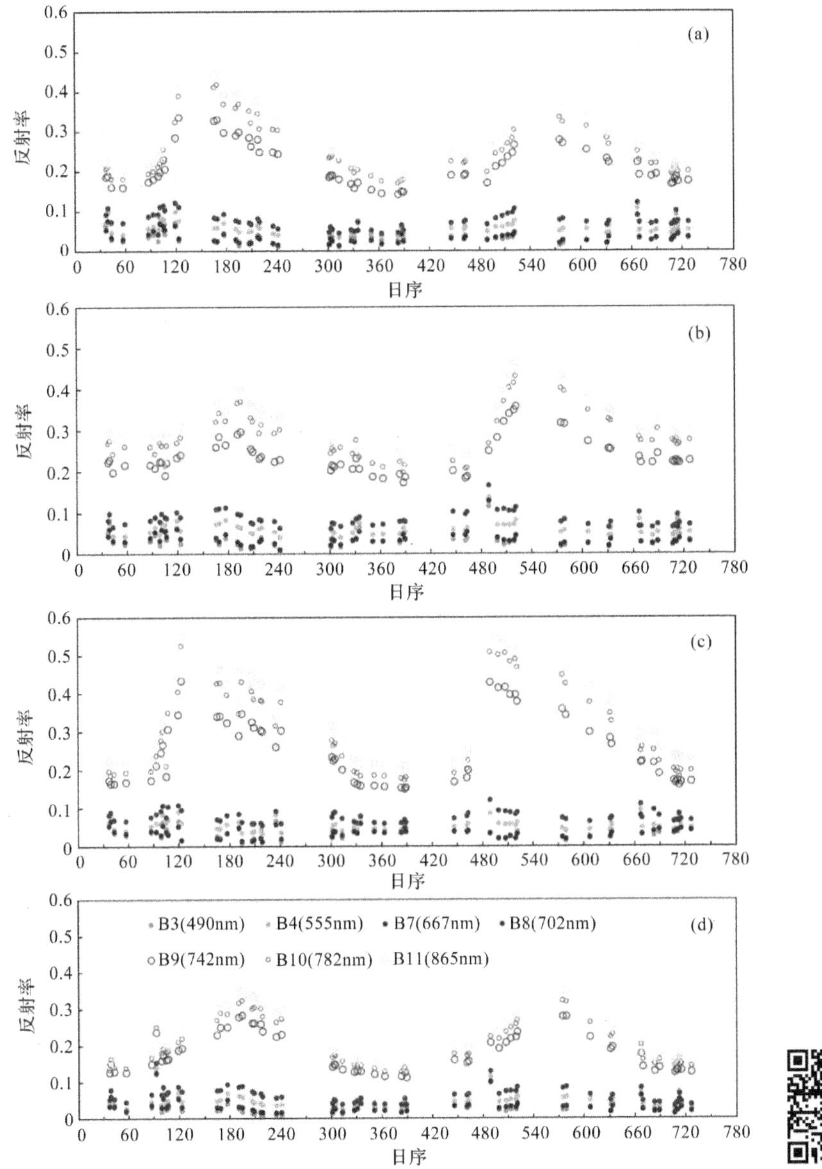

图 6-2　2018—2019 年四种常绿地类

说明：a—小年毛竹林；b—大年毛竹林；c—阔叶林；d—针叶林在 VENμS 七个波段的时间序列变化。

不同地类在 VENμS 时间序列数据上表现也不同。相比于其他三类常绿森林,大年毛竹林和小年毛竹林的光谱在时间序列表现出不同的季节变化特征,大年毛竹林和小年毛竹林的光谱上升时间不同,例如,B9 波段(红边波段,734～750nm),小年毛竹林的波段光谱反射率上升时间在第 119 天,而大年毛竹林则在 140 天。这种光谱反射率上升的时间差异跟毛竹林的生长季节开始有关,这种差异可以在毛竹林大小年分类中提供新的分类思路。针叶林的春季光谱反射率上升时间跟小年毛竹林一致,但是阔叶林比所有常绿森林都提前,接近在 110 天左右。除此之外,各个常绿植被的光谱反射率峰值也不同,阔叶林最高,在两年内的反射率峰值约为 0.6,针叶林最低,反射率峰值约为 0.38,小年毛竹林在两年内的光谱峰值相似,约为 0.48。毛竹林的光谱反射率峰值在 2018 年和 2019 年显著不同,而其他常绿森林的光谱反射率峰值则相同,例如,小年毛竹林在 2018 年的光谱反射率峰值为 0.48,而在 2019 年为0.38,同理大年毛竹林也表现了这个趋势。这个现象说明了毛竹林在两年内有不同的生长状态,这也从不同的传感器证实了毛竹林生长周期为两年。尽管不同的森林类型在两年内的时间序列光谱特征明显不一致,但仍需要识别更敏感的变量及组合,去对比分析这些常绿森林的遥感物候特征。

6.3.2 植被指数平滑与重构

基于可见光到近红外波段时间序列分析和红边波段对植被生长的敏感性,研究从三个策略选择植被指数,即无红边的植被指数、单个红边植被指数和多个红边植被指数,具体的植被指数及计算公式见表 6-4。本研究统计了 2018—2019 年的植被指数序列变化。

表 6-4 竹林物候植被指数选择

策略	植被指数	计算公式	来源
无红边植被指数	归一化植被指数(NDVI)	(NIR－Red)/(NIR＋Red)	(Tucker, 1979)
	增强型植被指数(EVI)	2.5×(NIR－Red)/(NIR＋6Red－7.5Blue＋1)	(Liu and Huete, 1995)
单红边指数	归一化红边植被指数($NDVI_{Red\text{-}edge705}$)	(NIR－$Red\text{-}edge_{705}$)/(NIR＋$Red\text{-}edge_{705}$)	(Fernández et al., 2016)
多红边指数	红边位置指数(REPI)	[($Red\text{-}edge_{667}$＋$Red\text{-}edge_{782}$)/2－$Red\text{-}edge_{702}$]/($Red\text{-}edge_{742}$－$Red\text{-}edge_{702}$)	(Clevers et al., 2002)

注:Blue 为蓝波段;Red 为红波段;Red-edge 为红边波段;NIR 为近红外波段。

为了减小数据噪声对数据分析的影响，研究选用时间序列谐波分析法对时间序列植被指数进行滤波平滑重构。时间序列谐波分析法（HANTS）综合了滤波和平滑两种方法，它充分利用了遥感影像的时间和空间特点，结合了空间分布和时间变化规律。HANTS 进行时间序列影像重构考虑到了植被生长的周期性，结合不同生长周期的植被频率曲线对时间序列植被指数（如 NDVI）进行重构，它能够反映植被的周期性规律，计算公式为：

$$\mathrm{VIs}(t_j)=a_0+\sum_{i=1}^{n_f}[a_i\cos(2\pi f_i t_j)+b\sin(2\pi f_i t_j)] \tag{6-1}$$

式中，VIs 是植被指数拟合值；t_j 为 VIs 的时间标记；n_f 为谐波个数；a_i 和 b_i 是表示三角函数的常数；a_0 为谐波的余项；f_i 为谐波的频率。

HANTS 的核心算法结合了最小二乘和傅里叶变换两种方法，它利用最小二乘法的迭代拟合去除时间序列植被指数值中噪声较大的点，并结合傅里叶在时间和频率域的正反变换，实现了时间序列曲线的分解和重构。HANTS 算法的核心步骤是：①检查时间序列，并标记有效范围之外的样本数据。例如，NDVI的有效范围可以是－1～1，超出这个范围内的所有样本会被拒绝进行拟合；②通过几个规定的谐波分量对系列的剩余有效样本进行曲线拟合；③如果拟合序列值和监测资料值的最大偏差超过用户定义的阈值，并且剩余样本数量超出最小样本数量，返回步骤 2 进行重新拟合。

表 6-5　HANTS 的参数描述及取值

参数	描述	取值
NB	周期长度，用待拟合的时间长度衡量，例如 1 年。	730
NF	频率数量，拟合中零频率以上要考虑的频数数量。	3
Hilo	拟制标志，表示取高值还是低值，High 表示高值被拟制，Low 表示低值被抑制，None 表示无抑制。	Low
Fet	拟合误差，偏离此值的点将被拒绝。	0.05
Delta	阻尼因子，一个很小的正数，拟制高振幅。	0.1
Dod	超定度，保证有效值满足拟合所需的样本数的最小值。	1

本研究的 HANTS 是在 Python 开源代码的基础上改进实现的，开源库及代码源见 https://github.com/gespinoza/hant，整个时间序列 HANTS 拟合算

法在执行算法前，需要对6个主要参数(见表6-5)进行调试和设置：①周期长度NB为拟合的时间长度，结合毛竹林两年的生长周期设置为730；②频率数量NF，一条曲线可以分解为均值(频率为0)和不同频率的三角函数，这个参数也决定了计算的傅里叶分量个数(王丹等，2005)，本研究选择频率个数为3；③高低抑制标志Hilo，云会降低植被指值，拟制标志选择Low；④拟合误差Fet，一些偏离曲线的值会被去掉，研究选择0.05作为误差值；⑤阻尼因子和超度则选择最小值，分别为0.1和1。

6.3.3 毛竹林物候反演方法

目前植被物候的反演方法主要有阈值法和变点检测法，结合时间序列(Red Edge Position Index, REPI)拟合的曲线图和毛竹林生长周期内的生理特点，研究以REPI的一阶导数值的最大和最小值作为毛竹林生长周期的开始和结束，如图6-3所示，小年毛竹林在第一年的生长期开始和结束在120天和400天左右，而在次年变为大年毛竹林后，SOS和EOS分别在180天和332天左右。由于小年落叶期冠层为黄绿色，REPI值迅速下降，而大年冠层仍为深绿色，它的REPI值不会低于0.4，因此毛竹林的落叶期反演则选择了阈值法，选取阈值0.4为落叶期的阈值，当REPI曲线值小于0.4则进入落叶期。

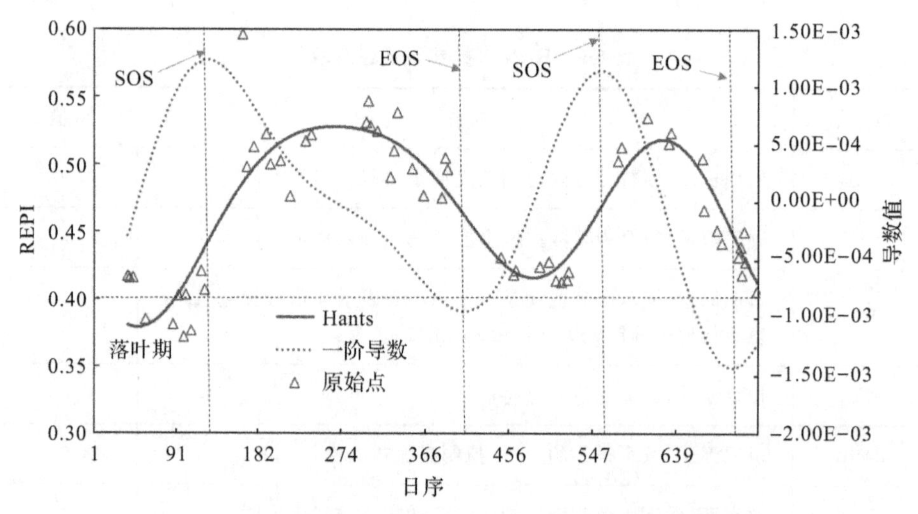

图6-3 毛竹林生长期开始、生长期结束和落叶期的监测方法

6.4　结果与分析

6.4.1　时间序列植被指数对比

从时间序列光谱波段分析可知，红边波段在时间序列变化中表现剧烈，因此从红边信息角度去对比分析时间序列植被指数特征，如无红边波段的 NDVI 和 EVI、以红边波段为基础的植被指数 $NDVI_{Red}$ 和 REPI，分析不同植被指数对反演竹林物候的潜力。在计算了这些植被指数后，利用谐波时间序列分析法对时间序列植被指数进行平滑和拟合处理，得到不同植被指数的时间序列分布图（见图 6-4 和图 6-5）。

总体上看，在两年的时间序列中，这些植被指数在 5—6 月上升，而在 9 月下降，这分别代表着植被的生长开始季和生长结束季。四类植被在两年的时间序列中都有两个峰值，毛竹林小年和阔叶林、针叶林的时间序列趋势类似，而毛竹林大年在 2018 年初表现出下降的趋势，经过对比，不同植被及植被指数拟合效果则差异明显。例如竹林和针叶林的 NDVI 集中在 0.7～0.9，而阔叶林则在 0.6～0.95，四类植被之间的差异不明显，而 $NDVI_{Red}$ 的值则集中在 0.4～0.7，拟合效果跟 NDVI 接近。NDVI 和 $NDVI_{Red}$ 很难区分出大年毛竹林和小年毛竹林的季节变化。植被指数 EVI 的差异则很明显，竹林的 EVI 集中在 0.4～0.7，阔叶林集中在 0.4～0.8，而针叶林则集中在 0.2～0.6。EVI 的时间序列拟合效果要优于 NDVI 和 $NDVI_{Red}$，EVI 可以区分出大年毛竹林和小年毛竹林的春季变化，而且能区分开大年小年的周期变化，大年毛竹林的 EVI 值保持在 0.6 左右，而小年毛竹林则在 0.7 左右。相比于以上三个指数，REPI 的拟合曲线有一些不同，尤其是毛竹林大年，在日序 456 天时（次年 3 月）有一个明显的谷值，这个时期对应的是竹林换叶时的光谱变化，而在其他三个植被指数中，原始植被指数有很多值在这个时间点分布，然而却未拟合出，而它们拟合出的谷值时间明显早于日序 456 天。对比几个指数的表现，REPI 不仅能够表现出毛竹林生长周期内的差异，如小年的指数峰值大于大年的指数峰值，也能区别出大年和小年的具体物候期，如落叶期。

经过对比无红边波段植被指数和有红边波段植被指数，结合毛竹林的两年生长周期内的物候变化及上节的时间序列光谱分析，包含了三个红边波段的红边指数 REPI 能够识别大小年毛竹林的季节变化情况，尤其是秋季和冬季。例如，在 2018 年的 241 天后，小年毛竹林的 REPI 值保持上升趋势（见图 6-4-d1），而大年毛竹林的 REPI 则呈现下降的趋势,这说明了大年毛竹林和小年毛竹林在这个时期完全相反的物候现象。从图 6-4 和图 6-5 中,可以看到红边位置指数 REPI,能够反映出大年毛竹林春季下降的趋势,而且在小年春季换叶期 REPI 的值低于 0.4,其他的指数能反映不出这些毛竹林的季节变化信息,因此 REPI 被选用进一步分析毛竹林大小年的物候反演。

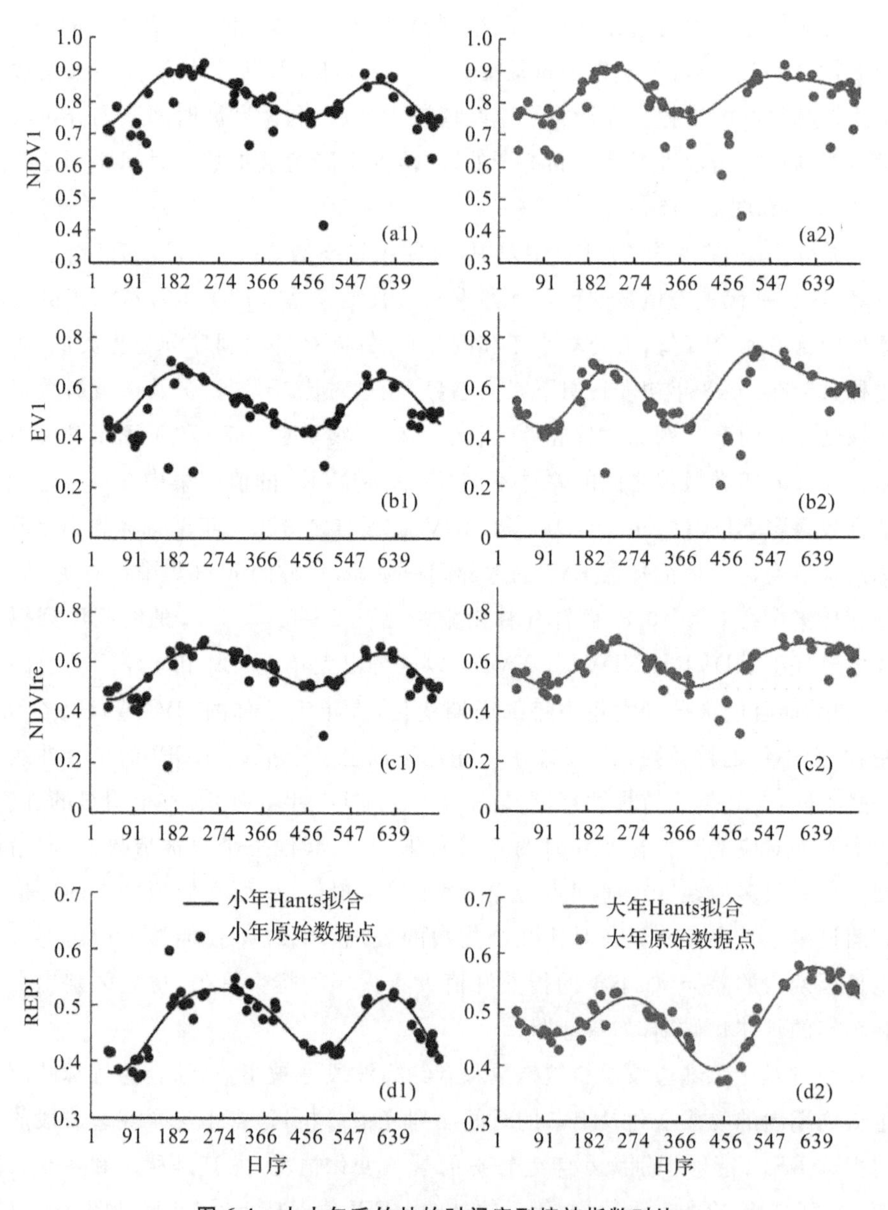

图 6-4 大小年毛竹林的时间序列植被指数对比

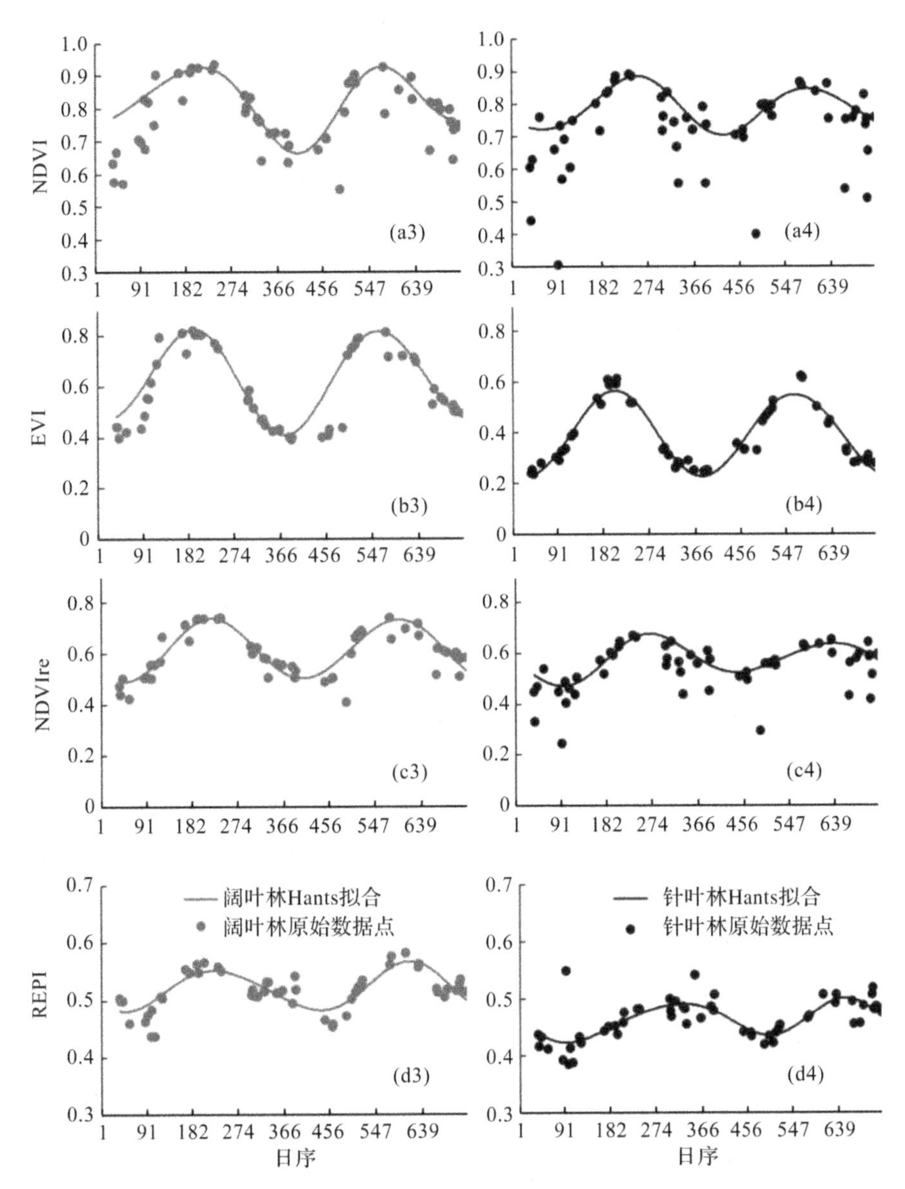

图 6-5　阔叶林和针叶林的时间序列植被指数对比

6.4.2　毛竹林物候反演

将 2018—2019 年时间序列 REPI 和毛竹林大小年的实际物候期进行组合分析（见图 6-6），选择合适的方法对毛竹林物候进行反演，同时分析了红边位置指数 REPI 时间序列与降水和温度的关系。

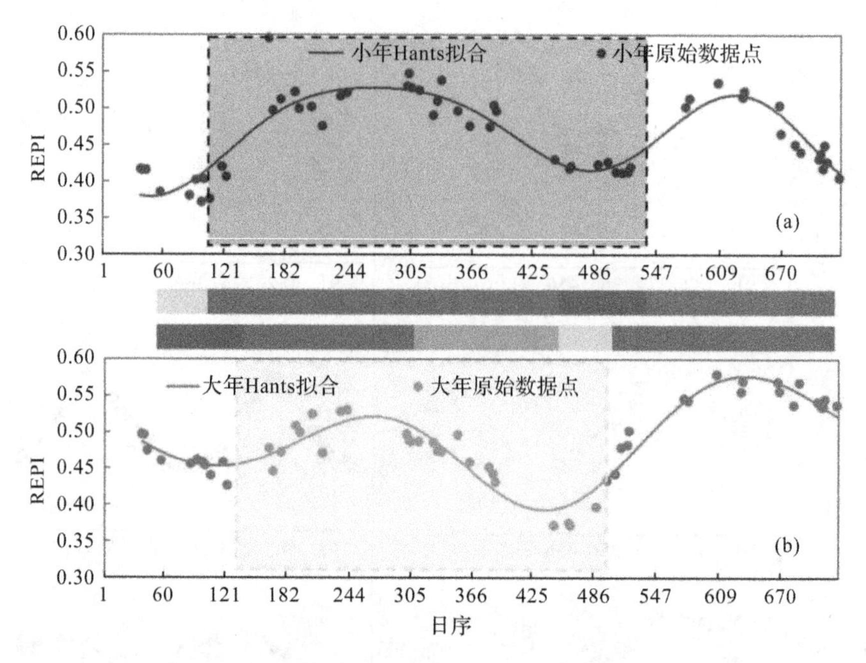

图 6-6　红边指数与毛竹林大小年的时间序列物候变化

说明：黄色/绿色/灰色/蓝色分别代表毛竹林的换叶期/地上竹林生长期/地下鞭根生长期/竹笋期，a 为毛竹林小年，b 为毛竹林大年。

从图 6-6 中可以看到，毛竹林在 2 年的时间内，毛竹林大年和小年的 REPI 曲线趋势完全不同。从自然年分析，小年毛竹林在首年的峰值要大于次年的峰值，而且在次年春季的谷值低于其他时期，REPI 曲线可以很好地拟合出毛竹林在两年生长周期内的变化。从毛竹林大小年时间定义的另一个角度分析，即大年为换叶后积累营养至次年幼笋长出阶段（大年养竹阶段，图 6-6-a 中蓝色虚线范围），小年则是幼笋长出后到次年换叶期（小年养鞭阶段，图 6-6-b 中黄色虚线范围）。毛竹林的生长周期与 REPI 变化趋势为，大年期间换叶，REPI 值下降，低于 0.4，换叶后开始进入生长期，REPI 曲线迅速上升，竹林为次年的幼笋生长积累营养，秋冬季节 REPI 值开始下降，次年春笋成竹后，REPI 值约为 0.45，随后进入小年期，幼竹生长期开始，REPI 值上升至 0.45，由于小年以竹鞭生长为主，REPI 曲线在秋冬开始下降，直至次年竹林完成换叶。

从 REPI 的时间序列特征分析，大年毛竹林和小年毛竹林呈现出不同的生长周期和形态特征。在毛竹林 2 年的生长周期内，换叶期（见图 6-6 黄色块）发生了 1 次，竹林生长期发生了 2 次，竹鞭生长期发生了 1 次，竹笋生长期发生了

1 次。考虑到春季的时候，大年和小年毛竹林 REPI 曲线上升时间不一致，用拟合曲线导数第一次最大值作为毛竹林生长期开始的阈值，反算出每一个像元对应的生长期开始的日序，叠加毛竹林大小年空间分布，制作毛竹林生长季开始分布图(见图 6-7)。

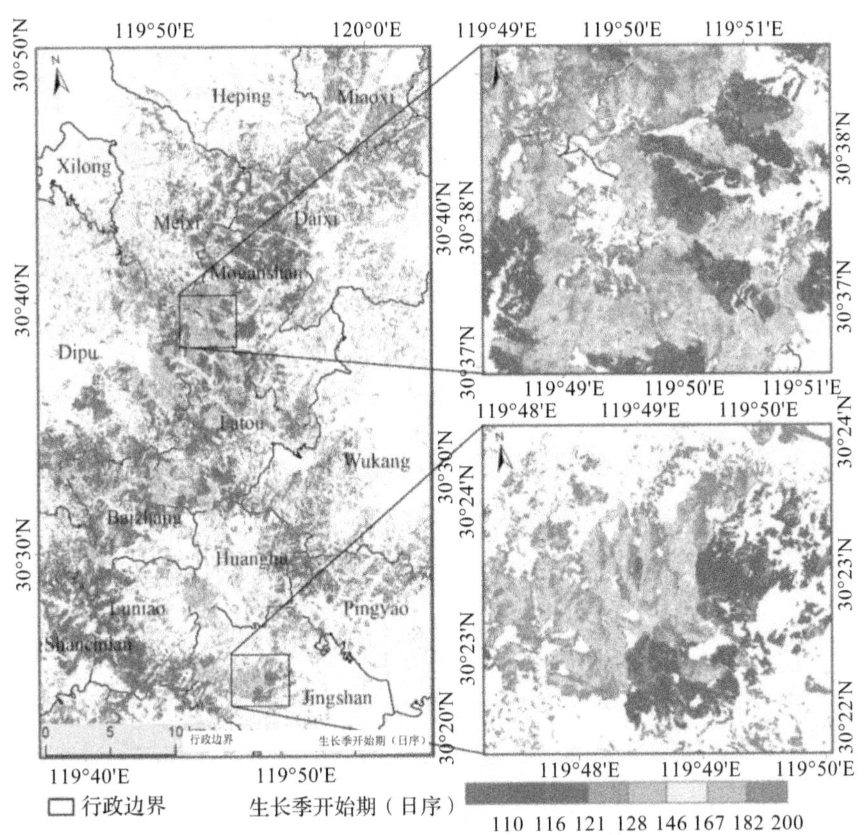

图 6-7　毛竹林生长期开始空间分布

图 6-7 中可以看到，毛竹林小年的生长季开始期要明显早于毛竹林大年，毛竹林小年生长季开始主要集中在 116～121 天，而毛竹林大年的生长季开始则集中在 180～200 天。这种明显的差异是由于小年毛竹林在 3 月换叶，换叶后就进入生长期，而大年毛竹林此时正在孕笋，大量的营养消耗导致了 REPI 值的下降，生长季开始于在新竹展叶后。

6.5 研究讨论

6.5.1 物候指数对温度和降水的响应

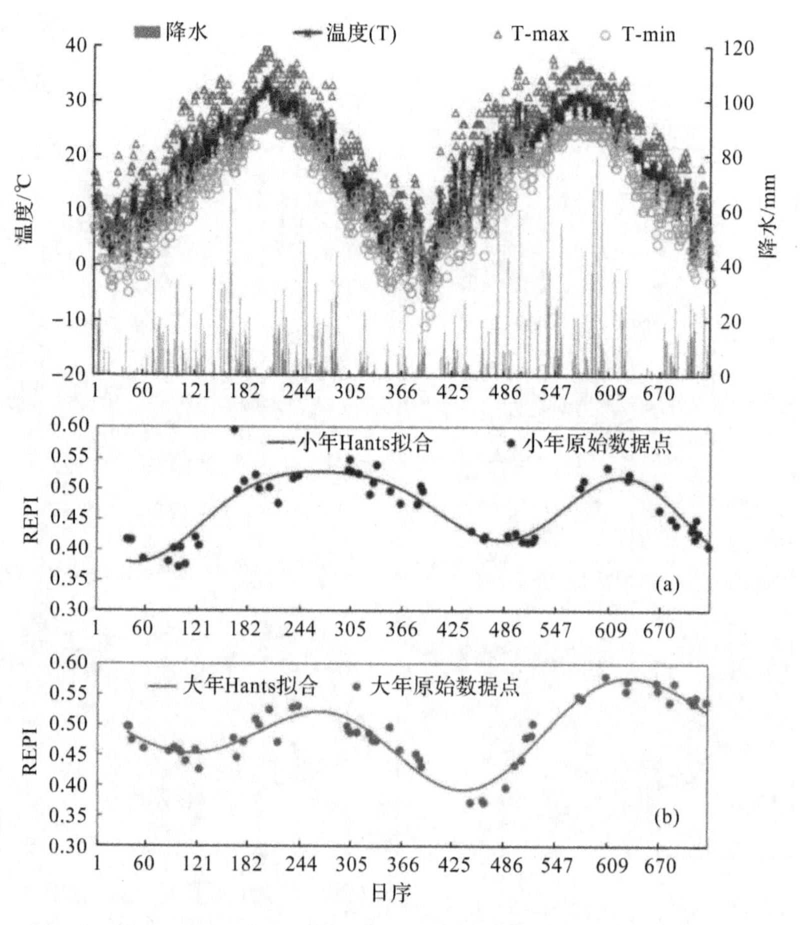

图 6-8 毛竹林时间序列植被指数与温度降水之间的关系

毛竹林的生长跟温度和降水关系密切，基于 2018—2019 年的安吉气象站单日降水数据，以及单日均温、高温及低温数据，将之与 REPI 时间序列数据进行匹配制图(见图 6-8)，分析植被指数 REPI 对温度和降水的响应关系。从图 6-8 中可以明显看到时间序列 REPI 的滞后效应，尤其是 2018 年，REPI 的峰值明显滞后于时间序列温度数据，因此积温是影响毛竹林生长过程的重要因素。研究计算了 REPI 数据与 5 日积温、10 日积温和 30 日积温的相关关系，结果表明 REPI 与 30 日积温的相关性最高，相关系数达到 0.84。日降水量和毛竹林生长季关系密切，在毛竹林的生长季阶段，日降水较大，超过 30mm。降水量与其他毛竹林其他时期的关系没有温度那么高。

6.5.2 毛竹林的物候特点及原因

相比于其他常绿森林类型，毛竹林具有完全不同的物候特征，这些不同主要表现在生长周期和物候期。常绿森林如阔叶林和针叶林的生长周期为 1 年，而且有明显的生长开始期和生长结束期。但是毛竹林的生长周期为 2 年，大小年逐年交替，其中包含了两个生长期、一个换叶期、一个竹笋生长期、一个竹鞭生长期。例如，小年毛竹林的生长期早于大年毛竹林，这是由于大年毛竹林的叶片需要保持深绿色，吸收光能发生光合作用并为竹笋提供营养，竹笋成竹后还有一段时间叶片尚未展开，直至 6 月新叶全部伸展，因此在春季的时候大年毛竹林的老竹叶片颜色为深绿色，但是小年毛竹林由于没有竹笋或很少有竹笋生长，因此在 5 月之前就已经完成换叶。在毛竹林生长季后期，小年毛竹林为了储存营养为了次年的竹笋生长，叶片一直保持深绿色到次年 5 月，而大年毛竹林的叶子颜色则开始逐渐变黄，这是由于此时是地下鞭根的生长期，消耗了大量营养，大年毛竹林的叶子颜色直至次年 3—4 月换叶。这种大小年的不同生长过程不仅影响着冠层的颜色变化，而且也影响着物质能量和毛竹林林分参数，如总初级生产力(GPP)，叶绿素含量和叶面积指数 LAI 等，Chen et al. 对比了 2011—2015 年安吉县毛竹林通量塔获取的初级生产力数据，结果显示大年和小年毛竹林 GPP 上升的时期不同，小年开始于 5 月，而大年开始于 6 月(Chen et al.，2018)。Xu 指出大年和小年在 1～169 天内，大年和小年叶绿素含量差异较大，大年的叶绿色含量保持在 1.5g/m^2，而小年的叶绿素含量则稳定在 1g/m^2，而在 113(4 月中旬)至 241(8 月底)天，小年的叶面积指数 LAI 高于大年(Xu et al.，2018)。Chen et al. 分析了毛竹林大小年的生态系统净产量 NEP，小年毛竹林 NEP 在 1—5 月低于大年，而后在 6—7 月高于大年毛竹林，在 8—12 月大小年 NEP 较为接近(Chen et al.，2018)。

造成毛竹林独特生长周期和物候期的原因是多方面，如光合作用过程、营养循环、人类干预等(黄伯惠等，1980；陈新安，2010；徐燕等，2013)，黄伯惠从营养循环和毛竹发生发展规律方面分析了大小年形成的原因，研究通过跟踪新造毛竹林的生长特征，发现新造毛竹林没有大小年现象，在第 7 年开始逐渐出现大小年现象(黄伯惠等，1980)，从营养循环角度分析，老竹吸收营养为了次年新竹的生长，而后进入鞭根的生长期，如此交替反复循环（黄伯惠等，1980；陈新安，2010）的毛竹林的物候特征也跟人类经营管理有关。徐燕认为大年留笋和小年挖笋是为了切断害虫食物链的一种有效防治技术（徐燕等，2013）。另外农民也根据大小年的生理特点去经营管理，当地农民会根据毛竹林的颜色去判断竹林是否会有竹笋长出，对于小年的毛竹林，农民往往将稀少的竹笋全部采收，而对于大年的毛竹林，农民则很少采收，进行护笋养竹。这些人为的管理方法也会加剧大小年毛竹林的分化。

6.5.3 毛竹林物候监测方法的改善

波长范围730～920nm，尤其是红边波段，具有极大潜力去反演常绿森林的季节变化特征，但是目前在轨卫星中并没有太多含有红边波段且免费试用的卫星。例如，Landsat系列数据在这个波长范围内只有一个近红外波段。考虑到红边波段的可获取性和指数可使用性，本研究选择了无红边波段指数（适用于Landsat系列数据）和多红边波段指数（适用于Sentinel-2，VENμS）做了对比分析。无红边波段指数（NDVI、EVI等）能够反演出基本的物候变化，如生长开始期、生长结束期。

EVI比NDVI在春季物候方面有更好的区分效果。俞淑红在利用EVI和NDVI的植被指数季节特征进行毛竹林分类时就对比了EVI和NDVI的季节表现，EVI是一个更好的季节特征指数（俞淑红，2016）。本研究表明了红边波段指数在反演毛竹林物候方面明显优于无红边波段指数。REPI能够更好地反映出物候期内植物冠层叶色的变化情况，尤其是秋冬季。相比于REPI，其他植被指数很难反演出毛竹林的特殊物候，例如在冬季小年毛竹林叶色表现为深绿色，而大年毛竹林叶色表现为黄绿色。EVI可以用到Landsat系列数据上，REPI能够应用到Sentinel-2数据上。

研究中选用的数据理论上可以达到2天1幅，然而亚热带地区云量过多还是有数据缺失问题，在2018—2019年的两年时间内，只有59幅影像可用于时间序列分析，平均10天有一景数据，在7—9月很少有无云的影像，因此在某些时间段的物候反演还需要进一步结合其他数据进行分析，在毛竹林冠层变化如此频繁的情况下，近地面的无人机遥感不受云层和地区的限制，给卫星遥感和地面遥感提供了很好的补充，可以利用无人机与现存的VENμS和Sentinel-2数据进行融合，一方面可以极大地丰富物候数据的时间分辨率，另一方面无人机的数据也可以辅助物候验证数据，提供稳定可靠的物候真实数据，用于提高毛竹林物候的反演精度。除了数据融合提高时间分辨率外，还可以通过数据填补的方法，结合时间序列上的特征和周围像元的特征，填补缺失的像元（Yan et al.，2018），增加数据的时间分辨率。

6.6　本章小结

本章使用 2018—2019 年的 VENμS 数据和地面调查数据，采用时间序列光谱分析遴选反映毛竹林季节变化的光谱波段，采用谐波时间序列分析法反演了毛竹林的物候期，并分析了其时空分布特征以及和气候变化因子的关系。主要结论如下：

（1）基于时间序列波段特征分析，VENμS 数据光谱范围 730～920nm 的波段能够更好地反映出毛竹林的季节变化，在此区间的波段具有识别毛竹林季节物候差异的能力，尤其就是红边波段。

（2）在对比了不同植被指数的时间序列特征后，传统的植被指数仅对植被生长季的开始和结束敏感，REPI 指数能够更多地反映出毛竹林的物候变化信息。

（3）基于多个红边波段的 REPI 指数可以识别出毛竹林频繁的冠层变化和生长周期，尤其是春季节的换叶期和竹笋期。

（4）小年毛竹林的生长季开始早于大年毛竹林，小年毛竹林生长季开始于 3 月，而大年毛竹林生长季开始于 6 月。

参考文献

[1]Chen J，Jönsson P，Tamura M，et al. A simple method for reconstructing a high-quality NDVI time-series data set based on the Savitzky-Golay filter [J]. Remote Sensing of Environment，2004，91：332-344.

[2]Chen S，Jiang H，Cai Z，et al. The response of the net primary production of Moso bamboo forest to the on and off-year management：A case study in Anji County，Zhejiang，China[J]. Forest Ecology & Management，2018，409：1-7.

[3]Chen Y，Li L，Lu D，et al. Exploring bamboo forest aboveground biomass estimation using Sentinel-2 data[J]. Remote Sensing，2019，11(1)：7.

[4]Claverie M, Vermote E,Franch B, et al. Evaluation of medium spatial resolution BRDF-Adjustment techniques using multi-angular SPOT4 acquisitions[J]. Remote Sensing, 2015,7(9):12057-12075.

[5]Clevers J G P W,Gitelson A A. Remote estimation of crop and grass chlorophyll and nitrogen content using red-edge bands on Sentinel-2 and-3[J]. International Journal of Applied Earth Observation and Geoinformation, 2013,23:344-351.

[6]Clevers J G P W, De-Jong S M,Epema G F, et al. Derivation of the red-edge index using the MERIS standard band setting[J]. International Journal of Remote Sensing, 2002,23(16):3169-3184.

[7]Clevers J, De-Jong S,Epema G, et al. Derivation of the red edge index using the MERIS standard band setting[J]. International Journal of Remote Sensing, 2002,23(16):3169-3184.

[8]Elmore A J, Guinn S M,Minsley B J, et al. Landscape controls on the timing of spring, autumn, and growing season length in mid-Atlantic forests[J]. Global Change Biology, 2012,18(2):656-674.

[9]Fernández-Manso A, Fernández-Manso O,Quintano C. Sentinel-2A red-edge spectral indices suitability for discriminating burn severity [J]. International Journal of Applied Earth Observation and Geoinformation, 2016,50:170-175.

[10]Frampton W J, Dash J,Watmough G, et al. Evaluating the capabilities of Sentinel-2 for quantitative estimation of biophysical variables in vegetation [J]. ISPRS Journal of Photogrammetry and Remote Sensing, 2013,82:83-92.

[11]Guyon D, Guillot M,Vitasse Y, et al. Monitoring elevation variations in leaf phenology of deciduous broadleaf forests from SPOT/Vegetation time-series[J]. Remote Sensing of Environment, 2011,115(2):615-627.

[12]Henebry G M,de Beurs K M. Remote sensing of land surface phenology: A prospectus [M]. Phenology: An Integrative Environmental Science Springer, Dordrecht, 2013:385-411.

[13]Hermance J F. Stabilizing high-order, non-classical harmonic analysis of NDVI data for average annual models by damping model roughness[J].

International Journal of Remote Sensing, 2007,28(12):2801-2819.

[14]Herrmann I, Pimstein A,Karnieli A, et al. LAI assessment of wheat and potato crops by VENμS and Sentinel-2 bands[J]. Remote Sensing of Environment, 2011,115(8):2141-2151.

[15]Li L, Li N,Lu D, et al. Mapping Moso bamboo forest and its on-year and off-year distribution in a subtropical region using time-series Sentinel-2 and Landsat 8 data [J]. Remote Sensing of Environment, 2019, 231:111265.

[16]Liu H,Huete A. A feedback based modification of the NDVI to minimize canopy background and atmospheric noise[J]. IEEE transactions on Geoscience and Remote Sensing, 1995,33(2):457-465.

[17]Liu Y, Wu C,Peng D, et al. Improved modeling of land surface phenology using MODIS land surface reflectance and temperature at evergreen needleleaf forests of central North America[J]. Remote Sensing of Environment, 2016,176:152-162.

[18]Mainvasagam V, Kaplan G, Rozenstein O. Developing transformation functions for VENμS and Sentinel-2 surface reflectance over Israel[J]. Remote Sensing, 2019,11(14):1710.

[19]Melaas E K, Friedl M A,Zhu Z. Detecting interannual variation in deciduous broadleaf forest phenology using Landsat TM/ETM+ data[J]. Remote Sensing of Environment, 2013,132:176-185.

[20]Pastor-Guzman J, Dash J,Atkinson P M. Remote sensing of mangrove forest phenology and its environmental drivers[J]. Remote Sensing of Environment, 2018,205:71-84.

[21]Roy D P, Li J,Zhang H, et al. Examination of Sentinel-2A multi-spectral instrument (MSI) reflectance anisotropy and the suitability of a general method to normalize MSI reflectance to nadir BRDF adjusted reflectance [J]. Remote Sensing of Environment, 2017,199:25-38.

[22]Roy D P, Zhang H,Ju J, et al. A general method to normalize Landsat reflectance data to nadir BRDF adjusted reflectance[J]. Remote Sensing of Environment, 2016,176:255-271.

[23]Sakamoto T, Yokozawa M,Toritani H, et al. A crop phenology detection

method using time-series MODIS data[J]. Remote Sensing of Environment, 2005,96:366-374.

[24]Tucker C J. Red and photographic infrared linear combinations for monitoring vegetation[J]. Remote Sensing of Environment, 1979,8(2):127-150.

[25]Wu C, Gonsamo A,Gough C M, et al. Modeling growing season phenology in North American forests using seasonal mean vegetation indices from MODIS[J]. Remote Sensing of Environment, 2014,147:79-88.

[26]Xie Q, Dash J,Huete A, et al. Retrieval of crop biophysical parameters from Sentinel-2 remote sensing imagery[J]. International Journal of Applied Earth Observation and Geoinformation, 2019,80:187-195.

[27]Xu X, Du H,Zhou G, et al. Remote estimation of canopy leaf area index and chlorophyll content in Moso bamboo(Phyllostachys edulis(Carrière) J. Houz.) forest using MODIS reflectance data[J]. Annals of Forest Science, 2018,75(33).

[28]Yan L,Roy D P. Large-area gap filling of Landsat reflectance time series by spectral-angle-mapper based spatio-temporal similarity (SAMSTS)[J]. Remote Sensing, 2018,10(4): 609.

[29]Zarco-Tejada P J, Hornero A,Beck P S A, et al. Chlorophyll content estimation in an open-canopy conifer forest with Sentinel-2A and hyperspectral imagery in the context of forest decline[J]. Remote Sensing of Environment, 2019,223:320-335.

[30]Zeng L, Wardlow B D and Xiang D, et al. A review of vegetation phenological metrics extraction using time-series, multispectral satellite data[J]. Remote Sensing of Environment, 2020,237:111511.

[31]Zhang X, Friedl M A,Schaaf C B, et al. Monitoring vegetation phenology using MODIS time-series data[J]. Remote Sensing of Environment, 2003,84:471-475.

[32]Zhou Y, Zhou G,Du H, et al. Biotic and abiotic influences on monthly variation in carbon fluxes in on-year and off-year Moso bamboo forest[J]. Trees, 2018,33:153-169.

[33]Zhu Z, Woodcock C E and Holden C, et al. Generating synthetic landsat

images based on all available landsat data: predicting landsat surface reflectance at any given time[J]. Remote Sensing of Environment, 2015, 162:67-83.
[34]陈新安.毛竹林大小年生长规律探讨[J].中南林业调查规划,2010,29(1):21-23.
[35]黄伯惠,朱剑秋,梅文钰,等.毛竹大小年形成原因探讨[J].浙江林业科技,1980,(2):14-18.
[36]王丹,姜小光,唐伶俐,等.利用时间序列傅里叶分析重构无云NDVI图像[J].国土资源遥感,2005,2:29-32.
[37]徐燕,刘方勤,胡和元.大小年竹林盛而不衰的原因及技术措施[J].上海农业科技,2013,1:95-96.
[38]俞淑红.利用多尺度遥感数据的竹林信息提取研究[D].杭州:浙江农林大学,2016.

第7章　毛竹笋地上生物量测算方法与评价

7.1 引　言

毛竹(Moso Bamboo)是我国南方重要的竹类资源,其竹笋生长快速,可以在短短2个月左右完成发笋到展枝为成竹,是其他林木无法比拟的特性,从而在较短周期内可以获得毛竹笋不同生长阶段的生长数据,有利于研究毛竹笋的生长规律和构建其生物量模型。施拥军等(2013)在浙江临安采集95株毛竹笋样本从出土到成竹的每日生长数据,应用随机过程理论与Sloboda生长方程,构建了毛竹笋高度—时间的生长随机过程模型,得到毛竹笋在出土后的第25～55天,竹高在爆发性增长的同时地径保持不变,其生物量累积速度快、固碳功能良好的结论。牟春燕(2016)在江苏宜兴利用手持电子枪和MINI型摄影测试仪,获取毛竹笋生长过程中的高度和胸径,构建高度、胸径与时间的生长模型以及竹高与胸径之间的关系模型,并分析不同生长模型之间精度与优劣。杨春菊等(2016)分别在集约经营和粗放经营的毛竹林里布设样地,每日监测并记录两种不同经营条件下毛竹笋从出土开始的生长高度,根据Wilcoxon非参数检验、Mood与Ansari-Bradley方差检验分析,得到毛竹笋生长速度的特点呈慢—快—慢—停的结论,与刘华军等(2014)、郑进烜等(2008)和Yen(2016)的研究成果基本一致。

笋芽萌发分两个时期,夏末秋初萌发生长成冬笋,春末夏初萌发生长成春笋;竹鞭的粗度影响竹笋的大小,竹笋的粗度决定成竹的胸径(陈建华等,1999)。由于毛竹笋刚出土只有地径,等到1m时,1天生长几十厘米,胸径生长时间短暂,存在一定观察时间的盲区,不宜作毛竹生长过程的参考数据。竹笋根部直径由于膨胀与成竹的竹秆形态差距大,是否可以成为材积回归方程估测参数,尚需要验证。因此,要计算单株毛竹笋不同时期材积,需要综合分析毛竹笋生长过程中不同部位直径与笋高之间的关系,才能更详细且综合地描述毛竹笋生长变化特性。毛竹笋生长期间是毛竹固碳的爆发期,毛竹笋的生长状况直接关系到成竹质量(江泽慧等,2002),在自然条件下出土的竹笋平均成竹率67%(陈建华等,1999),同时,竹笋在出土后6个月内完成全年固碳量的88.8%(Li et al., 2011)。

一年有数月,竹笋与成竹共生,即笋竹林。毛竹笋生长周期较短,出土后生长迅速,高度和胸径完成生长仅需40~60天(Wang et al., 2016),在此之后,高度和胸径不再生长,只有营养物质随毛竹细胞次生壁的不断形成而进一步积累。这个阶段,是毛竹林生物量的爆发(快速)生长期,它决定了毛竹的高度与胸径,影响次生壁的加厚进程(即增加碳密度),从而决定竹秆的碳积累量。已有文献研究毛竹笋高度随时间变化的生长状况是以传统光学测量方法为主,分析研究了竹笋高度生长的变化规律(施拥军等,2013;Yen,2016)。毛竹笋在没有成竹之前,由于成竹冠层的影响和竹笋的隐蔽性,卫星甚至是无人机获取的遥感影像数据很难识别竹笋的生长,以致无法通过遥感影像监测出笋数量及生长状况,需要人工到竹林内部进行观测。众多学者对毛竹笋的生长过程做了详细的观察和分析,并运用大量统计学及相关理论知识进行探讨分析。Yen(2016)为研究毛竹生长规律,采用常规测量方式按时间序列监测毛竹笋高度的生长变化,但常规测量方法野外工作量大、精度低和信息量小等。在竹笋经营方面,陈建华等(1999)提出多发笋多成竹、可逐年提高新竹胸径的生产建议。李翀等(2016)认为适度采伐留养最有利于提高毛竹林新竹的发育质量。在参考林木蓄积量与生物量转换模型(王希义等,2016)的基础上,随着地基LiDAR技术和基于深度学习的三维点云分割与分类技术(Charles et al., 2017; Qi et al., 2016, 2017; Sedaghat et al., 2017; Su et al., 2018)的发展,可望对毛竹笋的AGB变化规律的研究向精细化方向发展,有助于准确估算笋竹混合林的实时AGB,更加精准化毛竹林样地生物量的时间属性。

毛竹笋生物量作为毛竹林AGB的组成部分,笋竹林状态持续数月之久,研究其AGB计算方法及变化规律,是测算毛竹林AGB不可或缺的一部分。因此,本章首次利用Leica C5地面三维激光扫描仪获取毛竹笋点云数据,利用毛竹笋生长时间序列的点云数据,建立单株毛竹笋材积回归模型,并评价其精度,检验林木材积量—生物量转换模型(王希义等,2016;王仲锋等,2006)的可移植性,研究竹笋材积量与AGB转换模型;研究毛竹笋干生物量(干质量)与鲜生物量(活质量)之间的函数关系,绘制毛竹笋含水率变化过程的曲线图,为测算任意时段的笋竹林AGB提供竹笋生物量图谱,探索一种基于地基LiDAR技术的毛竹笋AGB测算新方法新模型。

7.2 试验场地设备和技术路线

7.2.1 试验场地与仪器设备

1. 试验区域

本试验区域位于浙江省杭州市临安区东湖村小铜山实验基地和浙江农林大学平山试验基地(119°40′E,30°15′N),如图7-1所示。试验区域属亚热带季风气候,具体气候、地形和植被情况参见本书2.2.1节。

图7-1 毛竹笋试验区域

2. 点云数据采集试验设备

点云数据采集试验设备是瑞士Leica公司的Leica C5三维激光扫描仪,仪器的测量原理和主要技术指标见本书2.2.2节。

3. 辅助设备工具

试验中辅助工具主要有高温烘箱、电子天平、卷尺、游标卡尺、砍伐刀具、量筒、PVC管等。

(1)高温烘箱,也称为高温干燥箱、高温电热鼓风干燥箱。如图7-2所示,DHG-9039A干燥箱,根据产品说明,它保温性能优良,采用优质钢板制成箱体,保温材料是优质玻璃纤维,填充在箱体夹层内,为了提高温度均匀分布箱内,箱顶上装有鼓风机,箱体配以风道,保证了热空气在箱内产生规律循环,从而均匀分布。其主要参数为：

工作室材质：镜面不锈钢板；

定时范围：1～9999min；

温度范围：RT＋10～500℃；

温度分辨率：0.1℃；

温度波动度：≤±1℃。

本试验中高温烘箱主要用于将竹笋和毛竹样品烘烤至恒重，获得样本的生物量。

(2)电子天平。本试验采用梅特勒—托利多 MS-TS 精密天平，如图 7-3 所示。MS6002TS 主要技术参数有：最大称量 6200g；可读性 0.01g；稳定时间 1.5s等。

电子天平是称取毛竹笋样本和毛竹样本的鲜重和烘干后的干重(生物量)。

图 7-2　高温烤箱

图 7-3　电子天平

(3)其他工具。试验中其他辅助工具，如卷尺用来量取仪器高、测量毛竹笋的地径和毛竹的胸径等样本的几何尺寸，作为参考数据；砍伐工具包括镰刀、锯子，用来砍伐竹笋和毛竹样本；PVC 管用来标定样地，以及还有油漆、细绳等辅助材料。

4. 软件

选用软件主要有 Leica Cyclone 软件和 Geomagic Studio 软件，相关介绍和参数见本书 2.2.2 节。

7.2.2　本章研究技术路线

根据本章的研究目标，试验和研究技术路线如图 7-4，探讨毛竹笋地上生物量的测算方法。

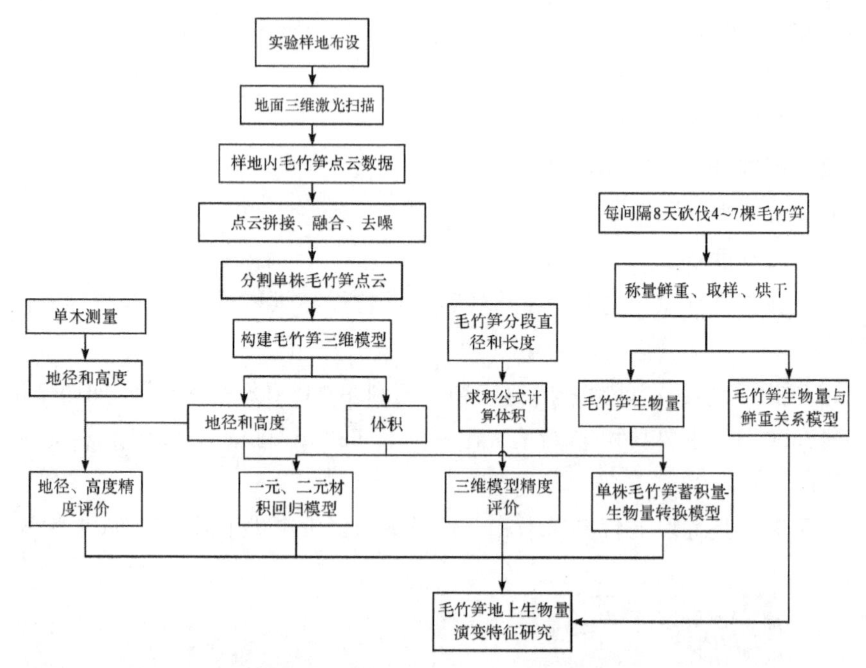

图 7-4　毛竹笋 AGB 模型研究技术路线

7.3　试验数据采集与前期处理

7.3.1　数据采集和处理过程

在春季 3—6 月毛竹笋爆发生长期间，部署试验区域，选取试验期间不同生长阶段的 128 棵毛竹笋作为试验样本，部分毛竹笋样地见图 7-5。具体过程是：

(1)在浙江农林大学平山试验基地设置 2 块 10m×10m 的样地，在小铜山实验基地的毛竹林中设置 4 块 10m×10m 的样地，每个样地设置 5 个测站，做好测站点固定标记。

(2)利用 Leica C5 三维激光扫描仪采集毛竹笋三维点云数据，扫描前将 3 个标靶分别放置在 5 个测站点都可以通视的位置，在 5 个固定测站点安置整平地面三维激光扫描仪，逐站扫描，每块共扫描 5 站。

(3)Leica C5 三维激光扫描仪先开机预热，创建工程文件夹，仪器自动生成 01 测站，为了兼顾扫描效率和精度，将目标扫描精度设置为中等分辨率(大约 1 站扫描时间 20min)；水平方向设为 360°全景扫描，点击扫描键，仪器开始自动扫描。第 1 站扫描结束后，在标靶栏里创建 3 个标靶点号，分别为 01、02 和 03，对地上摆放的标靶也按顺序进行编号为 01、02 和 03，接下来 4 个测站中的标靶顺序号与第1站的标靶顺序号保持不变,并逐一进行扫描,得到标靶的精度良好的点云数据,进行存储。

(4)第1站扫描结束后,在相同的工程文件夹中新建测站(编号为02测站),测站设置和扫描方法与第1测站操作相同。在新的测站上,需要将标靶面旋转朝向扫描仪,标靶编号不变,选择第1站对应的标靶号码,直到扫描结束。

(5)依次扫描每个样地的5个测站,再进行扫描另一块样地。

(6)每间隔2天,重复扫描各样地,获得样地笋竹林点云数据,见图7-6。

(7)点云数据经过预处理,剔除噪声点,利用软件建模,模型上量取毛竹笋样本的几何尺寸并计算体积。

数据采集期间,毛竹笋在生长过程中不断退笋,超过30%的中途夭折,部分样本需要砍伐,都导致部分样本不能连续监测,需要补充新的样本。笋高达到5cm时起测其地径,采用径阶等比法从各径阶选取毛竹笋三维模型样本共128棵,径阶分布如图7-7所示。

(8)每间隔8天,从128棵样本中,遴选35棵不同生长阶段毛竹笋样本分阶段砍伐,每次沿根部锯伐4～7棵毛竹笋,活体样本及时带回实验室,其点云数据作为毛竹笋材积与生物量转换模型建模以及检验数据。采用游标卡尺测量其不同部位直径,钢卷尺测量其高度,根据公式求取毛竹笋体积(材积)。利用梅特勒—托利多MS-TS精密天平称量样本鲜重后,置于空旷通风处,晾晒数天,使其大部分水分蒸发掉,再在DHG－9039A干燥箱中恒温85℃的烘箱中烘干至恒重,用天平称量干重,得到样品干质量(即生物量),计算样品的含水率。

(9)分析点云模型法和常规测量法分别计算的毛竹笋材积之间关系;探讨毛竹笋样本实测AGB与其点云模型的材积量之间关系,由于没有先验模型可借鉴,在参考林木蓄积量与生物量转换模型的基础上,构建毛竹笋材积量与其AGB的转换数学模型,并检验转换模型精度。

图7-5　毛竹笋样地局部实景

图 7-6　笋竹林样地点云数据

7.3.2　毛竹笋点云数据预处理

每次采集每个样地的 5 个测站点云数据，利用徕卡 Cyclone 软件对原始数据进行导入、配准等处理。

(1)点云配准：将同一样地根据不同测站扫描采集的 3 个公共标靶坐标进行点云坐标配准，将不同测站上的不同坐标系的点云匹配到同一坐标系空间里，若有无法拼接的测站数据，则删除该测站，并及时重新扫描；

(2)点云融合：根据配准后的点云数据，选择软件工具栏 Tools 的 Unify cloud，将距离小于阈值(Default：1mm)的点合并成一个新的点，并删除重复的点，降低点云数据冗余度，减少数据量；

(3)点云分割：选择 Fence 功能圈定目标毛竹笋，右击选择 Copy Fenced to New Model Space，生成新的 Model Space，将试验的毛竹笋样本逐一抠出；

(4)点云去噪：在新的 Model Space 中，利用 Fence 功能手动清除噪点、无用的地面点和孤立点，得到每株单株毛竹笋点云数据，见图 7-8 所示，利用 Export 功能，导出标准格式“. pts”的点云数据。

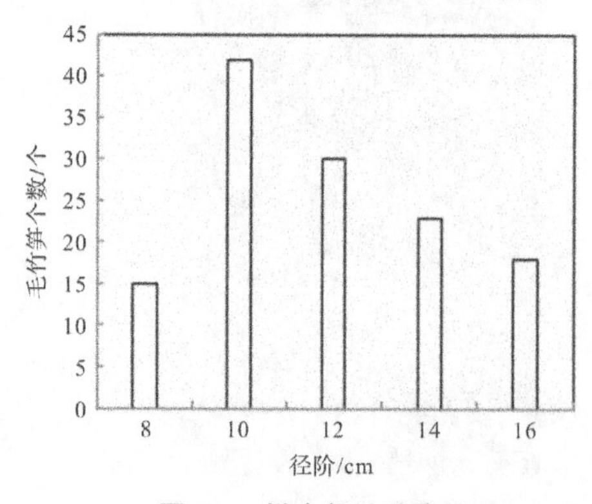

图 7-7　样本径阶分布

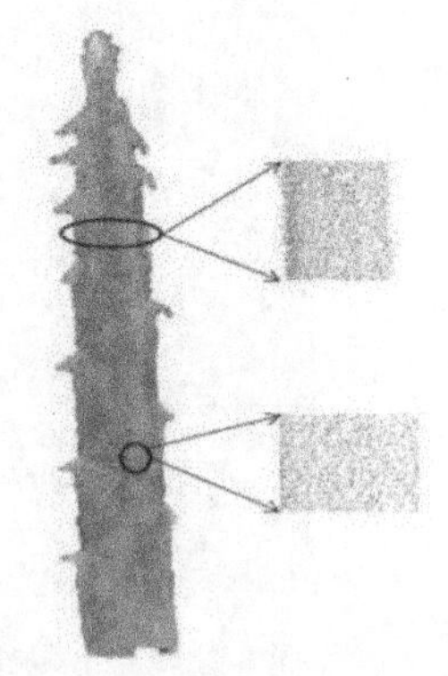

图 7-8　单株毛竹笋点云数据

7.3.3　构建毛竹笋三维模型

通过点云计算体积的软件有南方 CASS、美国 Raindrop 公司的 Geomagic Studio、徕卡 Cyclone、海达 HD_3LS_SCENE 等多款软件，谢宏全等分别采用四款软件计算土方量，通过结果比较，认为 Geomagic Studio 性能优良(谢宏全等，2018)。本书采用 Geomagic Studio，发现其建立的毛竹笋三维模型完整性好，精度高，能更好地判断模型的质量，便捷地获取毛竹笋几何参数，但建模操作过程比较繁琐。

毛竹笋抽枝展叶前结构相对简单，只要克服成竹的干扰，毛竹笋自身没有太多的枝叶，易于采集竹笋较完整的激光点云数据，为高精度三维模型打下了基础。试验中将单株竹笋的点云数据导入 Geomagic Studio，采用删除体外孤点、减少噪声和统一采样等功能过滤去除噪声点；选择“封装”模块生成曲面模型；选择“松弛”模块，通过目视判断，调节“平滑级别：4”、“强度：1”和“曲率优先：1”，优化毛竹笋曲面特征；选择多边形选项中基于曲率的“填充单个孔”功能，逐一修补封装后生成的曲面模型中的破损孔洞，得到优化后的毛竹笋三维模型，如图 7-9 所示。

(a) 建模的点云数据

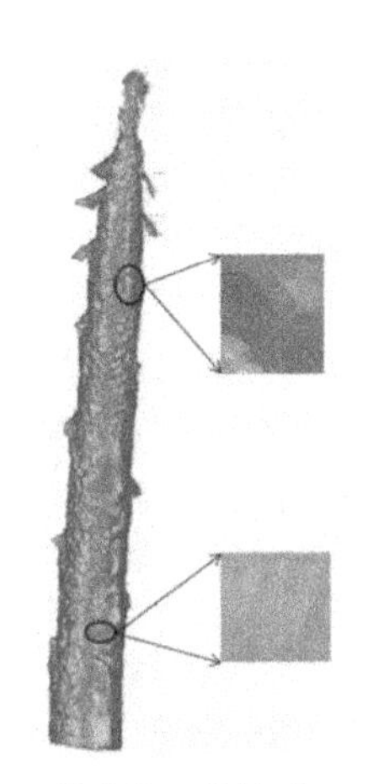

(b) 优化的三维模型

图 7-9　毛竹笋点云形态和三维模型

7.3.4　数学模型的评价方法

本章数学模型的评价方法主要采用常规公式，如式(7-1)～式(7-4)，分别为均方根误差(RMSE)、相对误差平均值 K、绝对误差 S 和确定系数 R^2。

$$\mathrm{RMSE}=\sqrt{\frac{\sum_{i=1}^{n}(y_i-\hat{y})^2}{n}} \tag{7-1}$$

$$K=\frac{|y_i-\hat{y}_i|}{y_i}\times 100\% \tag{7-2}$$

$$S=|y_i-\hat{y}_i| \tag{7-3}$$

$$R^2=1-\frac{\sum_{i=1}^{n}(y_i-\hat{y}_i)^2}{\sum_{i=1}^{n}(y_i-\bar{y})^2} \tag{7-4}$$

式中，y_i 为实测值；$\hat{y}_i$ 为预估值；$\bar{y}$ 为实测值的平均值；n 为样本数。

7.4 毛竹笋材积量测算方法研究

7.4.1 基于几何参数的毛竹笋材积量测算方法

1. 林木的材积量测算方法

林木蓄积量是指一定范围内活立木材积的总和，常用来评价森林生产能力和木材资源丰富度等，随着林业调查新技术的发展，林木蓄积量的测算方法发生了很多新变化。传统测算方法是利用胸径围尺和布鲁莱斯测高器分别获得树木的平均胸径和树高，根据一元材积表和二元材积表估算测区内的材积量。

参照《测树学(第三版)》(孟宪宇，2010)中的树干材积量测算方法，当树木横断面呈现不规则形状时，可以视作类似椭圆，量取长半轴直径 a 和短半轴直径 b，计算其平均值，作为树木横断面的直径计算树木横断面积，计算公式为：

$$g'=\frac{\pi}{4}\left(\frac{a+b}{2}\right)^2=0.7584\left(\frac{a+b}{2}\right)^2(\mathrm{cm}^2)=0.00007584\left(\frac{a+b}{2}\right)^2(\mathrm{m}^2) \tag{7-5}$$

式中，g'为横断面积；a、b 为相互垂直的直径，单位 cm。

树干是非规则几何体，而绝大部分接近抛物体，各国均采用中央断面积求积式或平均断面积求积式计算伐倒木体积(章平澜等，1988)。该方法原理是根据树干形状变化特征，将树干锯成若干等长的分段，分段数一般不少于 5 段，各段树干形状近似圆柱体，分别计算各圆柱体的体积(材积量)，累加各分段体积即为该树干材积量。显然，树干区分求积式(Simalian's Formula)的精度取决于几何参数的测量精度，取决于区分段的段数数量，理论上区分段个数越多，越接近真值。

传统方法往往需要选取大量的林木样本，测量其胸径、树高以及冠幅等参数，劳动强度大、作业周期长、生产费用高，并且估算精度较差。树高胸径参数法会产生较大的测量误差和经验模型误差，区分求积式法精度显著提高，但需要伐倒大量活立木，破坏了林木正常生长。

2. 毛竹笋材积量常规测量方法

毛竹笋是非规则几何体，可近似看作圆柱体和圆锥体两部分。参考林木材积量参数法和区分求积式法的测算方法，对野外活的毛竹笋，采用参数法，测量其胸径（地径）和笋高；对砍伐的毛竹笋样本，采用区分求积式法。

砍伐毛竹笋比树木要轻松很多，在试验室内，根据毛竹笋的实际长度，将竹笋分为笋秆和笋梢，在实验室内用卷尺测量笋秆高度，用锯子将每棵笋秆锯成等长2～7段，由于竹笋截面形态特征大致呈椭圆状，利用游标卡尺（分辨率为0.01mm）分别量取其上下截面的长轴和短轴直径，二者的平均值即为该截面的直径，笋稍视为圆锥体，用游标卡尺量取竹笋底截面积（g_0）、笋梢头底截面积（g_n）和各区分段之间的截面积（$g_1,g_2,\cdots,g_{n-1}$）等底截面的直径，用卷尺测量笋秆区分段长度 l 和笋梢长度 l'。采用平均断面区分求积式，其解算原理的公式（孟宪宇，2010）为：

$$
\begin{aligned}
V &= \frac{g_0+g_1}{2}l+\frac{g_1+g_2}{2}l+\cdots+\frac{g_{n-1}+g_n}{2}l+\frac{1}{3}g_nl' \\
&= \frac{1}{2}[g_0+g_n+2(g_1+g_2+\cdots+g_{n-1})]\cdot l+\frac{1}{3}g_nl' \\
&= \left[\frac{g_0+g_n}{2}+g_1+g_2+\cdots+g_{n-1}\right]\cdot l+\frac{1}{3}g_nl' \\
&= \left[\frac{1}{2}(g_0+g_n)+\sum_{i=1}^{n-1}g_i\right]\cdot l+\frac{1}{3}g_nl' \qquad (7\text{-}6)
\end{aligned}
$$

式中，V 为毛竹笋材积量；n 为区分段个数，$n=2\sim7$。

7.4.2 基于点云三维模型的毛竹笋材积量测算方法

随着地面三维激光扫描测量技术的发展，而且毛竹笋结构简单，可以快速获取样地内毛竹笋的表面点云数据，得到真实的毛竹笋三维模型，从而避免人工砍伐，减少森林生态的破坏，提高工作效率以及保护林木的正常生长等。

利用激光点云数据计算目标体积的常用方法主要有：①模型重建法是利用点云数据建立TIN，构建物理模型，然后计算体积，由于算法受点云密度和不规则三角网格数量影响，需要修补孔洞（张小青等，2011）；②凸包算法适用于凸体模型，先用凸包模型模拟不规则物体，再把模型切片累加，计算体积，对于非凸体模型精度较低（徐志等，2013）；③投影法是通过三角形剖分点云数据投影，构建投影点与对应点的五面体，计算并累加五面体的体积，该算法容易产生孔洞（王婷玉等，2016）；④切片法是沿某一坐标轴线按某步长对目标体切片，根据解析法计算切片上下表面的面积，累加各棱台体积得到总体积，体积计算精度受切片厚度步长的影响，但与解算效率成反比（张吉星等，2016）。

本书通过毛竹笋点云数据拟合成的曲面闭合体，即竹笋三维模型，可以采用凸包法计算其体积，还可以提取竹笋三维模型的基本几何参数，包括：高度、地径。由于竹笋生长过程中，笋壳在脱落过程中会膨胀鼓起，造成毛竹笋三维模型的形变，直接影响点云毛竹笋的体积和精度。因此，本书主要采用切片法与区分求积式法相结合，利用切片法将毛竹笋点云三维模型分成笋秆和笋梢，将笋秆截分成几段，分别量算毛竹笋各截面直径计算截面面积，结合各分段长度，根据平均断面区分求积式（7-6），解算其材积量，同时采用常规测量法实测值作为参考数据，评价毛竹笋三维模型切片—区分求积式的材积量精度。

7.4.3 基于回归方程的毛竹笋材积量测算方法

毛竹笋从出土到成竹大约 50～60 天，成竹后高度、胸径、地径及材积量均不再发生变化，借鉴林木材积量计算方法，构建毛竹笋材积量一元、二元回归方程，研究毛竹生长期内地径、高度与材积量的关系方程，并验证地径计算毛竹笋材积量的可行性和精度。

1. 毛竹笋一元材积回归方程

在林业普查中，一元材积量测算模型由于简单实用得到广泛应用，参照《测树学（第三版）》（孟宪宇，2010），林木材积计算选择经验度较高且实用的一元材积模型（伯克霍特）。

$$V=a_0 D^{a1} \tag{7-7}$$

式中，V 为材积；D 为地径；H 为竹笋高度；a_0、a_1 为常数。

伯克霍特的一元材积模型是只有一个因子为变量的回归方程。为了提高估算精度，适应不同区域同种林木、同区域不同树种的林木特点，需要在不同小区域范围内确定不同的方程系数，避免大区域范围内不同的立地条件造成同种林木材积估算误差。

由于毛竹笋出土后，毛竹笋高度在不断增加，地径不再变化，尝试将高度作为变量因子，构建毛竹笋一元材积量模型：

$$V=a_2 H^{a3} \tag{7-8}$$

式中，V 为材积；D 为地径；H 为毛竹笋高度；a_2、a_3 为常数。

2. 毛竹笋二元材积量回归模型

参照《测树学(第三版)》(孟宪宇,2010)林木二元材积量回归模型,选择胸径和树高作为自变量的二元材积量方程为:

$$V=a_0 D^{a_1} H^{a_2} \tag{7-9}$$

$$V=a_3 (D^2 H)^{a_4} \tag{7-10}$$

式中,V 为材积;D 为胸径/地径;H 为林木/毛竹笋高度;a_0、a_1、a_2、a_3、a_4 为常数。

考虑毛竹笋生长特点,本书选择毛竹笋地径和高度作为自变量,以体积为因变量构建毛竹笋二元材积量回归模型,如式(7-10),利用软件 SPSS 19.0 的非线性回归分析功能,解算回归方程的参数。

7.4.4 基于几何参数的毛竹笋材积量测算精度分析

1. 毛竹笋点云模型几何参数的提取精度

通过 Leica C5 扫描的激光点云,构建 35 棵毛竹笋三维模型,提取模型的毛竹笋地径和高度数据,样本带回实验室进行实测。将模型值与实测值进行比较分析,如图 7-10,得到毛竹笋地径和高度实测值与毛竹笋三维模型的测量值分布情况。由图 7-10 可知,三维模型的测量值精度非常高,与实测值非常接近,根据式(7-1)和式(7-2),毛竹笋地径均方根误差(RMSE)为±0.002m,相对误差平均值(K)为 2.0%;毛竹笋高度的均方根误差(RMSE)为±0.056m,相对误差平均值(K)为 1.8%。

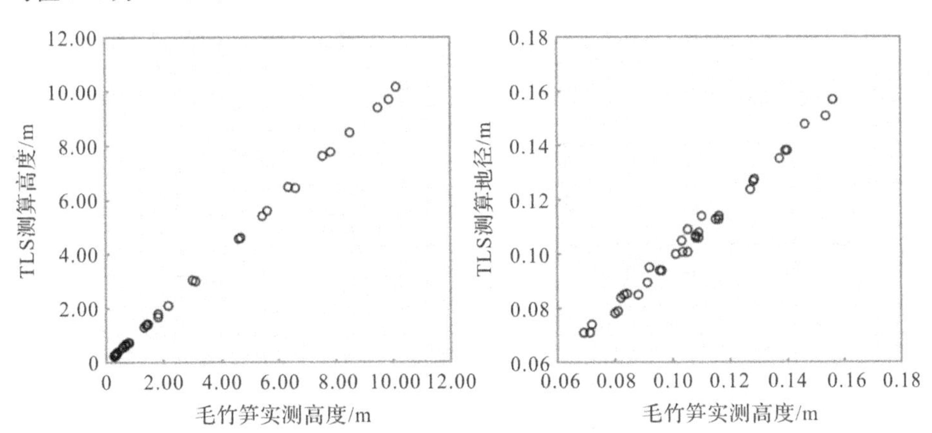

图 7-10 毛竹笋三维模型几何参数提取精度

2. 区分求积式法毛竹笋材积量测算精度分析

不同时期砍伐的毛竹笋样本的长度各不相同,以区分求积式计算毛竹笋材积量可以灵活确定区分段数，为了对比分析不同区分段长度的毛竹笋材积量测算精度，本试验测量时统一将毛竹笋样本分成7个区分段进行测算材积量，以实测毛竹笋材积作为参考值，根据式(7-1)和式(7-2)，计算相应区分段长度的材积量均方根误差(RMSE)和相对误差平均值(K)。

将不同时期的35棵毛竹笋样本7等份后，各区分段长度从0.03～1.50m不等，共14种长度，根据式(7-1)和式(7-2)计算材积量均方根误差(RMSE)和相对误差平均值(K)，结果如表7-1所示。由表7-1可知：①不同区分段长度的毛竹笋样本材积量的均方根误差(RMSE)的最小值为0.000037m^3、最大值为0.003103m^3；相对误差平均值(K)的最小值为2.31%、最大值为6.13%；②随着区分段长度从0.03m到1.5m逐渐增长，相应区分段的均方根误差(RMSE)和相对误差平均值(K)也逐渐增大，表明区分段长度与毛竹笋材积量误差是正相关；③区分段长度为0.08～0.70m时，材积量相对误差比较稳定，0.8～1.5m时，材积量相对误差超过5%，因此减小区分段长度，可以提高材积测量精度，但测算效率会降低；④林业调查相对误差精度要求低于5%，因此区分段长度控制在0.7m左右，兼顾精度和效率。

表7-1　不同区分段长度的毛竹笋材积量测算精度

区分段长度/m	均方根误差(RMSE)/m^3	相对误差平均值(K)/%
0.03	0.000032	2.68
0.04	0.000037	2.31
0.07	0.000123	3.54
0.08	0.000168	4.53
0.10	0.000256	3.84
0.20	0.000231	4.54
0.25	0.000593	4.67
0.30	0.000814	4.68
0.40	0.000556	4.73
0.70	0.001158	4.93
0.80	0.001219	5.04
1.00	0.001106	5.11
1.20	0.002066	5.13
1.50	0.003103	6.13

7.4.5　基于点云三维模型的毛竹笋材积量测算精度分析

通过毛竹笋点云三维模型测算其材积量，测算精度主要受三维模型的构建质量、材积量算法等影响，其中三维模型还受笋衣脱壳前后变化的影响，本试验采用平均断面区分求积式[见式(7-6)]计算的材积量作为参考值，采用均方根误差(RMSE)和相对误差平均值(K)来评价三维模型测算毛竹笋材积量的精度。

利用点云三维模型法和平均断面区分求积法分别计算得到毛竹笋样本材积量，在Excel中进行处理，得到：①两种方法测算的毛竹笋材积量的均方根误差(RMSE)为±0.001226m^3，相对误差平均值(K)为4.32%，小于5%；②绘制专题图，如图7-11所示，经拟合得到两种方法测算毛竹笋材积量的回归方程$y=1.0431x-0.0005$，其确定系数$R^2=0.9919$，回归系数为1.0431，截距为-0.0005，回归曲线的斜率与直线$y=x$比较吻合，说明两组数据非常接近。

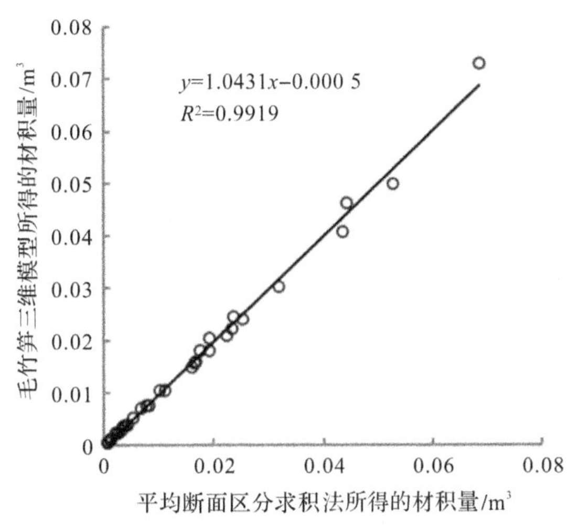

图7-11 三维模型测算毛竹笋材积量的精度分析

经分析表明，基于点云三维模型法测算毛竹笋材积量的精度较高，平均精度可达95.68%，该方法具有可行性；同时采用毛竹笋三维模型"切片—区分"求积式的材积量测算方法，可有效避免毛竹笋退壳变形对毛竹笋材积量的影响。

7.4.6 基于回归方程的毛竹笋材积量测算精度分析

1.毛竹笋一元材积回归方程参数解算

刘华军等(2014)发现毛竹笋在出土后第13天左右其地径停止生长。杨春菊等(2016)发现在第13天时，粗放经营模式的毛竹笋高度均值为16.91cm，集约经营模式的毛竹笋高度均值为17.59cm。而毛竹完成高度和胸径生长仅需40～60天(Wang et al.，2016)，可见毛竹笋在初期生长缓慢，等地径停止生长后，高度却生长迅速。本书利用Leica C5三维激光扫描仪采集113根毛竹笋点云数据，采用Geomagic Studio构建毛竹笋样本的三维模型，量测样本的地径、高度和材积量，借鉴林木一元材积回归模型，以地径和高度分别作为自变量，来拟合毛竹笋材积量一元回归方程。

(1)根据毛竹笋地径和对应的材积量数据,利用 SPSS 软件结合地径一元材积回归方程模型 $V=a_1D^{a_2}$ 进行迭代,最后 5 次的迭代结果如表 7-2 所示,提取回归方程的回归参数,得到地径一元材积回归方程为 $V=1.257D^{2.077}$,其确定系数 $R^2=0.184$。由于确定系数 $R^2=0.184$,表明该拟合方程的自变量地径对应变量毛竹笋材积的拟合程度很低,因此毛竹笋地径不能拟合毛竹笋材积量。

表 7-2　毛竹笋一元材积回归方程迭代参数

一元回归方程	样本编号	RMSE	参数			
			a_1	a_2	a_3	a_4
$V=a_1D^{a_2}$	1	0.20	1.255	2.077		
	2	0.20	1.255	2.077		
	3	0.20	1.257	2.077		
	4	0.20	1.257	2.077		
	5	0.20	1.257	2.077		
$V=a_3H^{a_4}$	1	0.009			0.007	0.819
	2	0.009			0.007	0.819
	3	0.009			0.007	0.819
	4	0.009			0.007	0.817
	5	0.009			0.007	0.817

(2)同样方法,根据毛竹笋高度和对应的材积量数据,结合高度一元材积回归方程 $V=a_3H^{a_4}$ 进行迭代,最后 5 次的迭代数据如表 7-2 所示,提取回归方程的回归参数,得到高度一元材积回归方程 $V=0.007H^{0.817}$,其确定系数 $R^2=0.651$。由于确定系数 R^2 是 0.651,表明毛竹笋高度测算毛竹笋材积量明显优于地径一元材积回归方程($R^2=0.184$),但由于毛竹笋早期地径的变化以及不同毛竹笋地径和它的高度没有必然关系,导致高度一元材积数学模型也存在较大的误差。

2. 毛竹笋一元材积回归方程精度评价

(1)地径一元材积回归方程。将 128 棵毛竹笋样本中剩下的 15 棵毛竹笋作为回归方程的检验样本,根据上文中构建的地径一元材积回归方程 $V=1.257D^{2.077}$,将检验样本的地径数据代入,拟合得到相应样本的毛竹笋材积量数据,以毛竹笋三维模型计算的材积量作为参考数据,根据式(7-1)~式(7-3),计算结果如表 7-3 所示。

表 7-3　地径一元材积回归方程的误差

一元回归方程	样本号	地径/m	参考材积/m^3	拟合材积/m^3	绝对误差/m^3	相对误差/%
$V=1.257D^{2.077}$	1	0.104	0.002753	0.011307	0.008554	310.73
	2	0.084	0.003205	0.007329	0.004124	128.68
	3	0.113	0.007548	0.013570	0.006022	79.78
	4	0.159	0.019905	0.027583	0.007678	38.57
	5	0.138	0.018204	0.020552	0.002348	12.90
	6	0.144	0.017077	0.022452	0.005375	31.47
	7	0.110	0.014872	0.012832	0.002040	13.71
	8	0.104	0.012676	0.011307	0.001369	10.80
	9	0.125	0.022872	0.016596	0.006276	27.44
	10	0.105	0.022276	0.011651	0.010625	47.70
	11	0.154	0.042855	0.025638	0.017217	40.18
	12	0.090	0.022903	0.008361	0.014542	63.49
	13	0.135	0.049856	0.019635	0.030221	60.62
	14	0.085	0.017993	0.007512	0.010481	58.25
	15	0.142	0.075097	0.021809	0.053288	70.96

由表 7-3 可知:①检验样本的相对误差最大值为 310.73%、最小值为 10.80%,说明地径一元材积回归方程拟合的材积量差异幅度非常大,很不稳定;②地径一元材积方程的均方根误差($RMSE$)为±0.017793m^3,相对误差平均值(K)为 66.35%,进一步验证了前面的判断,毛竹笋地径与毛竹笋材积量的相关性较低,以地径为自变量的毛竹笋一元材积回归方程无法较精确地估测毛竹笋材积。

(2)高度一元材积回归方程。将 15 棵毛竹笋检验样本的高度数据代入上文中构建的高度一元材积回归方程 $V=0.007H^{0.817}$,拟合得到相对应的样本材积量数据,以毛竹笋三维模型计算的材积量作为参考数据,根据式(7-1)~式(7-3)计算数据如表 7-4 所示。

由表 7-4 可知:①检验样本相对误差的最大值为 123.31%、最小值为 1.78%,比地径一元材积回归方程的拟合效果提高了很多,但相对误差接近或超过 30%的仍然占 60%,可见拟合效果还很不够理想;②高度一元材积回归方程的均方根误差($RMSE$)为±0.011490m^3、相对误差平均值(K)为 41.33%,同样验证了①的结论,高度一元材积回归方程的精度有所提高,但依然不够高,存在较大误差,不能作为区域性毛竹笋材积量测算的数学模型。

表 7-4　高度一元材积回归方程的误差

一元回归方程	样本号	高度/m	参考材积/m^3	拟合材积/m^3	绝对误差/m^3	相对误差/%
$V=0.007H^{0.817}$	1	0.605	0.002753	0.004643	0.001890	68.65
	2	0.888	0.003205	0.006353	0.003148	98.21
	3	1.370	0.007548	0.009053	0.001505	19.94
	4	1.859	0.019905	0.011617	0.008288	41.64
	5	2.116	0.018204	0.012914	0.005290	29.06
	6	2.402	0.017077	0.014323	0.002754	16.13
	7	3.041	0.014872	0.017367	0.002495	16.78
	8	3.395	0.012676	0.019002	0.006326	49.90
	9	4.167	0.022872	0.022464	0.000408	1.78
	10	4.583	0.022276	0.024280	0.002004	9.00
	11	5.559	0.042855	0.028429	0.014426	33.66
	12	6.927	0.022903	0.034027	0.011124	48.57
	13	7.784	0.049856	0.037429	0.012427	24.93
	14	8.490	0.017993	0.040181	0.022188	123.31
	15	10.089	0.075097	0.046264	0.028833	38.39

3. 毛竹笋二元材积回归方程参数解算

由于毛竹笋一元材积回归方程的精度都很不理想，尝试利用毛竹笋地径和高度为自变量，对应的毛竹笋三维模型材积量为因变量，参照林木二元材积量回归模型，构建毛竹笋二元材积模型，方程形式有两种：$V=a_0D^{a_1}H^{a2}$ 和 $V=a_3(D^2H)^{a4}$。与求解一元材积回归方程相同，通过采集 113 株毛竹笋三维模型的地径和高度数据，利用 SPSS 19.0 软件的非线性函数计算(最小二乘法拟合)功能，经过 N 次拟合计算得到最优二元材积方程系数，最后五次迭代数据如表 7-5 所示。

(1)二元材积回归方程 $V=a_0D^{a_1}H^{a2}$ 拟合的参数分别为：$a_0=0.392$，$a_1=1.897$，$a_2=0.811$，即最优二元材积回归方程为 $V=0.392D^{1.897}H^{0.811}$，其确定系数 $R^2=0.895$，可见比一元材积回归方程拟合效果提升了很多；

(2)二元材积回归方程 $V=a_3(D^2H)^{a4}$ 拟合的参数分别为：$a_3=0.242$，$a_4=0.843$，即最优二元材积回归方程为 $V=0.242(D^2H)^{0.843}$，其确定系数 $R^2=0.891$，可见该方程与 $V=0.392D^{1.897}H^{0.811}$ 的拟合效果比较接近，同样明显优于一元材积回归方程。

(3)两个二元材积方程的确定系数都接近 0.90，而林业调查标准是不低于 90%，可见两个回归方程有良好的拟合效果，其中二元材积回归方程 $V=0.392D^{1.897}H^{0.811}$ 的拟合效果略优。

表 7-5　毛竹笋二元材积回归方程迭代参数

回归公司	数据	误差	参数				
			a_0	a_1	a_2	a_3	a_4
$V=a_0D^{a_1}H^{a_2}$	1	0.003	0.382	1.898	0.811		
	2	0.003	0.392	1.897	0.811		
	3	0.003	0.392	1.897	0.811		
	4	0.003	0.392	1.897	0.811		
	5	0.003	0.392	1.897	0.811		
$V=a_3(D^2H)^{a_4}$	1	0.003				0.242	0.842
	2	0.003				0.242	0.842
	3	0.003				0.242	0.843
	4	0.003				0.242	0.843
	5	0.003				0.242	0.843

4. 毛竹笋二元材积回归方程精度评价

将 15 棵毛竹笋检验样本的地径和高度数据代入上述两个毛竹笋二元材积回归方程 $V=0.392D^{1.897}H^{0.811}$ 和 $V=0.242(D^2H)^{0.843}$，拟合得到相对应的样本材积量数据，以毛竹笋三维模型计算的材积量作为参考数据，根据式(7-1)～式(7-3)，如表 7-6 所示。

(1)毛竹笋二元材积回归方程 $V=0.392D^{1.897}H^{0.811}$ 相对误差的最大值为 21.18%、最小值为 0.51%，平均相对误差为 10.42%；二元材积回归方程 $V=0.242(D^2H)^{0.843}$ 相对误差的最大值为 27.87%、最小值为 0.56%，平均相对误差为 10.85%；可见第 1 个方程的误差都小于第 2 个方程。

(2)毛竹笋二元材积回归方程 $V=0.392D^{1.897}H^{0.811}$ 的均方根误差(RMSE)为±0.003761m^3；二元材积回归方程 $V=0.242(D^2H)^{0.843}$ 的均方根误差(RMSE)为±0.003705m^3，结合表 7-6 中数据，虽然第 2 个方程比第 1 个方程均方根误差要小，是因为数据较为集中，但误差值普遍偏大。

(3)综合比较两个二元材积回归方程，认为二元材积回归方程 $V=0.392D^{1.897}H^{0.811}$ 是毛竹笋材积量的最优二元回归方程，精度可达 89.58%。

表 7-6　二元材积回归方程的误差

二元回归方程	样本号	地径/m	高度/m	参考材积/m^3	拟合材积/m^3	绝对误差/m^3	相对误差/%
$V=0.392D^{1.897}H^{0.811}$	1	0.104	0.605	0.002753	0.003529	0.000776	28.18
	2	0.084	0.888	0.003205	0.003242	0.000037	1.15
	3	0.113	1.370	0.007548	0.008088	0.000540	7.16
	4	0.159	1.859	0.019905	0.019803	0.000102	0.51
	5	0.138	2.116	0.018204	0.016812	0.001392	7.64
	6	0.144	2.402	0.017077	0.020200	0.003123	18.29
	7	0.110	3.041	0.014872	0.014674	0.000198	1.33
	8	0.104	3.395	0.012676	0.014294	0.001618	12.76
	9	0.125	4.167	0.022872	0.023961	0.001089	4.76
	10	0.105	4.583	0.022276	0.018736	0.003540	15.89
	11	0.154	5.559	0.042855	0.045032	0.002177	5.08
	12	0.090	6.927	0.022903	0.019345	0.003558	15.53
	13	0.135	7.784	0.049856	0.046376	0.003480	6.98
	14	0.085	8.490	0.017993	0.020689	0.002696	14.98
	15	0.142	10.089	0.075097	0.062994	0.012103	16.12
$V=0.242(D^2H)^{0.843}$	1	0.104	0.605	0.002753	0.003460	0.000707	25.67
	2	0.084	0.888	0.003205	0.003363	0.000158	4.91
	3	0.113	1.370	0.007548	0.007990	0.000442	5.86
	4	0.159	1.859	0.019905	0.018381	0.001524	7.66
	5	0.138	2.116	0.018204	0.016146	0.002058	11.31
	6	0.144	2.402	0.017077	0.019304	0.002227	13.04
	7	0.110	3.041	0.014872	0.014955	0.000083	0.56
	8	0.104	3.395	0.012676	0.014808	0.002132	16.82
	9	0.125	4.167	0.022872	0.024032	0.001160	5.07
	10	0.105	4.583	0.022276	0.019538	0.002738	12.29
	11	0.154	5.559	0.042855	0.043614	0.000759	1.77
	12	0.090	6.927	0.022903	0.021143	0.001760	7.68
	13	0.135	7.784	0.049856	0.046649	0.003207	6.43
	14	0.085	8.490	0.017993	0.023008	0.005015	27.87
	15	0.142	10.089	0.075097	0.063215	0.011882	15.82

7.5　毛竹笋材积量与地上生物量转换模型

7.5.1　新鲜毛竹笋地上生物量计算方法

试验中，新鲜的毛竹笋样本砍伐后，及时称重，得到的是毛竹笋的鲜重(即含水的重量),而毛竹笋的 AGB 是指毛竹笋地上部分的干重(即不含水的重量),因此需要将样本烘干处理,得到样本的干重,即可计算毛竹笋的区域性含水率。

本试验每间隔 8 天,每次砍伐 4~7 棵毛竹笋,试验期间共砍伐 35 棵毛竹笋样本。样本处理过程是:①将样本带回实验室,为避免水分的蒸发,要及时称量其鲜重 M_f;②在干燥通风处晾晒样本,直至毛竹笋严重脱水而呈现干燥状态;③在 DHG-9039A 干燥箱中恒温 85℃,烘干至恒重,每间隔 1 小时,称量其重量,连续三次其重量变化差值≤0.5g,即视为恒重;④称量样本干重,计算毛竹笋的含水率 P_w,如式(7-11)所示;⑤求取样品的平均含水率,作为区域性毛竹笋含水率参数,从而根据毛竹笋的鲜质量换算成干质量(即生物量),如式(7-12)所示。

$$P_w=\frac{M_f-M_d}{M_f}\times 100\% \tag{7-11}$$

$$W=M_{tf}\times P_{\mathrm{w}} \tag{7-12}$$

式中,P_{w} 为毛竹笋样本含水率;M_f 为毛竹笋样本鲜重;M_d 为毛竹笋样本干重;M_{tf} 为毛竹笋总鲜重;W 为毛竹笋 AGB。

试验注意事项:新鲜的毛竹笋不可以直接进入烘箱中进行烘干处理,由于新鲜的毛竹笋水分含量过大,烘烤过程中短时间内会产生大量水汽,烘箱的排气系统存在时间延迟和固定的排气量,短时间内无法完全排出水汽,会导致大量高温水汽遇到烘箱内温度较低的内壁和玻璃门后,冷凝成水珠,潮湿的毛竹笋在高温高湿的环境中,毛竹笋内部微生物会快速繁殖,引起毛竹笋内部营养物质迅速腐败以致腐烂,会导致试验失败。

7.5.2 毛竹笋鲜重与其生物量的关系模型

施拥军等研究表明,毛竹笋会在较短时间内完成粗度和高度生长,接下来是材质的纤维化程度变化,其碳储量变化较小(施拥军等,2013)。周国模等(2004)发现一年生毛竹在前 6 个月内完成了全年固碳量的 88.8%以上,一年生以上的毛竹新增固碳量不足 10%。可见,毛竹的固碳量在竹笋成长期和成竹的初期是爆发增长期,因此在笋竹林期间,毛竹笋 AGB 是毛竹林生物量的重要组成部分。

试验中,测定 35 棵毛竹笋样本的鲜重和干重,根据式(7-11)计算其含水率,将样本的鲜重、干重和含水率三者绘制成图,如图 7-12 所示。由图 7-12 可知:①毛竹笋鲜重≤5kg 左右时,生物量占比很小,含水率在 89%左右;②毛竹笋鲜重在 5～10kg，含水率呈上升趋势，最大值达到 91%左右；③毛竹笋鲜重在 10～17.5kg 时，毛竹笋含水率波动较大，应是每个鲜重的含水率只有一个样本，但总体呈下降趋势；④毛竹笋鲜重增至 22.5～30kg 左右，AGB 占比增加明显，含水率逐步下降至 83%左右；⑤毛竹笋生长期间，前期鲜重和生物量都在增加，水吸收得更多，鲜重达到 12.5kg 后，鲜重和生物量增长迅速。

通过 35 棵毛竹笋样本鲜重和干重（生物量），利用 SPSS19.0 软件进行拟合，得到数学模型：

$$W = 0.1044 W_f^{1.1055} \tag{7-13}$$

式中，W 为干重；W_f 为鲜重。

其确定系数 $R^2 = 0.9814$，可见毛竹笋鲜重在 $0\text{kg} \leqslant W_f \leqslant 30\text{kg}$ 范围时，鲜重与干重的相关性强，拟合情况优良。

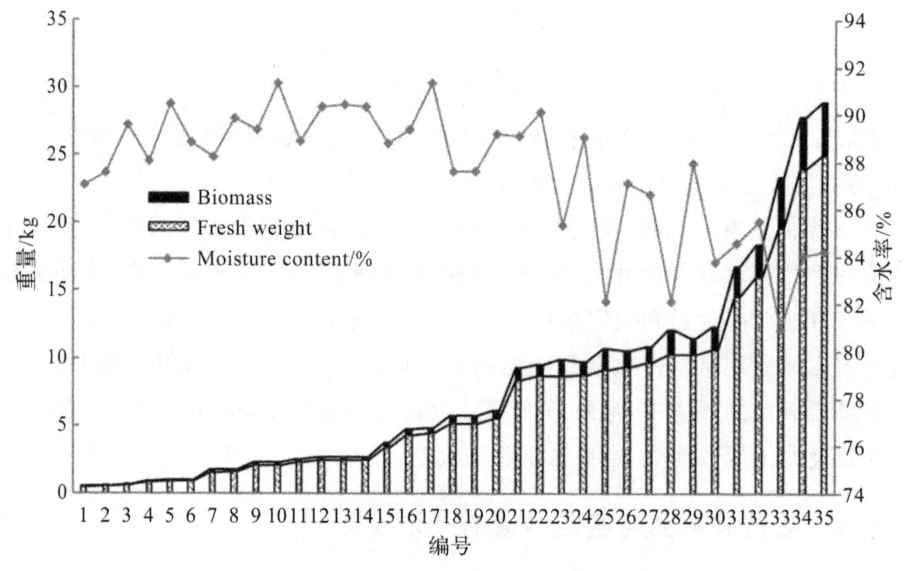

图 7-12　毛竹笋鲜重和生物量关系

7.5.3　毛竹笋材积量与其生物量的关系模型

1. 毛竹笋材积量与 AGB 数学模型的构建

经本书 7.4.5 节和 7.5.1 节得到毛竹笋样本的材积量 V 和生物量 W，参照木材生物量与其材积量的关系，拟定 3 个数学关系模型为 $W_1 = aV_1$、$W_2 = a + bV_2$ 和 $W_3 = cV_3{}^d$。由 SPSS19.0 进行拟合计算，得到 3 个关系模型的参数值和确定系数（R^2），如表 7-7 所示。

由表 7-7 可知，毛竹笋材积量 V 与其生物量 W 转换的 3 个转换关系模型分别为：$W_1=69.104V_1$、$W_2=69.438-0.0091V_2$、$W_3=55.058{V_3}^{0.9549}$，相关系数 R^2 分别为 0.90、0.90、0.98。3 个转换关系模型的相关系数都在 0.90 以上，表明拟合效果优良，其中关系模型 $W_3=55.058{V_3}^{0.9549}$ 的相关系数 R^2 为 0.98，相关性最大，拟合效果最优。

表 7-7　材积量与生物量关系模型参数

模型	a	b	c	d	R^2
$W_1=aV_1$	69.104				0.90
$W_2=a+bV_2$	−0.0091	69.438			0.90
$W_3=c{V_3}^d$			55.058	0.9549	0.98

2. 毛竹笋材积量与 AGB 关系模型的精度评价

为了评价 3 个毛竹笋材积量与 AGB 转换关系模型的精度，选取 5 棵毛竹笋样本作为检验样本，根据本书 7.4.5 节和 7.5.1 节得到毛竹笋样本的材积量 V 和生物量 W，将材积量 V 分别代入 3 个关系模型，得到实测 AGB(Measured AGB)和函数计算 AGB(Functional AGB)，如表 7-8 所示。采用式(7-2)和式(7-3)计算两者的绝对误差(S)和相对误差(K)，分析判断 3 个关系模型的优劣。

表 7-8　毛竹笋材积量与 AGB 转换关系模型的误差

模型	样本编号	材积量/m^3	实测生物量/kg	模型生物量/kg	绝对误差/kg	相对误差/%
$W_1=69.104V_1$	1	0.007102	0.381	0.491	0.110	28.74
	2	0.007548	0.456	0.522	0.066	14.46
	3	0.016068	0.913	1.110	0.198	21.66
	4	0.030389	2.333	2.100	0.233	9.98
	5	0.072932	3.950	5.040	1.090	27.60
$W_2=69.438-0.0091V_2$	1	0.007102	0.381	0.484	0.103	26.98
	2	0.007548	0.456	0.515	0.059	13.02
	3	0.016068	0.913	1.107	0.194	21.25
	4	0.030389	2.333	2.101	0.232	9.93
	5	0.072932	3.950	5.055	1.105	27.99
$W_3=55.058{V_3}^{0.9549}$	1	0.007102	0.381	0.489	0.108	28.22
	2	0.007548	0.456	0.518	0.062	13.68
	3	0.016068	0.913	1.066	0.153	16.78
	4	0.030389	2.333	1.959	0.374	16.03
	5	0.072932	3.950	4.519	0.569	14.41

由表7-8可知:(1)$W_1=69.104V_1$的绝对误差(S)最大值为1.090kg、最小值为0.066kg;$W_2=69.438-0.0091V_2$的绝对误差(S)最大值为1.105kg、最小值为0.059kg;$W_3=55.058V_3^{0.9549}$的绝对误差(S)最大值为0.569kg、最小值为0.062kg,可见$W_3=55.058V_3^{0.9549}$不仅绝对误差小,且均方根误差也小;(2)3个关系模型的平均相对误差分别为79.51%、80.17%和82.18%,与确定系数R^2分别为0.90、0.90和0.98分布相同,同样$W_3=55.058V_3^{0.9549}$的精度最高,平均相对误差为82.18%,是毛竹笋材积量与AGB转换关系的最优数学模型。

7.6 本章小结

毛竹笋生长期是竹林碳储量增长爆发期,一年之中竹笋和成竹混杂的笋竹林要共生数月之久,研究毛竹笋的生长过程、材积量的计算以及AGB转换关系模型对调查毛竹笋竹林AGB有着重要的意义。毛竹笋生长特性和材积量计算方法已有不少研究成果,主要利用传统的几何测量手段,随着毛竹笋生长到一定高度时存在一定的局限性,地面激光雷达技术具有精度高、扫描范围大等技术优势。本章通过试验,利用Leica C5三维激光扫描仪连续毛竹笋的生长过程,构建其三维模型,并砍伐样本在实验室测量其几何参数、鲜重和干重,探讨毛竹笋材积量测算方法和构建毛竹笋材积量与AGB转换关系数学模型。

7.6.1 研究结论

利用Leica C5三维激光扫描仪及相关软件采集和处理毛竹笋生长过程点云数据,结合实验室常规手段,研究毛竹笋点云模型测算毛竹笋几何尺寸的精度,研究在参考林木材积量计算的基础上探讨毛竹笋材积量的计算方法和精度,研究毛竹笋含水率变化特点以及材积量与其生物量转换关系模型和精度,为测算笋竹林AGB提供技术和方法,研究成果如下:

(1)利用Leica C5三维激光扫描仪中等分辨率的点云数据构建的毛竹笋三维模型精度良好,便捷提取毛竹笋的地径和高度且精度高,经试验:毛竹笋地径均方根误差(*RMSE*)为±0.002m,相对误差平均值(*K*)为2.0%;毛竹笋高度的均方根误差(*RMSE*)为±0.056m,相对误差平均值(*K*)为1.8%。且测算体积的精度高。不同区分段长度对材积量测算的精度影响不同,区分段越长误差越大,当长度约等于0.7m时可以取得较好的材积量精度。

(2)介绍了三类毛竹笋材积量计算方法,分别是基于几何参数的平均断面区分求积式法、基于毛竹笋三维模型切片—区分求积式法和基于回归方程的毛竹笋材积量测算方法，通过试验样本验证，研究结果表明：

第一类方法中，不同区分段长度的毛竹笋样本材积量的均方根误差($RMSE$)的最小值为 $0.000037m^3$、最大值为 $0.003103m^3$，相对误差平均值(K)的最小值为 2.31%、最大值为 6.13%，区分段长度控制在 0.7m 左右，能满足林业调查相对误差精度要求(≤5%)，可兼顾精度和效率；

第二类方法中，三维模型毛竹笋材积量的均方根误差(RMSE)为 $\pm 0.001226m^3$，相对误差平均值(K)为 4.32%，经拟合得到测算毛竹笋材积量的回归方程 $y=1.0431x-0.0005$，其确定系数 $R^2=0.9919$，精度较高，平均精度可达 95.68%，该方法具有可行性，毛竹笋退壳变形对毛竹笋材积量的影响在精度允许范围之内；

第三类方法中，构建了毛竹笋一元材积回归方程和二元材积回归方程。地径一元材积回归方程 $V=1.257D^{2.077}$ 的相对误差平均值(K)为 66.35% 和高度一元材积回归方程 $V=0.007H^{0.817}$ 的相对误差平均值(K)为 41.33%，两者存在较大误差，不能作为区域性毛竹笋材积量测算的数学模型。而构建 2 个毛竹笋二元材积回归方程模型 $V=0.392D^{1.897}H^{0.811}$ 和 $V=0.242(D^2H)^{0.843}$ 的均方根误差($RMSE$)分别为 $\pm 0.003761m^3$、$\pm 0.003705m^3$，精度明显优于一元材积回归方程，其中二元材积回归方程 $V=0.242(D^2H)^{0.843}$ 是毛竹笋材积量测算的最优二元回归方程，精度可达 89.44%。

因此，毛竹笋材积量测算可采用方法，一是利用点云三维模型，通过切片，区分段长度 0.7m 左右，采用不同区分求积式法，该方法工作量大，精度高；二是通过三维模型量取地径和高度，采用二元材积回归方程 $V=0.242(D^2H)^{0.843}$，操作方便，精度较高。

(3)介绍新鲜毛竹笋地上生物量计算方法；通过试验分析了毛竹笋样本的鲜重、干重和含水率三者之间的关系；拟合了毛竹笋鲜重与干重的相关性数学模型 $W=0.1044W_f^{1.1055}$；拟合了毛竹笋材积量 V 和生物量 W 转换的 3 个转换关系模型分别为：$W_1=69.104V_1$、$W_2=69.438-0.0091V_2$、$W_3=55.058V_3^{0.9549}$，相对误差平均值分别为 78.88%、78.92%、84.24% 和确定系数 R^2 分别为 0.90、0.90、0.98，其中 $W_3=55.058V_3^{0.9549}$ 的精度最高，是毛竹笋材积量与 AGB 转换关系的最优数学模型。

7.6.2 讨　论

(1)本章毛竹笋样本具有区域性特点，所以毛竹笋的二元材积回归方程、含水率、材积量与生物量转换关系的最优模型等数学模型都带有区域性特征，因为不同地理位置的地理环境存在着较大的差异,不适合采用普适性数学模型,因此,在其他区域采用这些数学模型时,应重新求解方程参数,以保证较好的精度。

(2)本试验中,样本毛竹笋点云数据获取时,采用多站点扫描,由于竹林内地表泥土松软,标靶转动时容易造成移动或下陷误差,影响多站点云数据在拼接时不够严密;扫描时笋竹混杂,存在相互遮挡情况,导致毛竹笋表面点云分布不全面,会产生点云空洞;竹笋三维模型较大面积孔洞修补时,会影响三维模型的真实形状,产生材积误差。

(3)构建毛竹笋材积数学模型时有128棵样本,样本量较为充足,但在测试毛竹笋含水率和构建毛竹笋材积量与AGB转换关系数学模型时,由于试验过程的复杂性,只有35棵样本,会影响数学模型的严密性。

参考文献

[1]Charles R Q, Su H, Kaichun M, et al. PointNet: Deep learning on point sets for 3D classification and segmentation[C]//Computer Vision and Pattern Recognition(CVPR), IEEE Conference on. IEEE, 2017:77-85.

[2]Li Y, Zhou G, Jiang P, et al. Carbon accumulation and carbon forms in tissues during the growth of young bamboo (Phyllostachys pubescens)[J]. The Botanical Review, 2011,77(3):278-286.

[3]Qi C, Su H, Niebner M, et al. Volumetric and multi-view CNNs for object classification on 3D data[C]//Proceedings of the IEEE conference on computer vision and pattern recognition, 2016:5648-5656.

[4]Qi C, Yi L, Su H, et al. PointNet++: Deep hierarchical feather learning on point sets in a metric space[C]//Advances in Neural Information Processing Systems, 2017:5099-5108.

[5]Sedaghat N, Zolfaghari M, Amiri E, et al. Orientation-boosted voxel nets for 3D object recognition[C]// British Machine Vision Conference, 2017.

[6]Su H, Jampani V, Sun D, et al. SPLATNet: sparse lattice networks for point cloud processing [C]//Computer Vision and Pattern Recognition (CVPR), IEEE Conference on. IEEE, 2018:2530-2539.

[7]Wang Y, Bai S, Dan Binkley, et al. The independence of clonal shoot's growth from light availability supports Moso bamboo invasion of closed-canopy forest[J]. Forest Ecology and Management, 2016,368:105-110.

[8]Yen T. Culm height development, biomass accumulation and carbon stor-

age in an initial growth stage for a fast-growing Moso bamboo (Phyllostachy pubescens)[J]. Botanical Studies, 2016,57(1):1-9.
[9]陈建华,何正安,汤放文.毛竹地下部分和地上部分生长发育规律[J].湖南林业科技,1999,26(4):24-28.
[10]江泽慧.世界竹藤[M].沈阳:辽宁科学技术出版社,2002.
[11]李翀,周国模,施拥军,等.毛竹林老竹水平和经营措施对新竹发育质量的影响[J].生态学报,2016,36(8):2243-2254.
[12]刘华军,郭春兰,黄敏.毛竹出笋及增粗生长规律研究[J].江西林业科技,2014,42(1):30-31.
[13]孟宪宇.测树学(第3版)[M].北京:中国林业出版社,2010.
[14]牟春燕.宜兴市毛竹观测与生长模型研建[D].北京:北京林业大学,2016.
[15]施拥军,刘恩斌,周国模,等.基于随机过程的毛竹笋期生长模型构建及应用[J].林业科学,2013,49(9):89-93.
[16]王婷玉,罗周全,黄俊杰,等.采空区三角形投影体积算法及其应用[J].中国地质灾害与防治学报,2016,(2):127-131.
[17]王希义,徐海量,潘存德,等.胡杨单株蓄积量与生物量关系模型研究[J].干旱区资源与环境,2016,30(5):175-179.
[18]王仲锋,冯仲科.森林蓄积量与生物量转换的CVD模型研究[J].北华大学学报(自然科学版),2006,7(3):265-268.
[19]谢宏全,陈艳红,曹朔,等.利用激光点云数据的多方法求取体积的对比试验[J].测绘通报,2018,(11):99-102.
[20]徐志,许宏丽.一种基于凸包近似的快速体积计算方法[J].计算机工程与应用,2013,49(21):177-179.
[21]杨春菊,陈永刚,汤孟平,等.不同管理模式下毛竹幼竹的生长规律[J].植物学报,2016,51(6):774-781.
[22]张吉星,程效军,程小龙.三维激光扫描技术在船舶排水量计量中的应用[J].中国激光,2016,43(12):156-162.
[23]张小青,朱光,侯妙乐,等.基于四面体的不规则表面文物体积计算[J].测绘通报,2011,(10):50-52.
[24]章平澜.树干材积误差的性质及其变化范围与近似求积式及干形之间的关系[J].林业科学,1988,24(1):84-88.
[25]郑进烜,董文渊,陈冲,等.海子坪天然毛竹种群生长规律研究[J].竹子研究汇刊,2008,27(2):32-37.
[26]周国模,姜培坤.毛竹林的碳密度和碳贮量及其空间分布[J].林业科学,2004,40(6):20-24.

第8章　单株及样地尺度毛竹林地上生物量测算

8.1 引　言

竹林在全球气候变化中的作用在国际社会上产生了广泛影响，竹林碳储量的贡献需要开展碳汇监测(周国模等，2010)，在大尺度区域开展竹林生物量调查，航空遥感的优势非传统方法可比拟，任何技术都有其短板，航空遥感影像不适合样地尺度的竹林生物量调查，地面样地调查仍以人工和常规技术为主，费时费力精度低，因此在样地尺度上，毛竹林生物量的调查和测算需要精确的、数字化的和高度自动化的技术和方法。LiDAR 是一种非接触式高速激光测距技术(程效军等，2014)，其中可以覆盖较大范围的 ALS 常被用于区域尺度森林植被监测，但 ALS 的点云密度相对较低，不适合精准监测单株树木而常被用于分析森林参数区域统计值的变化，而 TLS 具有较高的点云密度，常被用于单株树木的研究，可将其应用于森林资源调查与树木结构参数提取等方面(步国超等，2016；冯仲科等，2007；谢鸿宇等，2015)，为毛竹林样地调查提供了可能。

利用新型测绘技术地面 LiDAR 点云数据提供毛竹林多维信息、构建三维模型、提取毛竹空间结构的参数，从而用于样地或单株 AGB 模型构建和测算，以取代人工地面调查工作，为大尺度的毛竹林碳汇监测提供单株或样地的毛竹 AGB 数据。本章在第 2 章单株三维模型构建和四参数量测、第 3 章基于激光回波强度判别毛竹竹龄的模型构建、第 7 章毛竹笋材积量与 AGB 转换模型构建的基础上，构建单株毛竹和毛竹林样地 AGB 数学模型，实现地面 LiDAR 应用于毛竹 AGB 的测量新方法，并首次提出了笋竹林瞬时 AGB 模型和精准测量了毛竹冠层生物量。

8.2　试验概况

8.2.1　试验样地

试验区域是浙江临安平山试验基地，试验区域概况如本书 2.2.1 节所述。

8.2.2　试验仪器设备

试验仪器为 Leica C5 地面三维激光扫描仪，软件为 Leica 配套软件 Cyclone 软件，以及电子秤和烤箱等，有关仪器和软件的性能指标和特点详见本书 2.2.2 节所述。

8.2.3　试验样本选取

在试验样地采用人工随机抽样的方式，选取 25 株以上竹秆，覆盖每个年份，逐个单竹进行人工调查。

8.2.4　样本点云扫描

将模式设置为高分辨率，按本书 3.2.3 节布设测站，进行多站扫描，获取毛竹样本的点云数据。

为了减小野外阳光、风力等因素影响，野外点云数据扫描结束后，将毛竹样本进行砍伐，并分段截断，带回实验室，固定在室内后，再次扫描，图 8-1 为室内点云图像。

图 8-1　毛竹冠层与其室内点云图像

8.2.5　数据统计分析方法

利用 Excel 2013 软件，计算单株毛竹冠层和竹秆生物量模型因子的算术平均值和绝对误差，计算公式分别为：

$$\bar{x}=\frac{x_1+x_2+\cdots+x_n}{n} \tag{8-1}$$

$$\sigma=\frac{|x_1-x_2|}{x_2} \tag{8-2}$$

利用 Matlab2010 拟合毛竹胸径(DBH)、毛竹高度和竹秆生物量的函数表达式,拟合点云面密度和毛竹枝叶生物量的数学模型,检验单株毛竹 AGB 模型的精度。

8.3 单株毛竹竹秆地上生物量的测算

8.3.1 毛竹竹秆的点云数据处理

1. 基于点云数据的毛竹胸径测量

利用 Cyclone 软件中 Slice 工具,切片毛竹竹秆的点云数据,测量竹秆任意圆柱体部位的直径。步骤是:用测距工具,量取胸径高度(1.3m),用 Slice 工具切片,测距工具量取截面的相互垂直两方向上的线段长度值,如图 8-2 所示,求取平均值作为毛竹样本的胸径 DBH,若要提高精度,可以沿着不同方向,进行多次测量,根据式(8.1)求取算术平均值。

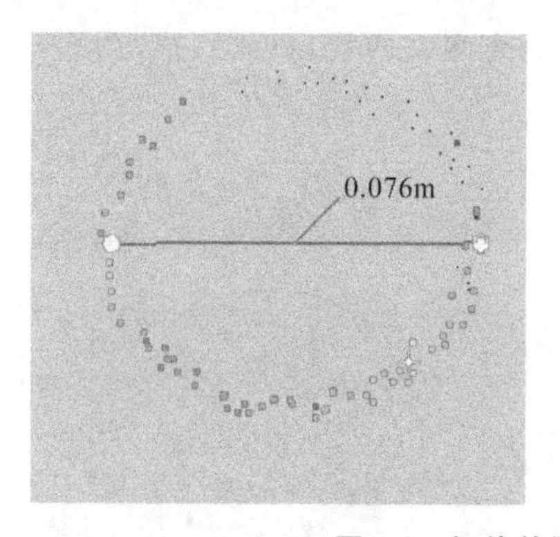

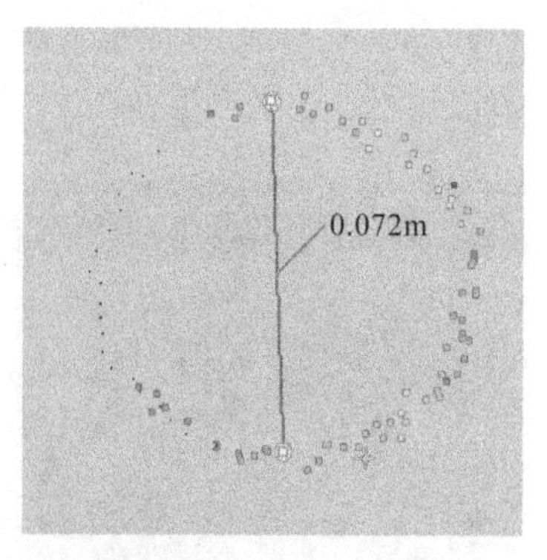

图 8-2　切片并量取毛竹胸径

选择不同竹龄的毛竹样本,分别通过点云数据和传统围尺的方式测量其胸径,对比分析数据,列举 5 棵样本数据,如表 8-1 所示。

表 8-1　毛竹 DBH 测量精度分析　(单位:mm)

竹龄	胸径		互差	相对误差/%
	点云模型值	钢卷尺测量值		
1 年生	95.2	93.0	2.2	2.36
	71.2	74.0	−2.8	3.78
	83.0	81.0	2.0	2.47
	75.3	76.0	−0.7	0.92
	86.1	86.0	0.1	0.12

（续表）

竹龄	胸径		互差	相对误差/%
	点云模型值	钢卷尺测量值		
2 年生	85.2	83.0	2.2	2.65
	102.0	100.0	2.0	2.00
	77.3	80.0	−2.7	3.38
	82.4	83.0	−0.6	0.72
	91.0	89.0	2.0	2.25
3 年生	84.0	86.0	−2.0	2.32
	83.1	85.0	−1.9	2.23
	99.0	102.0	−3.0	2.94
	78.3	82.0	−3.7	4.51
	92.1	93.0	−0.9	0.97
4 年生	75.2	74.0	1.2	1.62
	82.0	85.0	−3.0	3.53
	70.0	73.0	−3.0	4.11
	76.1	73.0	3.1	4.24
	95.1	95.0	0.1	0.11

根据表 8-1，利用点云的方法测量毛竹胸径与传统围尺方法测量的结果十分接近，绝对误差最大值不超过 0.5cm，大多是 0.2cm 左右，小于 0.3cm 的达到 75%，可见基于点云数据测量毛竹胸径的方法是可靠的。

2. 基于点云数据的毛竹高度测量

徕卡 Cyclone 软件有“寻找最高点”功能，同样，打开野外采集的点云数据，利用该功能点击毛竹样本的最高点，得到毛竹样本到根部的净高，如图 8-3 所示，由于对毛竹冠层最高点判断不准确，根据精度需求，可以进行多次测量，根据式(6-1)求取算术平均值。

图 8-3　毛竹竹高测量

选择不同竹龄的毛竹样本 25 棵以上，分别通过点云数据和传统钢尺（非测高仪或目估）的方式测量其胸径，并比较其精度，其中 5 棵的数据如表 8-2 所示。

表 8-2　毛竹样本高度测量值及其误差　　(单位:m)

竹龄	竹高		互差/mm	相对误差/%
	点云模型值	钢尺测量值		
1 年生	11.281	11.103	178	1.60
	10.542	10.603	−61	0.58
	10.082	10.231	−149	1.46
	11.230	11.400	−170	1.49
	10.241	10.121	120	1.18
2 年生	10.623	10.862	−239	2.20
	11.985	11.723	262	2.23
	9.751	9.655	96	0.99
	11.560	11.802	−242	2.05
	9.232	9.503	−270	2.84
3 年生	10.451	10.231	220	2.15
	10.213	10.014	199	1.99
	11.651	11.641	10	0.08
	9.490	9.520	−30	0.32
	12.213	12.350	−137	1.11
4 年生	10.955	11.032	−77	0.70
	10.021	10.131	−110	1.08
	9.452	9.652	−200	2.07
	9.795	9.854	−59	0.60
	11.651	11.704	−53	0.45

如表 8-2 所示,基于点云数据的毛竹竹高测量方法与传统钢尺方法测量方法的数据差值有正有负,两者互差都在 0.27m 以内,并且两者相近程度较高,这比光学的测高仪或目估的方法精度已经高出很多,可见,点云数据测量毛竹竹高的方法是可靠且精度很高的。

3. 基于点云数据的毛竹竹龄测量

具体测量原理和方法参见本书第 3 章,不论是以“年”还是“度”作为竹龄,通过点云数据中的点云回波强度值,判别竹龄的准确率都可达 93%左右,本书以年为主。

因此,通过毛竹的点云数据,可以便捷和高精度地获取毛竹竹秆的三要素:胸径、竹高和竹龄。

8.3.2　单株毛竹竹秆地上生物量的测算

1. 毛竹竹秆 AGB 模型

毛竹 AGB 是包含竹秆和冠层两部分生物量。周国模等提出的单株毛竹二元生物量计算模型为：

$$M=747.787D^{2.771}\left(\frac{0.418A}{0.028+A}\right)^{5.555}+3.772$$

其中，M 为单株毛竹 AGB(kg)；D 为胸径(cm)；A 为竹龄(度)。

该模型是将单株毛竹看成一个整体，模型中只有胸径和竹龄二参数。可见该毛竹 AGB 模型构建时，考虑了易于测定的胸径和与 AGB 有紧密关系的竹龄，考虑了模型的变量因子要强相关，但由于毛竹 AGB 与胸径、竹高和竹龄三因子都关系密切，其次相同的胸径和竹龄，冠层差异性也很大，因此只用单个或两个变量因子，是欠科学的。

本章是将单株毛竹分成竹秆和冠层两部分，其中毛竹竹秆生物量模型是参考和借鉴上述单株毛竹二元生物量计算模型，并通过观察研究，发现毛竹胸径和竹高没有必然关系，因此本章以胸径和竹高为变量，构建幂函数形式的竹秆生物量模型：

$$W=c\times D^{a}\times H^{b} \tag{8-3}$$

式中，D 表示胸径；H 表示竹高。

根据前文阐述可知，毛竹单株生物量与竹龄之间的相关性非常密切，该模型需要进一步改进，应加入毛竹竹龄的因子，因此，为了模型的精准性，减少变量的干扰，本章针对不同的竹龄分别建立不同的毛竹竹秆生物量模型。

2. 毛竹竹秆生物量参考值的测定

为了实测样本毛竹竹秆的生物量，需要将其称重和烘干，测算其含水率。新鲜毛竹砍伐回来后，防止水分的丢失，及时将毛秆锯成适当长度的圆筒或剖开成竹条(通常采用竹条)，用梅特勒—托利多 MS-TS 精密天平 MS6002TS 分次称量竹条的鲜重。本试验采用抽样的方式测量毛竹的含水率，具体做法是：①以竹秆高度中点处为中心，向两端将竹秆锯成 1m 长的竹段；②在竹段的竹身四周的 4 个方向上各取 2cm×2cm 的样品 4 个；③用电子台秤测定样品的鲜重(湿重)并记录；④将样品放入 DHG-9039A 烘箱中，设置温度为 105℃，持续 30min，该过程叫杀青，再设置温度为 80℃，一直烘干到重量不再发生变化，即恒重；⑤取出烘干的竹秆，冷却到室内温度，用洁净的玻璃容器或干燥皿；⑥称量竹秆的干质量(生物量);⑦根据式(8-4)计算样本含水率。

式(8-4)为试验区域毛竹竹秆含水率的计算公式。检测每棵样品毛竹竹秆的含水率,取其平均值作为该样竹的竹秆含水率。

$$P_{gan}=\frac{(M_{gf}-M_{gd})}{M_{gf}}\times 100\% \tag{8-4}$$

式中,P_{gan}为竹秆含水率;M_{gf}为竹秆样品鲜重;M_{gd}为竹秆样品干重。

得到每棵毛竹的含水率,即可按式(8-5)计算单株毛竹竹秆的生物量。

$$W_{gan}=M_{gf}\times(1-P_{gan}) \tag{8-5}$$

式中,W_{gan}为毛竹竹秆生物量;M_{gf}为毛竹竹秆的鲜重;P_{gan}为毛竹竹秆含水率。

8.3.3 毛竹竹秆地上生物量模型构建

本书将毛竹竹龄、胸径和竹高作为毛竹竹秆AGB模型的三因子,选用竹秆生物量模型为$W=c\times D^a\times H^b$,其中胸径和竹高直接作为数学模型的因子,竹龄是通过对不同年份的毛竹样本分别构建AGB模型,体现在模型系数里。

本试验采用平山基地1—4年竹龄的毛竹作为样本,利用SPSS软件分别构建不同年份的竹秆地上生物量模型。每个年份样本各25株,根据实测AGB和模型参数按竹龄进行拟合,对残差平方和和各参数的迭代阈值分别设置,利用SPSS软件进行拟合迭代,最后5次迭代的模型参数如表8-3至表8-6所示(蔡越,2018)。

表8-3 竹龄为1年的竹秆生物量模型参数

最后5次迭代	残差平方和	参数		
		c	b	a
1	1.151	1.0E+3	1.509	2.240
2	1.132	1.0E+3	1.528	2.258
3	1.125	1.0E+3	1.565	2.265
4	1.109	1.0E+3	1.579	2.276
5	1.100	1.0E+3	1.596	2.287

表8-4 竹龄为2年的竹秆生物量模型参数

最后5次迭代	残差平方和	参数		
		c	b	a
1	0.211	2.811	−1.317	1.942
2	0.211	2.816	−1.319	1.943
3	0.211	2.828	−1.329	1.948
4	0.211	2.832	−1.333	1.951
5	0.211	2.836	−1.339	1.953

表 8-5　竹龄为 3 年的竹秆生物量模型参数

最后 5 次迭代	残差平方和	参数		
		c	b	a
1	0.683	0.029	2.998	−0.593
2	0.680	0.028	3.079	−0.615
3	0.673	0.025	3.185	−0.729
4	0.671	0.023	3.208	−0.736
5	0.666	0.021	3.223	−0.745

表 8-6　竹龄为 4 年的竹秆生物量模型参数

最后 5 次迭代	残差平方和	参数		
		c	b	a
1	0.136	0.343	0.318	1.191
2	0.136	0.335	0.339	1.167
3	0.136	0.332	0.342	1.156
4	0.136	0.328	0.355	1.140
5	0.136	0.322	0.369	1.131

经过迭代得到毛竹竹秆生物量模型的参数(a,b,c)以及各模型的相关系数 R^2,因此得到各年份的毛竹竹秆生物量模型分别为:

$$W_1=0.001\times D^{2.287}\times H^{1.596}, R^2=0.923 \tag{8-6}$$

$$W_2=2.836\times D^{1.953}\times H^{-1.339}, R^2=0.940 \tag{8-7}$$

$$W_3=0.021\times D^{-0.745}\times H^{3.223}, R^2=0.912 \tag{8-8}$$

$$W_4=0.322\times D^{1.131}\times H^{0.369}, R^2=0.933 \tag{8-9}$$

式中,$W_i(i=1,2,3,4)$为不同年份的竹秆生物量;D 为竹秆胸径;H 为竹高。

最小相关系数为 0.912,可见拟合效果良好。

8.3.4　毛竹竹秆生物量模型精度评价

为了检验模型的精度,选用每个年份毛竹样本各 5 株,利用点云数据获得模型的竹龄、胸径和竹高三参数,代入式(8-6)~式(8-9)毛竹竹秆生物量模型分别计算,按上述方式测算竹秆干质量(生物量),如表 8-7。

根据表 8-7,毛竹竹秆生物量的模型计算值与实测值的互差最大值为 0.74kg、最小值为 0.05kg,相对误差最大值 9.47%、小于 5%的超过 50%、最小值为 0.62%,平均互差值为−0.093kg,相对误差平均值为 2.14%;竹龄为 1 年和 2 年的比竹龄为 3 年和 4 年的相对误差要大,呈递减趋势,应是前者的含水率远高于后者,随着竹龄的增加,毛竹竹秆纤维化在提高,模型测算的精度在提高;

总体上，不同竹龄竹秆生物量模型精度良好，比传统的砍伐、烘干和称重的方式要便捷，且不破坏毛竹的生长。

表 8-7　毛竹竹秆生物量模型的精度

竹龄	生物量/kg		差值/kg	相对误差/%
	模拟值	测量值		
1	8.25410	8.30561	−0.05151	0.62
	7.23510	7.50141	−0.26631	3.55
	8.12010	8.81121	−0.69111	7.84
	7.98512	8.36121	−0.37609	4.50
	9.12510	9.75201	−0.62691	6.43
均值		8.54629	0.4024	4.71
2	7.82514	7.98201	−0.15687	1.96
	8.56211	7.82131	0.74080	9.47
	9.30010	9.58651	−0.28641	2.99
	7.44115	7.26510	0.17605	2.42
	8.22511	7.81201	0.4131	5.29
均值		8.09339	0.1773	2.19
3	9.86210	10.12301	−0.26091	2.58
	9.12013	8.86521	0.25492	2.88
	6.98213	7.12501	−0.14288	2.01
	8.63210	9.11301	−0.48091	5.28
	9.34112	9.02311	0.31801	3.52
均值		8.84991	−0.0624	0.70
4	10.12511	9.58414	0.54100	5.64
	9.23511	9.98201	−0.74690	7.48
	6.52114	6.03213	0.48903	8.11
	8.54111	9.00032	−0.45920	5.10
	8.65213	8.89853	−0.24638	2.77
均值		8.699426	−0.08450	0.97

8.4　单株毛竹冠层生物量的测算

8.4.1　毛竹冠层点云数据面密度计算

毛竹冠层的体密度测算需要抽样，相对比较繁琐，本试验利用 Cyclone 软件的“面积计算”功能，在 Cyclone 软件中导入毛竹冠层点云数据，旋转毛竹枝叶点云数据的视角，从空中俯视点云，如图 8-4 所示，勾绘出毛竹冠层枝叶的投影范围线，即可计算毛竹冠层点云投影后的面积，计算毛竹枝叶点云的面密度。将毛竹冠层的点云数据以.pts格式导出，并统计毛竹冠层枝叶的点云数量，则可计算毛竹冠层的点云面密度：

$$\rho_z=\frac{N_z}{S_z} \tag{8-10}$$

式中，ρ_z 为冠层枝叶点云面密度；N_z 为冠层枝叶点云数量；S_z 为冠层枝叶投影面积。

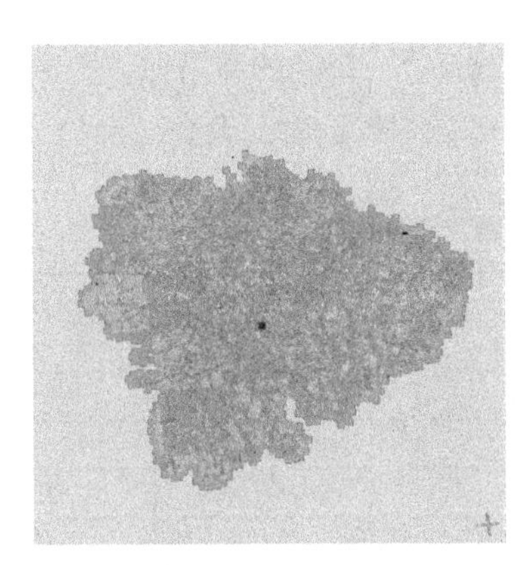

图 8-4　毛竹冠层枝条轮廓的正射投影

8.4.2　毛竹冠层枝叶生物量测定

为了实测样本毛竹枝叶的生物量，需要将其称重和烘干，测算其含水率。新鲜毛竹砍伐回来后，防止水分的丢失，及时砍下所有竹枝，用尼龙绳捆扎，注意避免竹叶掉落，掉落物一起捆扎；用梅特勒—托利多 MS-TS 精密天平 MS6002TS 分次称量枝叶的鲜重并记录；随机抽选长短不一的枝叶作为样品，将样品放入 DHG-9039A 烘箱中，如同 8.3.2 测量毛竹竹秆含水率同样的方式测算毛竹枝叶的含水率，得到毛竹枝叶生物量（蔡越，2018）。

检测每棵样品毛竹枝叶的含水率，取其平均值作为该区域毛竹枝叶的含水率。毛竹枝叶含水率计算公式为：

$$P_{zhi}=\frac{(M_{zf}-M_{zd})}{M_{zf}}\times 100\% \tag{8-11}$$

式中，P_{zhi} 为毛竹枝叶含水率；M_{zf} 为毛竹枝叶鲜重；M_{zd} 为毛竹枝叶干重。

通过毛竹枝叶样本的含水率，可计算单株毛竹冠层的生物量为：

$$W_{zhi}=M_{zf}\times(1-P_{zhi}) \tag{8-12}$$

式中，W_{zhi} 为毛竹枝叶生物量；M_{zf} 为毛竹枝叶的鲜重；P_{zhi} 为毛竹枝叶含水率。

8.4.3 毛竹冠层生物量模型构建

为了模型的简易化，本试验将毛竹冠层点云面密度和竹龄作为毛竹冠层生物量模型的变量，拟构建的毛竹冠层生物量模型为一元二次函数：$W_{zhi}=a\rho_g^2+b\rho_g+c$，其中竹龄是通过对不同年份的毛竹冠层样本分别构建毛竹冠层生物量模型，体现在模型系数里。同样利用平山基地1～4年竹龄的毛竹作为样本，利用SPSS软件分别构建不同年份的竹秆地上生物量模型。每个年份样本各25株，根据实测生物量和模型参数按竹龄进行拟合。拟合的结果如表8-8所示，其中拟合系数R^2最小值为0.9310，可见模型拟合情况良好(蔡越，2018)。

表8-8 毛竹冠层生物量模型的参数

参数和R^2	1^{st}年	2^{nd}年	3^{rd}年	4^{th}年
a	−3E−9	−3E−9	−2E−9	−3E−9
b	3E−4	3E−4	2E−4	−2E−4
c	−54176E−4	−56747E−4	−40329E−4	51434E−4
R^2	0.99	0.97	0.93	0.98

因此，毛竹冠层枝条分年份的生物量模型分别为：

$$W_1=-3\times10^{-9}\rho_g^2+0.0003\rho_g-5.4176, R^2=0.99 \tag{8-13}$$

$$W_2=-3\times10^{-9}\rho_g^2+0.0003\rho_g-5.6747, R^2=0.97 \tag{8-14}$$

$$W_3=-2\times10^{-9}\rho_g^2+0.0002\rho_g-4.0329, R^2=0.93 \tag{8-15}$$

$$W_4=-3\times10^{-9}\rho_g^2+0.0002\rho_g+5.1434, R^2=0.98 \tag{8-16}$$

式中，$W_i(i=1,2,3,4)$为不同年份的冠层枝叶生物量；ρ_g为冠层枝叶点云面密度。

8.4.4 毛竹冠层生物量模型精度评价

为了检验模型的精度，选用不同年份毛竹样本各5株，利用点云数据获得样本冠层的点云面密度，代入式(8-13)～式(8-16)毛竹冠层枝叶生物量模型分别计算，同时采用实测方式得到毛竹冠层枝叶生物量，计算结果如图8-5所示，毛竹冠层枝叶生物量的模型值和实测值的互差最大值为0.25kg、最小值为0.0034kg，平均互差的最大值为0.11kg、最小值为0.01kg，平均互差是0.05kg，可见模型值和实测值，尤其是均值比较接近。

将样本的模型值和实测值互差和相对误差绘制成表，如表8-9可知，相对误差最大值为8.32%、最小值为0.13%；平均相对误差最大值6.204%、最小值为

2.172%；总体上相对误差随着竹龄的增加而呈递减趋势。模型精度较高，模型参数较为简单，单株毛竹冠层存在点云分割的问题。

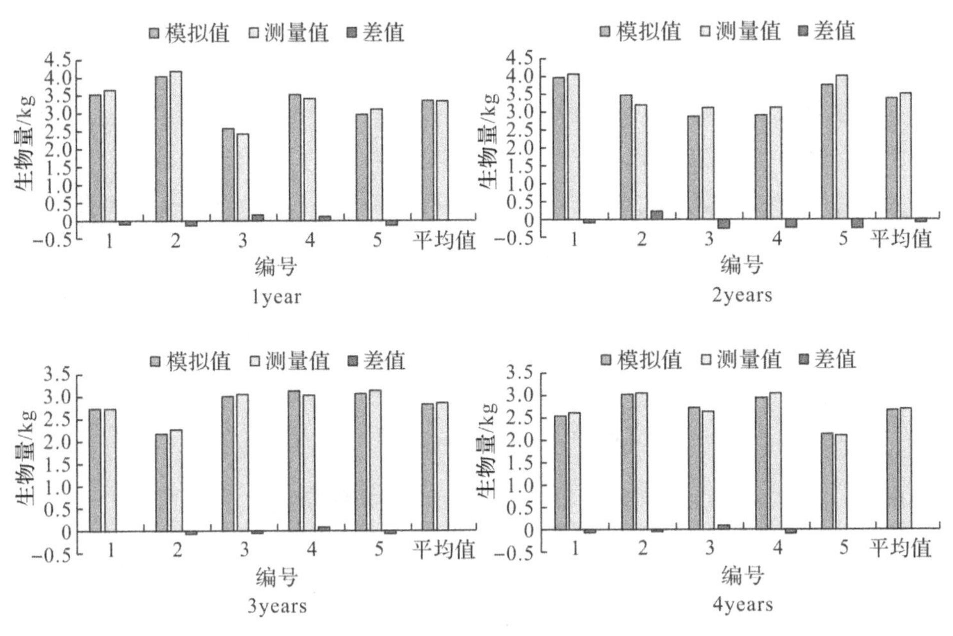

图 8-5　毛竹冠层枝叶生物量模型精度

表 8-9　毛竹冠层枝叶生物量模型误差分析

生物量	竹龄/年			
	1	2	3	4
差值/kg	−0.1087	−0.0175	−0.0034	−0.0782
	−0.1369	−0.0807	−0.0840	−0.0317
	0.1714	0.2487	−0.0613	0.0798
	0.1196	−0.2600	0.0743	−0.0979
	−0.1327	−0.2097	−0.0819	0.0100
均值/kg	−0.01746	−0.06384	−0.0126	−0.0236
相对误差/%	2.99	1.98	0.13	3.01
	3.29	7.75	3.76	1.05
	7.15	8.32	2.03	3.06
	3.52	6.70	2.48	3.25
	4.28	6.27	2.64	0.49
均值/%	4.246	6.204	2.208	2.172

8.5 单株毛竹地上生物量模型

本书将单株毛竹 AGB 分解为两个部分，即毛竹竹秆生物量和毛竹冠层枝叶生物量分别独立测算。利用 TLS 获得单株毛竹点云数据，通过点云回波强度模型计算竹龄，按年的计龄方式如式(3-16)和按度的计龄方式如式(3-18)，本书主要是采用按年表示竹龄；通过 Cyclone 软件中的 Fence、Slice、寻找最高点等功能，获得毛竹竹秆的截面积、竹高、冠层和竹枝的点云体密度等，计算单株毛竹冠层的材积量，根据竹秆和冠层密度可计算其质量，再根据含水率计算单株毛竹 AGB；由于点云体密度是抽样测算的，过程相对要繁琐，毛竹冠层枝叶生物量可以采用面密度进行拟合不同竹龄的冠层枝叶生物量模型，结合毛竹竹秆生物量模型，得到单株毛竹 AGB 模型。

8.5.1 根据材积量构建单株毛竹地上生物量模型

1. 竹龄

由式(3-15)可知，按年表示竹龄的数学模型为：

$$y_1 = -0.0001x^2 - 0.008x + 0.2026$$

$$y_2 = -0.0006x^2 + 0.0061x + 0.187$$

$$y_3 = -0.0003x^2 + 0.0019x + 0.2056$$

$$y_4 = -0.0001x^2 - 0.002x + 0.2153$$

式中，y_1、y_2、y_3 和 y_4 为 4 个竹龄的竹秆拟合回波强度值；x 为竹秆第几节节数。

由上式进行判别，根据最小值原则确定毛竹样本的竹龄。

2. 单株毛竹冠层枝叶生物量模型

单株毛竹冠层枝条的材积量为：

$$V_t = 57020.774\rho_t - 339.879 \tag{8-17}$$

式中，V_t 为冠层枝条的总体积；ρ_t 为冠层枝条的点云体密度。

由本书 8.4.2 节可知，毛竹冠层枝叶的密度可由体积和鲜重按式(8-18)计算。

$$\rho_z = \frac{M_{tf}}{V_t} \tag{8-18}$$

式中，ρ_z 为鲜竹枝叶的密度；M_{tf} 为鲜竹枝叶的质量；V_t 为毛竹冠层枝叶体积。

因此，单株毛竹冠层枝叶生物量模型为：

$$W_{zhi} = V_t \times \rho_z \times (1 - P_{zhi}) \tag{8-19}$$

式中，W_{zhi} 单株冠层枝叶生物量；V_t 为毛竹冠层枝叶体积；ρ_z 为鲜竹枝叶的密度；P_{zhi} 为鲜竹枝叶的含水率。

3. 单株毛竹竹秆生物量模型

可以分段测算毛竹竹秆的体积：

$$V = \sum_{i=1}^{n} \pi \left(\frac{r_i + r_{i+1}}{2} \right)^2 h_i + \frac{1}{3} \pi r^2 h \tag{8-20}$$

式中，V 为冠层内部竹秆材积量；r_i 第 i 个截面半径；h_i 为第 i 段竹秆长度；r 为最后 1 个切片半径；h 为最后 1 段竹秆长度；i 为截面个数。

由本书 8.3.2 节可知，不同竹龄的毛竹竹秆的密度可由体积和鲜重计算：

$$\rho_{gan}^{i} = \frac{M_{gf}^{i}}{V^{i}} \tag{8-21}$$

式中，ρ_{gan}^{i} 为第 i 年鲜竹竹秆的密度；M_{gf}^{i} 为第 i 年鲜竹竹秆的质量；V^{i} 为第 i 年毛竹竹秆体积。

因此，不同竹龄的单株毛竹竹秆生物量模型为：

$$W_{gan}^{i} = V^{i} \times \rho_{gan}^{i} \times (1 - P_{gan}^{i}) \tag{8-22}$$

式中，W_{gan}^{i} 为第 i 年新竹竹秆的密度；M_{gf}^{i} 为第 i 年新竹竹秆的质量；V^{i} 为第 i 年新竹竹秆的体积。

4. 单株毛竹 AGB 模型

在样地中，根据不同竹龄或不同株号的毛竹样本得到式(8-20)和式(8-22)中各参数的试验值，则得到相应竹龄的毛竹 AGB 模型：

$$W^{i} = W_{gan}^{i} + W_{zhi} = V^{i} \times \rho_{gan}^{i} \times (1 - P_{gan}^{i}) + V_t \times \rho_z \times (1 - P_{zhi}) \tag{8-23}$$

式中，W^{i} 为竹龄为第 i 年或第 i 株的单株毛竹 AGB，其中 i 为竹龄或株号；W_{gan}^{i} 为第 i 年或第 i 株的单株竹秆生物量；W_{zhi} 单株冠层枝叶生物量。

如果根据不同竹龄构建 AGB 模型，则需根据式(3-15)判别竹龄，按不同年份构建模型。如果是按毛竹编号构建起生物量模型，则不需要判别竹龄，而是按不同株数构建模型。最后，可根据样地所有单株毛竹样本的 AGB 求取均值。

8.5.2　根据几何参数按竹龄构建单株毛竹地上生物量模型

1. 单株毛竹竹秆生物量模型

由式(3-15)判别样地中毛竹竹龄，选择不同竹龄的毛竹样本，根据本书

8.3.1 节，分别测定不同竹龄的单株毛竹胸径、竹高，再由本书 8.3.2 节，测算不同竹龄的毛竹竹秆含水率，得到相应的生物量，从而按竹龄构建其生物量模型，如式(8-6)～式(8-9)。

2. 单株毛竹冠层枝叶生物量模型

由本书 8.4.1 节测量不同竹龄的毛竹冠层枝叶的点云面密度，由本书 8.4.2 节测算不同的毛竹冠层枝叶的含水率，得到相应的生物量，从而按竹龄构建其生物量模型，如式(8-13)～式(8-16)。

3. 不同竹龄的单株毛竹 AGB 模型

结合不同竹龄的单株毛竹竹秆和冠层枝叶生物量模型，进行组合，得到了不同竹龄的单株毛竹 AGB 模型：

$$\left.\begin{aligned}
W_1 &= W_{\mathrm{gan}}^1 + W_{\mathrm{zhi}}^1 = 0.001 \times D^{2.287} \times H^{1.596} - 3 \times 10^{-9} \rho_{\mathrm{g}}^2 + 3 \times 10^{-4} \rho_{\mathrm{g}} - 5.4176 \\
W_2 &= W_{\mathrm{gan}}^2 + W_{\mathrm{zhi}}^2 = 2.836 \times D^{1.953} \times H^{1.339} - 3 \times 10^{-9} \rho_{\mathrm{g}}^2 + 3 \times 10^{-4} \rho_{\mathrm{g}} - 5.6747 \\
W_3 &= W_{\mathrm{gan}}^3 + W_{\mathrm{zhi}}^3 = 0.021 \times D^{-0.745} \times H^{3.223} - 2 \times 10^{-9} \rho_{\mathrm{g}}^2 + 2 \times 10^{-4} \rho_{\mathrm{g}} - 4.0329 \\
W_4 &= W_{\mathrm{gan}}^4 + W_{\mathrm{zhi}}^4 = 0.322 \times D^{1.131} \times H^{0.369} - 3 \times 10^{-9} \rho_{\mathrm{g}}^2 - 2 \times 10^{-4} \rho_{\mathrm{g}} + 5.1434
\end{aligned}\right\} \quad (8\text{-}24)$$

式中，W_i 为第 i 竹龄的 AGB；W_{gan}^i 第 i 竹龄的竹秆生物量；W_{zhi}^i 第 i 竹龄的冠层枝叶生物量；i 为竹龄，$i=(1,2,3,\cdots,n)$。

竹龄的分布可以根据调查样地的实际情况，进行构建不同竹龄的生物量模型，或者按度的分布进行构建，是同样的道理。

8.6 毛竹样地地上生物量模型

在毛竹林资源调查或生物量调查中，是以样地为调查单元，通过罗盘仪或全站仪部署调查样地，具体方法和精度分析可参考相关文献，利用样地的角桩对扫描点云数据进行切割出样地的点云数据；如果对样地的固定位置没有特殊要求，在野外扫描好点云数据后，利用 Cyclone 软件中的 Fence 功能根据样地的大小切割出样地的点云数据。基于样地的点云数据，统计毛竹林样地 AGB，根据调查时间的毛竹林状态，可分为毛竹成竹林样地 AGB 和毛竹笋竹林样地 AGB。

8.6.1 毛竹成竹林样地地上生物量

根据前述，单株毛竹成竹的 AGB 模型可以按材积量或竹龄进行构建。若按材积量构建单株毛竹 AGB 模型时，通过点云分割，以毛竹最下枝作为分割点，将样地点云数据分为竹秆和冠层点云数据，每株毛竹竹秆根据竹龄分别统计其生物量，而毛竹样地冠层点云可以视为一个整体，通过随机采样，求取毛竹冠层点云数据面密度的平均值，其精度取决于采样框的个数和分布，最后竹秆生物量和冠层枝叶生物量进行组合，得到毛竹样地 AGB：

$$\begin{aligned} W_{\text{caiji}} &= \sum_{i=1}^{n} W_{\text{gan}}^{i} + W_{\text{guan}} \\ &= \sum_{i=1}^{n} V_i \times \rho_{\text{gan}}^{j} \times (1 - P_{\text{gan}}^{j}) + n \times V_t \times \rho_z \times (1 - P_{\text{zhi}}) \end{aligned} \tag{8-25}$$

式中，W_{caiji} 为按材积量的毛竹成竹林样地 AGB；i 为株号；j 为竹龄；W_{gan}^{i} 第 i 株竹秆生物量；W_{guan} 毛竹样地冠层枝叶生物量；V_i 第 i 株竹秆材积量；ρ_{gan}^{j}、P_{gan}^{j} 为竹龄 j 的竹秆质量密度和含水率均值；ρ_z、P_{zhi} 为样地竹林冠层的点云密度和含水率的均值；n 为样地毛竹株数。

若按竹龄构建单株毛竹 AGB 模型时，首先利用每株毛竹竹秆的点云回波强度判别样地中毛竹竹龄，根据竹龄将毛竹进行分类，此时无需将毛竹样地点云数据分割成竹秆和冠层点云数据，而是测量每株毛竹竹秆的胸径和竹高、每株毛竹冠层点云面密度，要注意利用 Cyclone 软件的 Fence 框选每株毛竹冠层中心位置的点云，提高冠层点云面密度的采集精度，按竹龄分别统计样地内各竹龄毛竹 AGB，最后得到毛竹林样地 AGB，如式(8-26)所示。根据调查区域中竹龄的分布拓展模型或按度以同样的方法建模。

$$\begin{aligned} \sum_{i=1}^{n_1} W_i^1 &= \sum_{i=1}^{n_1} (W_{\text{gan}}^{1i} + W_{\text{zhi}}^{1i}) \\ &= \sum_{i=1}^{n_1} (0.001 \times D_i^{2.287} \times H_i^{1.596} - 3 \times 10^{-9} \rho_{\text{g1}}^{i2} + 3 \times 10^{-4} \rho_{\text{g1}}^{i} - 5.4176) \\ \sum_{i=1}^{n_2} W_i^2 &= \sum_{i=1}^{n_2} (W_{\text{gan}}^{2i} + W_{\text{zhi}}^{2i}) \\ &= \sum_{i=1}^{n_2} (2.836 \times D_i^{1.953} \times H_i^{1.339} - 3 \times 10^{-9} \rho_{\text{g2}}^{i2} + 3 \times 10^{-4} \rho_{\text{g2}}^{i} - 5.6747) \\ \sum_{i=1}^{n_3} W_i^3 &= \sum_{i=1}^{n_3} (W_{\text{gan}}^{3i} + W_{\text{zhi}}^{3i}) \\ &= \sum_{i=1}^{n_3} (0.021 \times D_i^{-0.745} \times H_i^{3.223} - 2 \times 10^{-9} \rho_{\text{g3}}^{i2} + 2 \times 10^{-4} \rho_{\text{g3}}^{i} - 4.0329 \\ \sum_{i=1}^{n_4} W_i^4 &= \sum_{i=1}^{n_4} (W_{\text{gan}}^{4i} + W_{\text{zhi}}^{4i}) \\ &= \sum_{i=1}^{n_4} (0.322 \times D_i^{1.131} \times H_i^{0.369} - 3 \times 10^{-9} \rho_{\text{g4}}^{i2} - 2 \times 10^{-4} \rho_{\text{g4}}^{i} + 5.1434) \end{aligned} \tag{8-26}$$

式中，$\sum_{i=1}^{n_1} W_i^1$ 为样地中竹龄为1的毛竹AGB；W_{gan}^{1i} 为样地中竹龄为1的第 i 株的竹秆生物量；W_{zhi}^{1i} 为样地中竹龄为1的第 i 株的冠层枝叶生物量；n_i 为相应竹龄毛竹株数，$i=(1,2,3,4)$；ρ_{g1}^i 为样地中竹龄为1的第 i 株的冠层枝叶点云面密度，可以采用均值。

$$W_{zhuling} = \sum_{i=1}^{n_1} W_i^1 + \sum_{i=1}^{n_2} W_i^2 + \sum_{i=1}^{n_3} W_i^3 + \sum_{i=1}^{n_4} W_i^4 \quad (8\text{-}27)$$

式中，$W_{zhuling}$ 为按竹龄的毛竹成竹林样地AGB；$\sum_{i=1}^{n_1} W_i^1$ 为样地中竹龄为1的毛竹AGB；i 为样地中竹龄为1的毛竹株数，$i=(1,2,\cdots,n_1)$。

8.6.2　毛竹笋竹林样地地上生物量

若调查时期为笋竹林，毛竹林样地AGB应考虑竹笋的AGB，需要在成竹林AGB模型的基础上，加入毛竹笋的AGB模型。根据本书7.4.6节，测量毛竹样地中毛竹笋的地径和笋高，按公式 $V=0.392D^{1.897}H^{0.811}$ 计算毛竹笋的体积。根据本书7.5.3节可由毛竹笋体积计算其AGB：

$$W_{sun}^i = 55.058V_i^{0.9549} \quad (8\text{-}28)$$

式中，W_{sun}^i 第 i 株毛竹笋AGB；V_i 为第 i 株毛竹笋体积；i 为样地中毛竹笋株数，$i=(1,2,\cdots,n)$。

统计毛竹林样地中所有竹笋AGB，即可得到样地毛竹笋AGB，如式(8-29)。由于毛竹笋生长速度迅速，导致毛竹林样地AGB在不断地变化。因此在毛竹林AGB调查中，一般不统计毛竹笋AGB，本书为了反映毛竹林AGB测算的严密性，加入毛竹笋AGB，因此由式(8-29)计算得到的样地毛竹笋AGB只代表调查时的AGB。

$$W_{sun} = \sum_{i=1}^{n} W_{sun}^i = \sum_{i=1}^{n} 55.058V_i^{0.9549} \quad (8\text{-}29)$$

式中，W_{sun} 毛竹笋样地AGB；W_{sun}^i 为第 i 株毛竹笋AGB；V_i 为第 i 株毛竹笋体积；i 为样地中毛竹笋株数，$i=(1,2,\cdots,n)$。

结合本书8.6.1节中毛竹成竹林AGB，从而得到笋竹林样地AGB，根据成竹林分别按材积量或竹龄的AGB模型，分别得到笋竹林样地AGB模型：

$$W_{sz1} = W_{caiji} + W_{sun}，或\ W_{sz1} = W_{zhuling} + W_{sun} \quad (8\text{-}30)$$

式中，W_{sz1} 为笋竹林样地AGB；W_{caiji} 为按材积量的成竹林AGB；$W_{zhuling}$ 为按竹龄的成竹林AGB；W_{sun} 为样地毛竹笋AGB。

8.7 本章小结

在南方亚热带地区，毛竹林 AGB 调查和测算是森林生物量调查的重要组成部分，传统的调查技术和手段费时费力精度低。鉴于地面三维激光扫描仪的特点，本章主要研究 LiDAR 技术在毛竹林 AGB 调查中的应用，主要是应用于样地尺度上的毛竹林 AGB 调查，就已有参考文献而言，类似的研究尚未发现，具有良好的原创性。本章在前文利用点云数据构建毛竹笋 AGB 模型、毛竹冠层点云体密度参数和自动判别毛竹竹龄参数等基础上，利用浙江临安平山基地毛竹林样地点云数据，通过实测单株毛竹 AGB，结合相应的参数，探讨单株毛竹和毛竹林样地 AGB 的测算模型。

8.7.1 本章结论

(1)利用点云数据，测算单株毛竹竹秆的竹龄、胸径和竹高，通过烘干、称量等实测得到竹秆的含水率并计算竹秆生物量，通过软件拟合得到单株毛竹竹秆生物量模型($W=c\times D^a\times H^b$)参数，模型最小相关系数为 0.912，最大相对误差为 9.47%，最小值为 0.62%，相对误差平均值为 2.14%。

(2)参考冠层点云体密度的基础上，以更便捷的方式测算毛竹冠层点云面密度，结合实测的毛竹冠层枝叶含水率和生物量，按竹龄以点云面密度为变量拟合毛竹冠层生物量模型一元二次方程($W_{zhi}=a\rho_g^2+b\rho_g+c$)的系数，拟合系数 R^2 最小值为 0.931，经检验评价，相对误差最大值为 8.32%、最小值为 0.13%，平均相对误差 1.42%。

(3)毛竹竹秆生物量和毛竹冠层枝叶生物量的组合，分别按材积量和竹龄构建了单株毛竹 AGB 模型。森林生物量调查是以样地为调查单元，将毛竹林样地分为成竹林样地和笋竹林样地，在单株毛竹 AGB 模型的基础上，其中成竹林又按材积量和竹龄分别构建其样地 AGB 模型；而在成竹林的基础上结合毛竹笋 AGB 模型的基础上得到笋竹林样地 AGB 模型。

8.7.2 讨论与展望

(1)本章主要是实测单株毛竹竹秆和冠层枝叶的生物量，从而构建了单株毛竹 AGB 模型，而毛竹样地 AGB 模型是在单株毛竹 AGB 模型的基础上构建的，并没有砍伐整个样地毛竹进行实测，是由于试验工作量巨大，同时需要足够的试验经费支撑才能购买竹农的样地毛竹样本，因此是通过抽样检测，给出概率模型，也就留下了足够的试验空间，有待于进一步去完善。

(2)本章中按竹龄构建的模型，竹龄的划分方式是年，受限于试验样地中的样本竹龄的限制，模型不够完备，有待于进一步完善。

(3)本试验区域在杭州市临安区东部，样地数量和分布带有明显的区域性，因此，需要拓广试验区域布设样地，以验证更大尺度上的模型参数特征，或者在不同区域应用本章毛竹林样地 AGB 模型时，需要重新开展试验，求取模型的新参数，所以本章中的毛竹林样地 AGB 模型不具备普适性，是区域性模型，更多是提供了一种研究方法，以供三维激光扫描的新技术在毛竹林 AGB 调查中应用进行参考，提供一种原创性的新方法。

参考文献

[1]步国超，汪沛. 基于单站地面激光雷达数据的自适应胸径估计方法[J]. 激光与光电子学进展，2016，53(8)：284-292.

[2]蔡越. 基于地面 LiDAR 的单株毛竹地上生物量测算方法研究[D]. 杭州：浙江农林大学，2018.

[3]程效军，贾东峰，程小龙. 海量点云数据处理理论与技术[M]. 上海：同济大学出版社，2014.

[4]冯仲科，杨伯钢，罗旭，等. 应用 LiDAR 技术预测林分蓄积量[J]. 北京林业大学学报，2007，(S2)：45-51.

[5]谢鸿宇，赵耀龙，杨木壮，等. 基于地面 LiDAR 的树冠体积和表面积测量方法研究[J]. 中南林业科技大学学报，2015，35(4)：1-13.

[6]周国模，姜培坤，徐秋芳. 竹林生态系统中碳的固定与转化[M]. 北京：北京出版社，2010.

第9章　区域尺度毛竹林地上生物量建模与估算

9.1　引　言

由于受到大小年和营养积累等因素的影响，毛竹林在不同的季节表现出了与其他森林明显不同的特征，一年之中由于不同季节的大小年竹林生物量也不同，因此不同时期的影像上可以看出大小年毛竹林在光谱上的变化以及大小年之间的光谱差异都非常大，一整年时期中，10月至次年2月的目视光谱变化比较小，大小年在这些时期的光谱差异也不明显，而4—7月大年小年毛竹林的光谱变化比较大，4—5月期间是小年变化较大的时期，小年毛竹林进行换叶并抽发新叶导致了小年毛竹林在4月时表现灰绿色的状态，而在5月影像上呈现鲜绿色状态。而大年毛竹林光谱目视可见的变化主要发生在5—7月，这一期间大年毛竹林进行了新竹的生长，光谱从由4月时的深绿色转变为鲜绿色。毛竹林在不同季节的颜色差异引起的光谱反射率的变化是毛竹林生物量估测的重要影响因素，这表明选择合适时间的遥感影像在毛竹林地上生物量建模中的重要性，而目前大多数的研究很少考虑到这一点。

毛竹林处在一个动态交替平衡的复杂生态系统中，而以往研究者对于毛竹林自身生理生态特征对生物量估测的影响则考虑较少，如逐年交换的大小年现象引起的林分密度变化，毛竹林在不同季节所表现出不同颜色引起对应的地表反射率变化。因此，针对以往毛竹林地上生物量模型估算精度普遍不高、毛竹林大小年的生长特性等问题提出以下四大目标：①是否可以找到估算竹林生物量最佳的时间范围来加以改善；②不同时期的遥感数据是否会引起毛竹林生物量的光学饱和值的变化；③类似 Sentinel-2 拥有的红边波段的数据是否具有估测竹林生物量的优势；④在生物量估算中，非参数模型和参数模型哪一种类型的模型更适合毛竹林生物量的估测。基于以上目标，本章选取竹林分布广泛的安吉县东部区域作为主要研究区，收集了研究区内不同时间不同类型遥感数据及野外调查的毛竹林大小年样地数据，探索毛竹林在不同季节下的生物量饱和值，构建不同时期下的生物量估测模型，对比分析毛竹林生物量估测模型在大小年分层与不分层下的表现，为后续竹林生态等方面的研究提供科学基础手段。

9.2 研究区与数据处理

9.2.1 研究区概况

研究区位于浙江省西北部森林区域，地处安吉县、湖州市和长兴县交接地区，区域包括安吉县梅溪镇、递铺乡、百丈镇和德清县莫干山镇等，面积共 538.06km^2，地理坐标为东经 119°42′～119°54′，北纬 30°26′～31°42′。研究区海拔范围 0～846m，坡度在 0°～85°。属亚热带海洋性季风气候，光照充足，气候温和，雨量充裕，四季分明，年平均气温在 15～18℃，年均降水 1400mm。降水主要集中在 6 月和 8 月，12 月降水最少。研究区内共有物种土壤类型，红壤、黄壤、岩土、潮土和水稻土。研究区内植被区划属于亚热带东部常绿阔叶林亚区，中亚热带常绿阔叶林北部亚热带，境内主要植被类型有亚热带针叶林、常绿阔叶林、亚热带针阔混交林和亚热带竹林等，天然植被有青冈、苦槠常绿阔叶林、马尾松林、针阔叶混交林、竹林以及灌丛植被；人工植被有马尾松林、杉木、湿地松及经济林。毛竹林主要分布在海拔 50～800m 范围内的区域。

9.2.2 数据处理

1. 遥感数据与处理

本章研究所选用的遥感数据为 VENμS、Sentinel-2 和 Landsat 8 数据，这三个数据的介绍见本书 4.2.2 节和 6.2.2 节。Landsat 8 OLI 提供了 30m 空间分辨率的多光谱（可见光、近红外和短波红外）波段，Sentinel-2 提供了 10m、20m 和 60m 空间分辨率的多光谱波段（可见光、红边、近红外和短波红外），VENμS 提供了 5m 空间分辨率的多光谱波段（可见光、红边和近红外）。VENμS 数据没有短波红外波段，而 Landsat 8 OLI 和 Sentinel-2 具有两个短波红外波段（1.61μm 和2.2μm）。Landsat 8 OLI 没有红边波段数据，而 VENμS 和 Sentinel-2 具有三个红边波段数据（0.705μm，0.745μm 和 0.785μm）。Sentinel-2 在 0.945μm 处拥有一个 60m 的水蒸气波段，VENμS 数据还具有 0.62μm 的两个红光波段，两个波段的观测角有一定倾斜，主要用于监测图像中的云信息。

本研究首先进行了不同传感器之间影像的几何校正，即图像配准。以

Landsat 8 OLI 数据作为基准数据，坐标系统为 UTM50，将其他传感器(Sentinel-2，VENμS)的数据配准在 Landsat 8 OLI 数据上。每次配准过程从影像中选取控制点 30～40 个，利用二次多项式进行遥感图像间的配准，均方根误差控制在 0.5 个像元内。

本研究中的 Landsat 8 OLI 的数据辐射定标在 ENVI 5.3 软件中完成。根据不同传感器不同波段的增益和偏差值，将 DN 值转换为辐射亮度值，然后利用 FLAASH 完成大气校正。Sentinel-2 数据的辐射定标和大气校正在 Sen2Cor 插件中完成，本研究选用 Sen2Cor 独立版，同时辅以命令提示符将所有 Sentinel-2 的 L1C 处理为 L2A 级数据。利用 SNAP 软件中的重采样功能，将 L2A 数据的所有波段统一重采样为 10m。VENμS 数据的辐射定标和大气校正利用 MAJA 插件完成。地形校正采用 C 校正完成。数据批处理利用 Python 完成，具体处理步骤见本书 4.2.2 节。

2. 样地数据获取与处理

结合研究区高程信息和毛竹林空间分布数据，利用分层随机选点开展样地布设，共布设 63 个样地。样地大小设置为 20m×20m，按照样地布设标准，利用罗盘仪定向进行四个控制点的布设，样地的每边如有坡度，则按照角度换算成相应的改正边长，埋置 PVC 管至控制点处。各个样地四周留出 2m 宽“回”形条块作为缓冲带，不采集数据。实验取样数据采集时，以样地四个控制点为边界进行数据采集。记录填写每个样地的基本信息，如日期、天气、编码、调查人、样地边长及改正边长；利用 GPS 获取样地所处海拔及地理坐标；结合 DEM 数据和高分辨率遥感数据，记录样地的坡位、坡向。对样地的每株毛竹林进行检尺，利用胸径尺测量竹子 1.3m 处的胸径并记录，利用树高杆随机测量每个样地 5 株毛竹的树高并记录，按照颜色法识别每株竹子的年龄(度)，给每株竹子做标号标记。按照设计的竹林标准样地调查表记录每一个样地的竹林人为干扰情况和自然干扰情况，如砍伐方式、施肥方式等。

汇总每个样地的基本信息，共 63 个样地，其中 31 个大年样地，32 个小年样地，将样地中所有毛竹的胸径、株数和树高信息进行汇总(见表 9-1)。研究总共获取了 9626 株毛竹，大年样地和小年样地的平均株数不同，而平均胸径和树高数据接近。

表 9-1 样地基本信息

类型	样地数量/个	株数范围/株	平均株数/株	胸径范围/cm	平均胸径/cm	树高范围/m	平均树高/m
大年	31	115～257	173	8.5～11.8	10.2	8～11.4	9.7
小年	32	85～231	132	8.5～11.5	10	8.1～12.1	9.8

9.3 研究方法

9.3.1 遥感变量选择与优化

1.遥感数据的选择

考虑到毛竹林地上生物量在一年四季的动态增长过程,结合样地数据的时间序列分布特征,研究的遥感数据源以时间序列 VENμS 为基础,空间分辨率为10m,时间范围涉及 2018—2019 年,光谱范围从 443～910nm,其中包含了三个红边波段。为了方便与样地的时间统一,研究从 2018 年的 5 月到 2019 年的 4 月选取了 7 幅 VENμS 影像,具体的数据时间为 2018/05/04、2018/06/18、2018/07/14、2018/10/28、2018/12/17、2019/01/18、2019/03/23。

由于 VENμS 数据包含了三个红边波段,这与 Sentinel-2 数据一致,但 Venμs 没有包含短波红外波段,因此研究选取了 Landsat 8、Sentinel-2 影像作为对比,考虑到数据时间一致性的和无云数据的可获取性,Landsat 8 数据的时间选择为 4 月 28 日,Sentinel-2 数据选择为 5 月 4 日,VENμS 数据选择为 5 月 3 日。分析不同影像在毛竹林地上生物量估测中的异同。

2.变量的提取

构建毛竹地上生物量模型的变量由遥感影像的波段、植被指数和纹理信息三部分构成,本研究中采用以样地为中心点,利用 ArcGIS 中 Zonal 工具计算每个样地对应的变量值。变量选取从光谱和纹理两个角度选取,其中光谱变量包括原始波段、波段变换信息,如植被指数等。光谱信息记录着地物的光谱特征,可以用于监测植被信息的变化,研究从三个不同传感器的不同时相遥感入手,选用各自的原始波段作为备选自变量(见表 9-2)。

植被指数是指通过对遥感影像数据的波段进行线性或非线性变换,获取对植被光谱特征定量描述的遥感变量,不同的植被指数反映出不同的植被生长状况(Bannari et al. ,1995)。本研究基于三个传感器构建的植被指数有 NDVI、EVI、SAVI(Soil-Adjusted Vegetation Index,土壤调节植被指数)、GNDVI(Green Normalized Difference Vegetation Index,绿通道植被指数)和基于红边波段构建的 SR_{Red}(Simple Ratio Inex)、MTCI(MERIS Terrestrial Chlorophyll Index)、$NDVI_{Red}$ 和 REPI(见表 9-3)。

纹理是一种反映影像空间特征的变量,它可以对遥感影像反映出的地物结构进行定性和定量描述(Haralick et al.，1979)，不同密度、种类的植被所反映出来的纹理信息不同。灰度共生矩阵是一种研究灰度的空间相关特性来描述纹理的经典统计方法。为了改善多光谱数据冗余的问题，本研究利用主成分分析的第一主成分来提取 3×3 至 9×9 窗口下的 8 种常见纹理信息特征统计量，分别是平均值、方差、同质性、对比度、异质性、信息熵、二阶矩和相关性(Lu et al.，2005)(见表 9-4)。

表 9-2　波段变量汇总

波段	主要特征	传感器
蓝波段	对叶绿素和叶色素反应敏感	Sentinel-2，Landsat 8，VENμS
绿波段	对健康茂密植被的反射敏感，用于增强鉴别植被的能力	Sentinel-2，Landsat 8，VENμS
红波段	健康绿色植被叶绿素的吸收波段，能够增强植被与非植被的差异，用来提取边界界限的信息	Sentinel-2，Landsat 8，VENμS
红边波段	描述植物色素状态和健康状况的重要波段，和植被各种理化参数密切相关	Sentinel-2，VENμS
近红外波段	对绿色植物类型的差异敏感，对植被生物量敏感。有效识别农作物，突出土壤和农作物、陆地和水体间的差异	Sentinel-2，Landsat 8，VENμS
短波红外波段	对植被水分敏感，可以有效分辨岩石和矿物，也可用于辨识湿润土壤	Sentinel-2，Landsat 8

表 9-3　植被指数

植被指数	公式	参考文献
归一化植被指数(NDVI)	(NIR－Red)/(NIR＋Red)	(Tucker，1979)
绿度归一化植被指数(GNDVI)	(NIR－Green)/(NIR＋Green)	(Gitelson，1996)
增强型植被指数(EVI)	2.5×(NIR－Red)/(NIR＋6Red－7.5Blue＋1)	(Liu and Huete，1995)
土壤调整植被指数(SAVI)	(NIR－Red)(1＋L)/(NIR＋Red＋L)	(Huete，1988)
红边波段比值植被指数(SR_{Red})	NIR/Red-edge_{705}	(Sims and Gamon，2002)
梅里斯叶绿素指数(MTCI)	(NIR－Red-edge_{705})(Red-edge_{705}－Red)	(Dash and Curran，2004)
红边波段植被指数($NDVI_{Red}$	(NIR－Red-edge_{705})(NIR＋Red-edge_{705})	(Sims and Gamon，2002)

注：L 为权重系数 0.5；Blue 为蓝波段；Green 为绿波段；Red 为红波段；Red-edge 为红边波段；NIR 为近红外波段。

表 9-4　纹理变量汇总

纹理特征	计算公式	意义
平均值	$\sum_{i,j=0}^{N-1} i(P_{i,j})$	反映纹理的规则程度，均值越小，纹理越杂乱、难以描述；均值越大，规律性强、越易于描述。
方差	$\sum_{i,j=0}^{N-1} iP_{i,j}(i-\mathrm{ME})^2$	灰度分散程度的度量，体现纹理的粗糙程度，方差越大纹理越粗糙。
同质性	$\sum_{i,j=0}^{N-1} i\frac{P_{i,j}}{1+(i-j)^2}$	能够反映影像局部的同质性，当灰度共生矩阵沿对角线集中时值较大。
对比度	$\sum_{i,j=0}^{N-1} iP_{i,j}(i-1)^2$	反映了图像的清晰度和纹理沟纹深浅的程度。值越大，表示纹理纹沟越深，视觉效果越清晰。
异质性	$\sum_{i,j=0}^{N-1} iP_{i,j}\mid i-j\mid$	用来度量相似性，与对比度相同，当局部区域对比变化大，值就大。
信息熵	$\sum_{i,j=0}^{N-1} iP_{i,j}(-\ln P_{i,j})$	熵是指图像所具有的信息量的度量，反映了图像纹理的非均匀程度或复杂程度。
二阶矩	$\sum_{i,j=0}^{N-1} iP_{i,j}^2$	用于衡量图像灰度分布的均匀性测度，反映纹理粗细度。
相关性	$\sum_{i,j=0}^{N-1} iP_{i,j}\left[\frac{(i-\mathrm{ME})(j-\mathrm{ME})}{\sqrt{\mathrm{VA}_i\mathrm{VA}_j}}\right]$	用于描述灰度共生矩阵中行或列元素之间的相似程度，反映了某种灰度值沿某些方向的延伸长度，是灰度线性关系的度量。

3. 变量的筛选

(1)相关性分析

首先对地上生物量和原始波段进行相关性分析，找到与地上生物量相关性较高的波段，分析地上生物量与不同时间的光谱反射率的关系。在一年四季中，毛竹林不同波段的光谱反射率在不断变化，光谱地上生物量在逐渐增长，为了明确毛竹林地上生物量与光谱波段的关系，首先对不同时间下的地上生物量与遥感变量进行相关性分析，研究采用皮尔逊相关系数分析两者之间的相关关系。皮尔逊相关系数 r 是两个变量的协方差与(变量的)方差乘积的比率：

$$r=\frac{\sum_{i=1}^{n}(x_i-\bar{x})(y_i-\bar{y})}{\sqrt{\sum_{i=1}^{n}(x_i-\bar{x})^2}\sqrt{\sum_{i=1}^{n}(y_i-\bar{y})^2}} \tag{9-1}$$

它的取值在 $+1$ 和 -1 之间，它的绝对值约接近于1，表明两个变量之间相关程度越高，一般认为 $0<|r|<0.2$ 代表极低相关，$0.2<|r|<0.4$ 代表低度相关，$0.4<|r|<0.7$ 代表中度相关，$0.7<|r|<0.9$ 代表高度相关，$0.9<$

$|r|<1$代表极高相关。

(2)变量筛选

选用随机森林对原始波段和植被指数进行重要性排序，对变量进行筛选。利用随机森林进行变量重要性排序，步骤分为：(1)对每一棵决策树，选择相应的袋外数据(Out of Bag，OOB)计算袋外数据误差，记为errOOB1。(2)随机对袋外数据OOB所有样本的特征 X 加入噪声干扰(可以随机改变样本在特征X处的值)，再次计算袋外数据误差，记为errOOB2。(3)假设森林中有 N 棵树，则特征 X 的重要性 $=\sum(\text{errOOB2}-\text{errOOB1})/N$。这个数值之所以能够说明特征的重要性是因为，如果加入随机噪声后，袋外数据准确率大幅度下降(即errOOB2上升)，说明这个特征对于样本的预测结果有很大影响，进而说明重要程度比较高，程序会判断每个自变量在回归过程中的重要性程度，其通过两个指标来进行度量，一是自变量出现在袋外数据时的模型相对重要性增量，二是自变量出现在袋外数据时对模型树节点纯度的影响力，由残差平方和来衡量，对应数值越高，该变量的重要性越大。由此选择出与生物量关系最好的变量用于机器学习建模。

9.3.2 竹林饱和值分析

毛竹林生物量在光学遥感数据往往表现出饱和现象，即当生物量增长到一定阶段，光谱反射率不再降低而保持平稳。本研究首先对比了不同传感器在5月的生物量饱和情况，然后对比不同时间序列下的生物量饱和情况。由于大小年毛竹林在不同时间的光谱反射率不同，因此在对比的过程中将大小年区分开来进行分析。饱和值的确定从图中观察获取，即当光谱不再降低的位置所对应的地上生物量值。

9.3.3 生物量估测建模及精度验证

1. 生物量模型构建

本研究在 R 中利用随机森林进行模型构建。树的数目ntree和二叉树的变量个数mtry是最重要的两个参数(Wang et al.，2016)，本章的mtry值使用默认值。ntree的数目需要通过实验统计得知，模型的精度会随着ntree的增加而提高，达到一定数值后会保持稳定，本研究通过反复尝试不同的ntree数目，当RMSE保持稳定时确定最终建模参数，本研究的ntree的设置值为1000。通过随机森林算法所获得的重要性排序图选择重要性排在前10位的变量，然后再计算这变量与生物量的相关性系数，根据重要性排序以及与生物量相关性系数再次筛选变量，将具有相对较高的重要性且与其他变量之间的具有较低相关性的变量选定，最后将选定的变量继续输入随机森林模型运行，一直重复到最终的建模结果具有较高且稳定的决定系数来确定最佳的变量组合。

2. 生物量估算验证方法

对估测结果的精度评价是需要借助评价因子，本研究选择决定系数 R^2、均方根误差(RMSE)和相对均方根误差(RMSEr)来评价研究中各生物量模型的性能。本章用验证样本代入模型得到的估测值与实地测量真实值进行对比，计算得到均方根误差(RMSE)和相对均方根误差(RMSEr)，决定系数(R^2)与均方根(RMSE)能够有效地验证模型是否具有较强的预测能力。R^2 越大说明模型拟合情况较好，RMSE 与 RMSEr 越小说明模型的估算误差越小。除了以上三个指标之外，利用生物量 AGB 参考数据与估计值之间散点图和残差图来检验生物量估测模型性能。

R^2、RMSE 和 RMSEr 的计算公式分别为：

$$R^2 = \frac{\sum_{i=1}^{n}(\hat{y}_i - \bar{y})^2}{\sum_{i=1}^{n}(y_i - \bar{y})^2} \tag{9-2}$$

$$\text{RMSE} = \sqrt{\frac{\sum_{i=1}^{n}(\bar{y}_i - y_i)^2}{n}} \tag{9-3}$$

$$\text{RMSEr} = \frac{\text{RMSE}}{\bar{y}} \times 100\% \tag{9-4}$$

式中，$\hat{y}_i$ 为估计值；y_i 为观测值；$\hat{y}$ 为观测值的平均值；n 为样本数。

本研究采用留一法(Leave-One-Out, LOO)对建模数据进行交叉验证。留一法每次只留下一个样本做测试集，其他样本做训练集，如果有 k 个样本，则需要训练 k 次，测试 k 次。留一法不受随机样本划分方式的影响，评估结果往往被认为比较准确。研究共有样地数据 63 个，大年样地 32 个，小年样地 31 个，在不区分大小年样地时用 62 个样本作为训练样本进行模型的建立，1 个样本作为验证进行精度验证；区分大小年分层方式进行建模时，大小年分别用 31 个样本作为训练样本进行模型的建立，剩余的样本进行精度验证，最终汇总成整体建模验证精度。

9.3.4 生物量估测影响因素分析

1. 毛竹林大小年

由于大小年样地生物量分布范围差异较大，且大小年在生长过程中的光谱差异明显，研究从不分层和大小年分层两个方面进行建模，对比不同分层方案下的生物量估测精度和空间分布。

2. 不同传感器的数据

随着遥感技术的发展，光学影像已被广泛应用于森林生物量估测中。由于不同的遥感数据获取原理及参数不同，不同分辨率的遥感数据在生物量估测中的效果不同，越来越多的学者开始关注红边波段在生物量估测中的作用，并在实际应用中提高了生物量的估测精度。本研究分别对 Landsat 8、Sentinel-2 和 VENμs 数据进行毛竹林地上生物量模型的构建，分析可见光至短波红外波段在建模中的作用，对比不同遥感分辨率下的生物量估测精度和空间分布。

3. 时间信息变量

由于毛竹林生物量在光谱上表现出的饱和现象，同时毛竹林在一年中的生物量是在不断积累并增加的，如 11 月的毛竹林地上生物量是在前几个月的基础上累计生成的，因此研究考虑将时间信息的变量加入模型中用于改善生物量估测。因此研究考虑在完成遥感数据和样地数据时间统一的基础上进行建模，增加时间信息构建生物量模型，对比有时间信息变量和无信息变量模型的估测精度和空间分布。

9.4　结果分析

9.4.1　生物量饱和值分析

表 9-5～表 9-7 分别统计了 VENμS 数据各个原始波段在不同时间下（5 月、6 月、7 月、10 月、11 月、12 月、1 月、3 月和 4 月）与样地生物量的相关性系数，研究分别从总样地和大小年分层的样地角度进行分析。从 63 个样地（未分层）与波段相关性分析（表 9-5）可以看到，不同时间不同波段的相关性不同，显著性相关的时间集中在生物量快速积累的 6—11 月，此期间波段 B4～B8（绿波段，红波段和红边波段）与样地生物量的相关性显著，相关性系数在 0.32～0.44。而在砍伐期间的 12 月所有波段与生物量没有相关性，而在 1 月，B3 波段（蓝波段）则与生物量有显著相关性，3 月小年换叶，波段与生物量不相关，而在 4 月，B3 波段（蓝波段）则与生物量在置信度为 0.05 时显著相关。将大小年样地分开计算与不同波段相关性，则可以看到大小年的样地与波段的相关性差异巨大。大年样地只有在 12 月和 1 月与 B2 波段显著相关，相关系数在 0.47～0.52。而在其他月，大年样地则与任何波段没有相关性。而小年样地在 3 月和 5

月和波段没有相关性，而在其他月则与光谱波段有相关性，最高的相关性在6月与B9波段，相关性达0.59。

基于大小年分层或未分层的波段相关性分析可知，未分层的样地数据在6—11月相关性较高，但相关性最高仅有0.44。而将大小年分层的样地数据中，大年样地在1月与B2波段的相关性达0.52，而小年样地在6月与B9波段的相关性达到0.59。相比之下，分层样地与波段的相关性更高，意味着区分大小年情况下，再选择相关的变量进行分析，可能会达到最好的生物量估测效果。

选取了Landsat 8、Sentinel-2和Venμs在2018年5月的数据，选取从近红外到短波红外的7个波段的光谱反射率作为纵轴，5月的样地地上生物量作为横轴，区分大小年制作生物量和光谱反射率的散点图（见图9-1）。从图中可以看到，Landsat 8的波段光谱反射率与生物量关系较差，可能是因为影像的日期为4月28日，此时小年毛竹林还处于换叶期间。而在Sentinel-2和VENμs数据中则出现了明显的饱和现象。在5月，小年的光谱反射率要明显高于大年，这在红边波段和近红外波段最为明显。

选取了4期VENμs数据中与生物量显著相关的6个波段（绿波段，红波段，红边波段702，红边波段742，红边波段782和近红外波段）的光谱反射率作为作为纵轴，4个时期（6月、10月、12月和4月）的地上生物量作为横轴，区分了大年毛竹林和小年毛竹林，制作了光谱反射率和地上生物量的散点图（见图9-2）。可以看到，不同时期地上生物量与光谱反射率的关系有明显不同，如6月的B4波段和B8波段，4月的红边波段742，红边波段782和近红外波段的光谱反射率与地上生物量呈线性关系，而其他时期的波段反射率与生物量则没有线性关系。

表9-5　63个样地与原始波段的相关性

波段	05/03	06/18	07/14	10/28	11/09	12/17	01/18	03/23	04/08
B1	−0.138	0.012	0.225	−0.001	0.070	0.225	−0.059	−0.062	0.110
B2	−0.045	0.283*	0.015	0.208	0.075	0.186	0.303*	−0.061	0.246
B3	−0.066	0.337**	0.167	0.244	0.269*	0.232	0.325**	−0.066	0.272*
B4	−0.095	0.447**	0.378**	0.359**	0.324**	0.130	0.175	−0.051	0.138
B5	−0.149	0.372**	0.260*	0.334**	0.324**	0.105	0.136	−0.051	0.049
B6	−0.114	0.335**	0.204	0.363**	0.374**	0.107	0.152	−0.060	0.063
B7	−0.092	0.226	0.115	0.334**	0.340**	0.158	0.126	−0.056	0.060
B8	−0.140	0.419**	0.391**	0.374**	0.357**	0.021	0.044	−0.034	−0.008
B9	−0.085	0.101	0.036	0.216	0.198	0.044	0.104	0.071	0.114
B10	−0.068	0.014	−0.033	0.161	0.159	0.124	0.086	0.122	0.151
B11	−0.066	0.027	−0.018	0.178	0.170	0.117	0.078	0.133	0.099
B12	−0.062	−0.002	−0.038	0.184	0.178	0.107	0.070	0.132	0.126

表9-6　32个大年样地与原始波段的相关性

波段	05/03	06/18	07/14	10/28	11/09	12/17	01/18	03/23	04/08
B1	0.222	0.108	0.100	−0.091	0.158	0.359*	−0.005	0.029	0.063
B2	0.172	0.277	0.016	0.194	0.227	0.472**	0.525**	0.043	0.226
B3	0.098	0.285	0.048	0.078	0.121	0.340	0.332	0.029	0.280
B4	0.027	0.328	0.268	0.183	0.161	0.160	0.172	0.057	0.181
B5	0.037	0.289	0.091	0.125	0.135	0.176	0.207	0.076	0.207
B6	0.007	0.248	0.039	0.091	0.125	0.132	0.207	0.054	0.209
B7	0.009	0.136	−0.012	0.098	0.152	0.244	0.193	0.052	0.182
B8	−0.040	0.296	0.237	0.131	0.148	0.020	0.020	0.096	0.118
B9	−0.058	0.163	0.157	0.166	0.148	−0.103	−0.071	0.181	0.006
B10	−0.044	0.094	0.113	0.156	0.143	−0.072	−0.083	0.208	0.003
B11	−0.030	0.121	0.126	0.155	0.140	−0.068	−0.081	0.224	−0.020
B12	−0.035	0.101	0.103	0.148	0.132	−0.074	−0.087	0.222	0.014

表9-7　31个小年样地与原始波段的相关性

波段	05/03	06/18	07/14	10/28	11/09	12/17	01/18	03/23	04/08
B1	−0.294	−0.119	0.226	0.173	−0.032	0.244	−0.021	−0.142	0.195
B2	−0.037	0.318	−0.060	0.171	0.042	0.016	0.193	−0.151	0.388*
B3	−0.021	0.357*	0.209	0.391*	0.394*	0.237	0.484**	−0.135	0.475**
B4	0.209	0.525**	0.350	0.458**	0.412*	0.299	0.436*	−0.126	0.524**
B5	−0.072	0.344	0.211	0.398*	0.316	0.315	0.353	−0.129	0.529**
B6	0.017	0.274	0.194	0.515**	0.436*	0.354	0.433*	−0.123	0.554**
B7	−0.042	0.195	0.135	0.443*	0.343	0.358*	0.389*	−0.108	0.523**
B8	0.145	0.452*	0.373*	0.468**	0.371*	0.263	0.369*	−0.095	0.476**
B9	0.308	0.591**	0.351	0.376*	0.339	0.244	0.352	−0.052	0.336
B10	0.325	0.552**	0.298	0.372*	0.349	0.315	0.309	−0.021	0.319
B11	0.313	0.555**	0.298	0.364*	0.344	0.312	0.306	−0.006	0.313
B12	0.310	0.504**	0.276	0.388*	0.349	0.317	0.307	0.000	0.350

注：**表示在置信度（双侧）为0.01时，相关性是显著的；*表示在置信度（双侧）为0.05时，相关性显著。

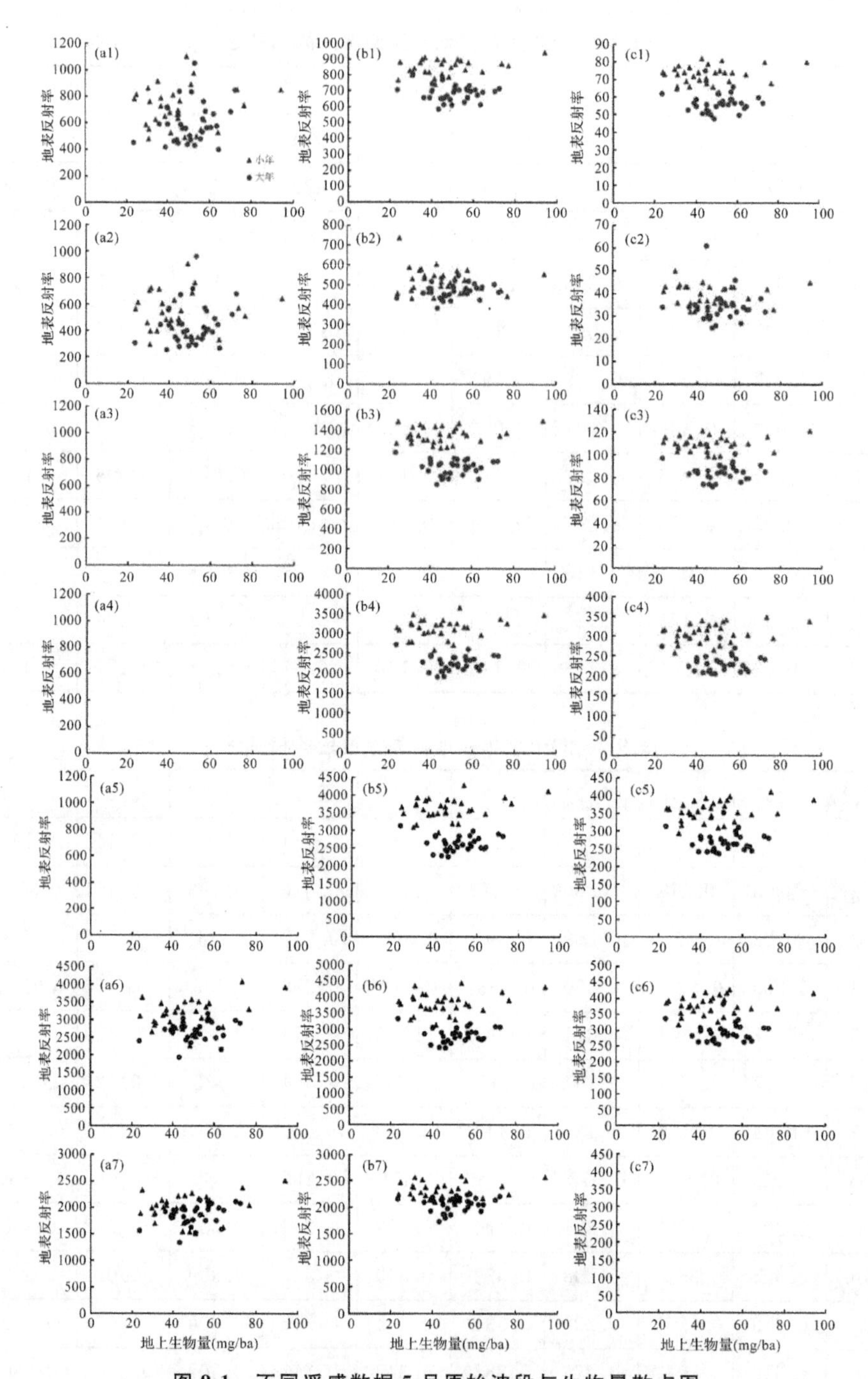

图 9-1　不同遥感数据 5 月原始波段与生物量散点图

说明：Landsat 8 数据：a1－a7；Sentinel－2 数据：b1－b7；Venμs 数据：c1－c7；1：绿波段；2：红波段；3：红边波段 702nm；4：红边波段 742nm；5 红边波段 782nm；6：近红外波段 865nm；7：短波红外波段 1600nm。

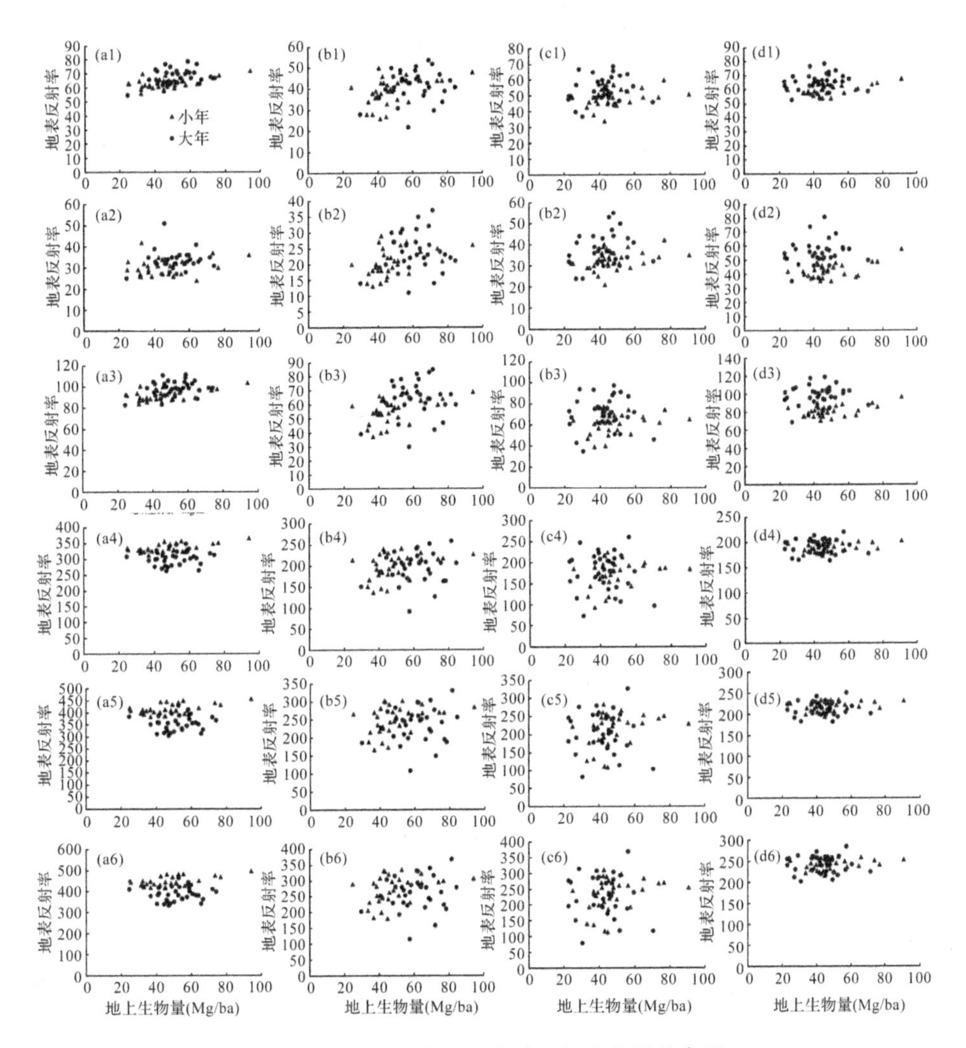

图9-2 不同时期数据原始波段与生物量散点图

说明:6月数据(a1—a6);10月数据(b1—b6);12月数据(c1—c6);4月数据(d1—d6)

1:绿波段;2:红波段;3:红边波段702nm;4:红边波段742nm;5红边波段782nm;6:近红外波段。

从图9-2中可以看到10月和12月的生物量与光谱反射率相关性低,如果直接建模,则精度会较差,因此一方面需要进一步结合其他植被指数进行分析,另一方面则需要结合其他时间序列进行分析。由于地上生物量一直呈增长趋势,例如7月的生物量积累是在之前的月上积累完成,因此研究分别统计了每个月的地上生物量和本月的光谱变量和前面几个月的光谱变量,统计了影响了每个月的光谱变量相关性系数排行(见表9-8)。

表9-8 样地与时间序列波段的相关性排序

排序	AGB6	AGB7	AGB10	AGB11	AGB12	AGB1	AGB3	AGB4
1	B4_s6 (0.447**)	B4_s6 (0.474**)	B4_s6 (0.535**)	B4_s6 (0.542**)	B11_s6 (0.291*)	B11_s6 (0.283*)	B11_s6 (0.279*)	B11_s6 (0.273*)
2	B8_s6 (0.419**)	B8_s6 (0.446**)	B8_s6 (0.509**)	B8_s6 (0.517**)	B10_s6 (0.279*)	B10_s6 (0.273*)	B10_s6 (0.270*)	B10_s6 (0.269*)
3	B5_s6 (0.372**)	B5_s6 (0.405**)	B5_s6 (0.489**)	B5_s6 (0.5**)	B9_s6 (0.278*)	B9_s6 (0.272*)	B9_s6 (0.268*)	B9_s6 (0.267*)
4	B3_s6 (0.337**)	B8_s7 (0.391**)	B8_s7 (0.454**)	B8_s7 (0.463**)	B12_s6 (0.264*)	B12_s6 (0.257*)	B12_s6 (0.253*)	B12_s6 (0.257*)
5	B6_s6 (0.335**)	B4_s7 (0.378**)	B4_s7 (0.433**)	B4_s7 (0.44**)				

注:B4_s6(0.447)代表6月的B4波段,0.447**为相关性系数。

从表9-7中可以看到,每个月的样地生物量相关性较高的波段呈现一些规律,当月的生物量与当月的波段相关性系数值不如与其他月的波段性相关性系数;6月的B4,B8和B5波段与6—12月的地上生物量呈现较高的相关性,相关性系数在逐渐升高;12月前后的地上生物量与时间序列波段相关性差异显著。例如10月,与地上生物量显著相关的波段为6月的B4、B8和B5,以及7月的B8和B4。这些波段的相关性明显高于10月本身的波段相关性。在经历了12月的砍伐后,生物量与波段相关性系数迅速下降,且相关性高的波段为B9至B12的红边波段和近红外波段,且这些波段与生物量的相关性仅在置信度(双侧)为0.05时,相关性是显著的。

尽管统一了样地和遥感数据的时间,样地生物量饱和现象仍然在光谱中出现,不同传感器所体现的饱和值有微小差异,具体的饱和值见表9-9。从时间序列角度分析,5—6月和次年4月的生物量在光谱上表出饱和现象,而在10月和2月则没有表现出饱和现象(见图9-2)。图9-2中可以看到,大年地上生物量在6月达到40Mg/hm^{2}后,光谱反射率不再发生变化。在冬季砍伐后,大年地上生物量增长到30Mg/hm^{2}后,光谱反射率不再发生变化。小年毛竹林相比大年毛竹林,6月的绿波段,4月的红边波段702则与地上生物量呈正相关趋势,即生物量越大,绿波段和红边的光谱反射率越大。

表 9-9　不同遥感数据的饱和值

类别	Sentinel-2	VENμS
大年毛竹	45	50
小年毛竹	40	35

9.4.2　随机森林建模结果

表 9-10 汇总了 Landsat 8、Sentinel-2 和时间序列 VENμS 数据用随机森林筛选的建模变量结果以及建模 R^2，从变量筛选结果上可以看到不同的数据类型变量不同，但是总体来说原始波段和植被指数在毛竹林地上生物量估测中的重要性要高于纹理变量。例如，Sentinel-2 数据筛选出的建模变量，不管是分层还是未分层，只有原始波段和植被指数。Landsat 8 和 VENμS 时间序列筛选出的变量也以光谱波段和植被指数为主，纹理信息中的均值、相关性是主要的建模变量。

表 9-10　利用随机森林筛选模型变量

传感器	时间	不区分大小年	R^2	大年	R^2	小年	R^2
Landsat 8	04/28	SWIR1,B1_t9,B8_t3,EVI	0.92	B1_t9,B8_t3,	0.93	B5,SAVI,B8_t9	0.89
Sentinel-2	05/04	Green,EVI,REPI,GNDVI	0.93	Blue,NIR,GNDVI,MTCI	0.94	EVI,REPI,Green,Red-edge-3	0.9
VENμS	05/03	B1_t7,B8_t3,REPI	0.92	REPI,B8_t5,B11,GNDVI	0.94	B1_t9,REPI,B8_t3,	0.89
	06/18	Red-edge-2,Green,EVI,REPI	0.88	REPI,B7_t5,B6_t9	0.94	Red-edge-2, Green,B8_t3,	0.87
	07/14	EVI,REPI,Red-edge-1,B1_t7	0.84	Red-edge-1,MTCI,B8_t5,Red-edge-2	0.95	EVI,B1_t9,REPI,Red-edge-2	0.89
	10/28	B1_t7,REPI,B8_t9	0.75	REPI,B3_t3,B6_t5	0.96	Green,B1_t7,SAVI	0.86
	12/17	B8_t9,MTCI,REPI	0.52	B7_t9,EVI,B8_t9	0.95	B8_t9,B1_t7,MTCI	0.88
	01/18	B8_t3,Blue,B8_t9,MTCI	0.56	B7_t7,MTCI,Sre	0.95	B1_t9,Blue,B8_t9	0.9
	03/23	EVI,B8_t5,REPI,B8_t7	0.51	EVI,B8_t5,MTCI	0.93	B8_t5,EVI,REPI,NIR	0.88

注：Bj_ti 表示 $i \times i$ 窗口下的 Bj 的纹理变量(B1 为 mean 均值；B6 为 Entrop；B7 为 second moment 二阶矩；B8 为 Correlation 相关性)。NDVI：归一化植被指数；EVI：增强型植被指数；SRE：红边波段简单植被指数；NIR：中心波长 865nm 的近红外波段；Red：红光波段；SWIR1：中心波长 1610nm 的短波红外波段；SWIR2：中心波长 2190nm 的短波红外波段；Red-edge-1：中心波长 705nm 的红边波段；Red-edge-2：中心波长 745nm 的红边波段；Red-edge-3：中心波长 785nm 的红边波段；Blue：蓝光波段；Green：绿光波段。

对比三种不同数据在 5 月左右的建模 R^2，不论分层还是不分层，R^2 均在 0.85以上，不同数据之间的建模精度差别不大。对比 VENμS 时间序列数据的建模精度，除了 12 月后的不分层建模 R^2 低于 0.6 外，其他时期的建模精度都高于 0.85 这说明 VENμS12 月后的数据如果不分层进行建模，结果精度会相对较低，这可能是由于大年毛竹林冬季被择伐后生物量锐减造成的。对比分层建模和不分层建模，分层建模的 R^2 普遍高于不分层建模的 R^2，这意味着分层建模预计会有更好的估测精度。在光谱变量中，运用到较多的是红边波段以及含有红边波段的植被指数，如 REPI 等，这与上节波段相关性中的红边波段相关性高有很大关系，红边波段对生物量具有最好的响应关系。植被指数中运用到最多的是 REPI 变量。该结果显示在毛竹林生物量估测当中，纹理变量不是竹林生物量估测当中关键的建模变量，图 9-1 和 9-2 散点图中可以看出大多数的波段与生物量的线性关系较弱，尤其是对于大年毛竹林来说，表 9-9 汇总的建模 R^2 表明针对竹林地上生物量估测，基于随机森林的非参数建模方法可以根据拟合较好的模型精度，建模 R^2 在 0.78～0.90。

9.4.3 生物量估测验证

对比三种遥感数据在 5 月的精度验证结果(表 9-11)，在不区分大小年的情况下，三种数据源的验证 R^2 都非常低，在 0.1 以下，说明估测值与实际值之间的线性关系较差。三种数据的 *RMSE* 分布在 14.21～15.09Mg/hm^2，RMSEr 分布在 29.34%～31.19%，其中 Venμs 数据具有较低的 RMSE 和 RMSEr，RMSE 为 14.21Mg/hm^2，RMSEr 为 29.34%。在区分大小年的情况下，三个数据源的小年 RMSE 和 RMSEr 均明显小于大年，小年的 RMSE 分布在 11.64～11.9Mg/hm^2，大年的 RMSE 分布在 16.59～17.6Mg/hm^2，其中Sentinel-2 数据具有最高的 R^2，R^2 为 0.22，Landsat 数据具有较低的 RMSE 和 RMSEr，RMSE 为 11.64Mg/hm^2，RMSEr 为 22.86%。通过对比三种数据源的分层和不分层效果，可以看到三种数据源的估测精度差异不大，分层的估测效果要优于不分层的估测效果，尤其是小年，而大年的分层估测效果不如未分层，这说明分层建模可以提高小年的估测精度，这与陈瑜云的研究结果一致(陈瑜云，2019)。

对比 VENμs 数据在时间序列的精度验证结果(见表 9-11)，在不区分大小年的情况下，模型预测 R^2 依然很低，全部月的 RMSE 分布在 13～15.96Mg/hm^2，RMSEr 分布在 28.68～34.24Mg/hm^2，相比于其他月，其中 7 月具有最低的

RMSE 和 RMSEr，分别为 13.4Mg/hm^2 和 28.68%，7 月具有相对最好的估测效果。在大小年分层的情况下，可以看到小年的地上生物量估测模型要优于未分层的情况，小年的生物量 RMSE 分布在 11.64～14.66Mg/hm^2，*RMSEr* 分布在 23.09%～29.63%，而大年的生物量估测精度明显低于小年和不分层，大年毛竹林生物量 RMSR 分布在 14.78～17.6Mg/hm^2，RMSEr 分布在 30.51%～38.45%，因此光学遥感影像对毛竹林大年生物量估测存在困难。

从数据源和时间序列的对比上可以看到，尽管同一样地和遥感数据的时间一致性，但是饱和现象依然很严重，尤其是大年生物量。大小年的生物量在生长过程差异很大，但是大小年的冠层结构在遥感上的表现非常接近，不管是光谱波段还是纹理特征，都很难体现出这些差异。除此之外，大年毛竹林还有砍伐，生物量剧烈下降，然而这个巨大的变化依然无法从光谱和纹理上得到体现。

表 9-11　不同数据和样本分层下的精度评价结果

	时间	不分层			分层(小年)			分层(大年)		
		R^2	RMSE	RMSEr	R^2	RMSE	RMSEr	R^2	RMSE	RMSEr
Landsat 8	4 月 28 日	0.09	15.09	31.19%	0.03	11.64	22.86%	0.04	16.63	36.34%
Sentinel-2	5 月 4 日	0.04	14.72	30.42%	0.22	11.76	23.08%	0.006	16.59	36.24%
VENμS	5 月 3 日	0.002	14.21	29.34%	0.11	11.9	23.66%	0.01	17.6	38.45%
	6 月 18 日	0.007	13.81	28.68%	0.2	12.11	23.09%	0.001	16.14	34.96%
	7 月 14 日	0.02	13.4	28.44%	0.18	12.65	23.21%	0.01	16.27	34.8%
	10 月 28 日	0.03	15.96	34.24%	0.44	14.66	24%	0.06	16.64	33.96%
	12 月 17 日	0.001	13.17	29.38%	0.08	12.48	29.63%	0.01	14.82	30.71%
	1 月 18 日	0.001	13.30	29.25%	0.05	12.11	28.5%	0.28	16.43	33.97%
	3 月 23 日	0.001	13.05	29.86%	0.01	12.31	28.77%	0.008	14.78	30.51%

预测结果的表现可以通过生物量估测值和参考值的散点图以及残差图来体现(见图 9-3～图 9-5),从图 9.3 中可以得知,Landsat 8 和 Sentinel-2 的毛竹林生物量出现低值高估和高值低估的现象,其中小年在大于 50Mg/hm^2 的时候低估现象严重,而大年生物量则在大于 40Mg/hm^2 的时候低估现象严重,数据饱和问题是导致估测效果不佳的原因之一。在未分层时,生物量在大于 70Mg/hm^2,低估值达到 30Mg/hm^2 以上,生物量在 20～40Mg/hm^2 时,高估值在 20Mg/hm^2 以内。在分层时,小年分层可以稍微改善生物量的估测效果,在生物量低于 50Mg/hm^2 的残差在 15Mg/hm^2 以内,而大年分层后估测效果更差,当生物量高于 70Mg/hm^2 时,低估值可以达到 30Mg/hm^2 以上。无论使用哪种估测模型生物量估测低值偏高和高值偏低现象依然十分明显。

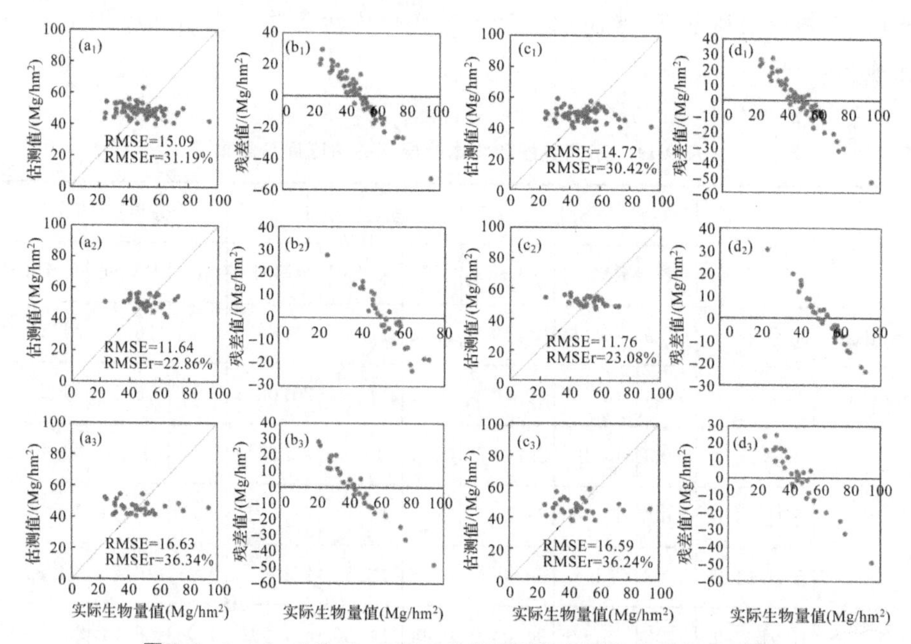

图 9-3　Landsat5 和 Sentinel-2 数据预测结果的散点图与残差图

说明:a_1—a_3 和 b_1—b_3 是 Landsat 8 数据,a_1—a_3 分别表示不分层、小年分层和大年分层的模型预测散点图,b_1—b_3 是对应的残差图;c_1—c_3 和 d_1—d_3 是 Sentinel-2 数据,c_1—d_3 分别表示不分层、小年分层和大年分层的模型预测散点图,d_1—d_3 是对应的残差图。

从图 9-4 和图 9-5 中可以看到,VENμS 时间序列数据在不同时期内的估测效果依旧不好,不论分层还是未分层的情况下,6 月的数据的估测最好,RMSE 和 RMSEr 是所有时间序列中最低的。

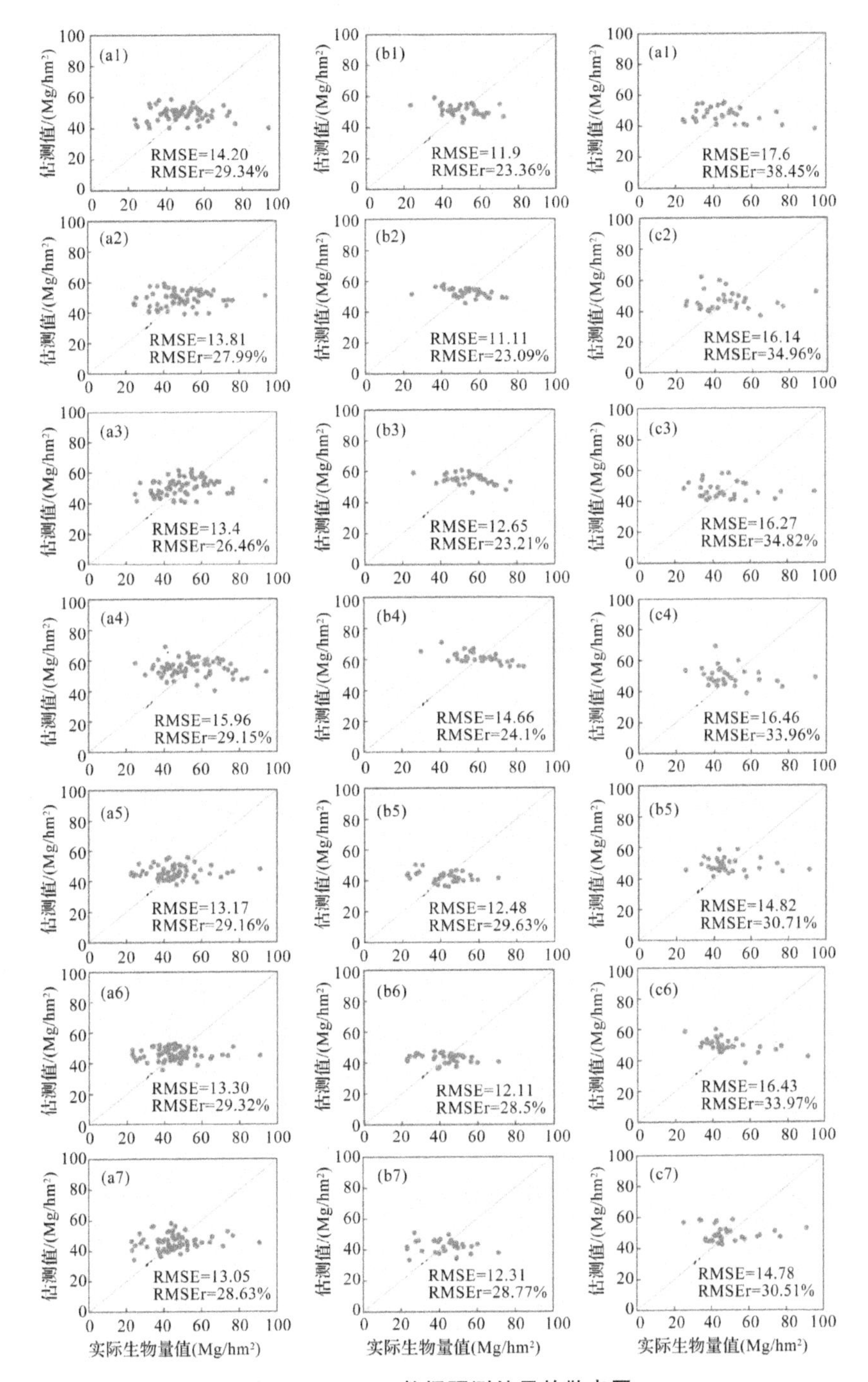

图 9-4　VENμS 数据预测结果的散点图

说明：a 系列为不分层，b 系列为大年分层，c 系列为小年分层；1 代表 5 月，2 代表 6 月，3 代表 7 月，4 代表 10 月，5 代表 12 月，6 代表 1 月，7 代表 3 月。

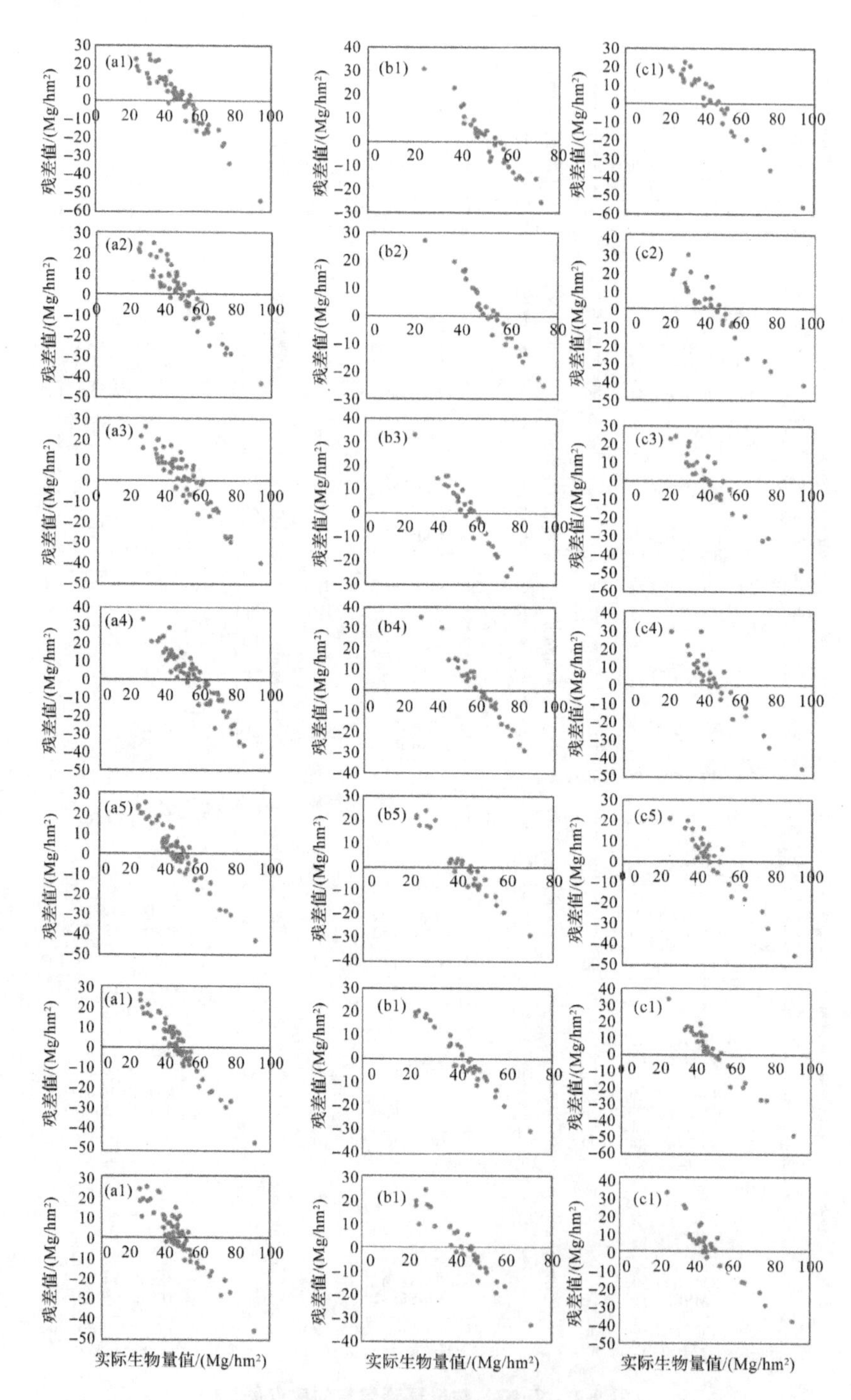

图 9-5　VENμS 数据预测结果的残差图

说明：a 系列为不分层，b 系列为大年分层，c 系列为小年分层；1 代表 5 月，2 代表 6 月，3 代表 7 月，4 代表 10 月，5 代表 12 月，6 代表 1 月，7 代表 3 月。

9.4.4　生物量估测影响因素分析

1. 空间分辨率对生物量估测的影响

对比 Lansat 8、Sentinel-2 和 VENμS 在 5 月的生物量估测结果(见图 9-6),可以看到 Landsat 8 在未分层情况下(见图 9-6-a1),生物量估测结果集中分布在 40～60Mg/hm^2,相比于 Sentinel-2 和 VENμS 结果,Landsat 8 的估测结果有明显高估现象,尤其是大年生物量,如研究区的东北部地区,明显高于其他数据估测结果。

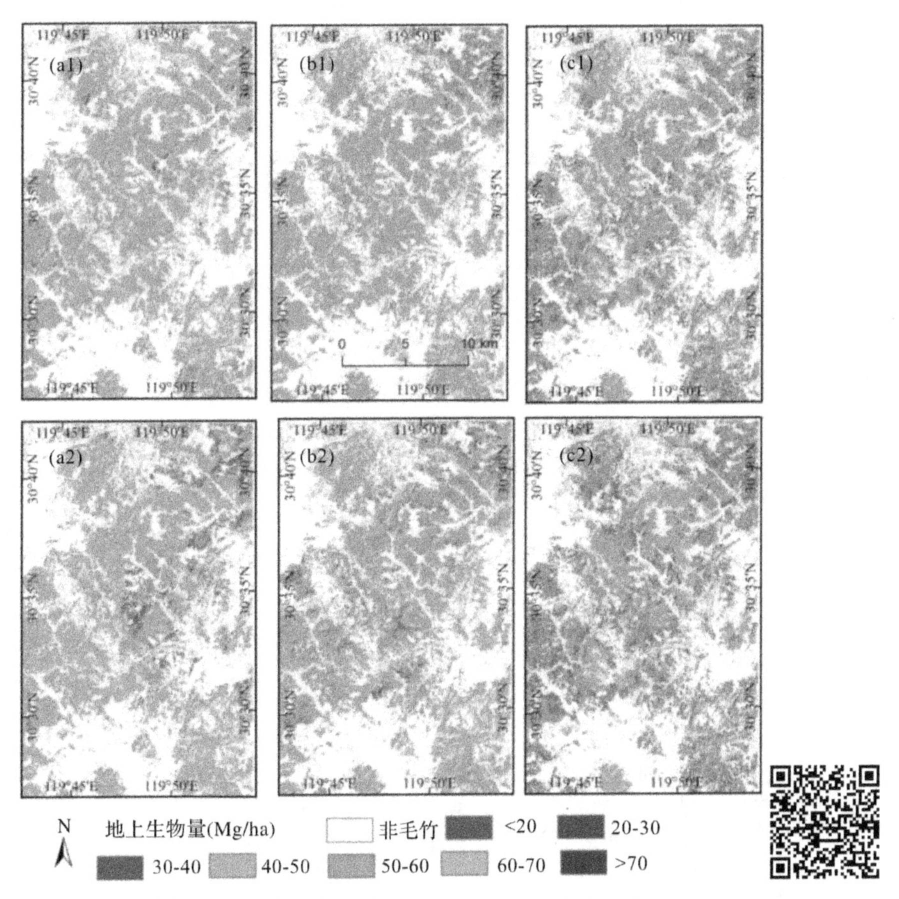

图 9-6　三种遥感数据源的地上生物量估测分布对比

说明:a 为 Landsat 8 数据,b 为 Sentinel-2 数据,c 为 Venμs 数据;1 为未分层,2 为大小年分层。

对比 Sentinel-2 和 VENμS 数据的估测结果,Sentinel-2 数据在未分层时(见图 9-6-b1),估测结果的生物量分布在 30～60Mg/hm^2,大于 60Mg/hm^2 基本没有估测出来,而在分层(见图 9-6-b2)时,高于 60Mg/hm^2 的生物量被估测出来。VENμS 数据在分层和未分层的估测效果一致,差异不大。

对比不同遥感数据在毛竹林地上生物量估测的效果可知，Landsat 8 数据的估测效果明显差于 Sentinel-2 和 VENμS 数据，一方面是更低的空间分辨率很难区分出毛竹林的差异，另一方面 Landsat 8 数据的光谱波段没有另外两个数据敏感，尤其是红边波段，从相关性分析和变量筛选的过程中，红边波段在毛竹林生物量模型中的作用和重要性很大。由于短波红外波段在生物量估测中的影响不大，且 Sentinel-2 和 VENμS 数据的光谱和空间分辨率一致，它们之间的估测结果差异不同，其中 VENμS 在生物量较小的范围内，如 30～40Mg/hm^2，估测的结果比 Sentinel-2 更多。三种光学遥感数据源在毛竹林地上生物量估测都受到了光谱饱和的影响。

2. 遥感变量对生物量估测的影响

研究选用了估测结果最好的 6 月 VENμS 数据，分别对比了光谱变量（包括光谱波段和植被指数）和纹理变量不同组合下的估测效果。从图 9-7 可以看到，基于单独纹理变量的毛竹林地上生物量估测结果 90％全部集中在 40～60Mg/hm^2，在此区间以外的基本估测不到，然而从样地信息可知，分布在此区间的样地数据占比 60％，基于纹理变量的估测结果在生物量较低和较高的部分估测效果非常差。对比单独光谱变量和光谱纹理组合的估测效果，增加了纹理信息的光谱纹理组合的估测效果与单独光谱变量的接近，经过统计分析光谱纹理组合在生物量 30～40Mg/hm^2 区间的估测结果比单独光谱的结果少。

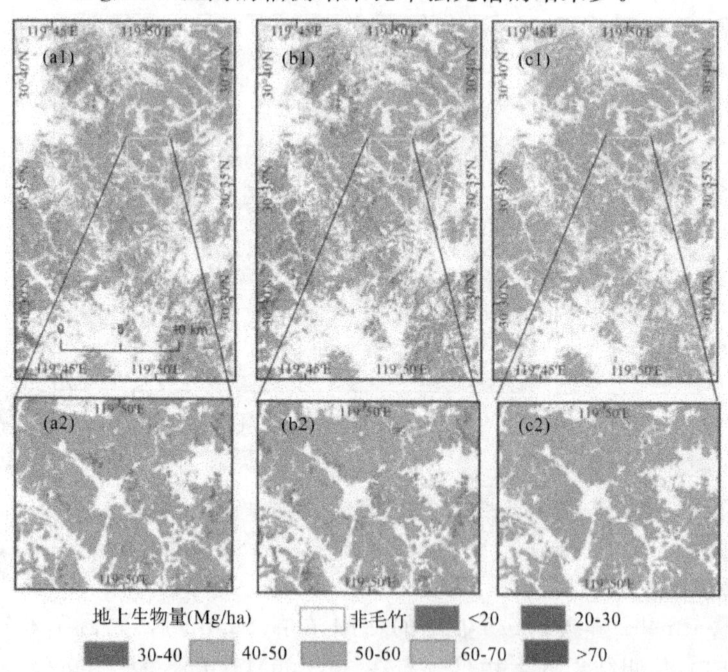

图 9-7　不同变量组合的 Venμs 6 月地上生物量估测分布对比

说明：a 为光谱和纹理组合变量，b 为光谱变量，c 为纹理变量 Landsat 8 数据；1 为研究区生物量分布，2 为典型地区生物量分布。

对比不同变量估测毛竹林地上生物量的效果表明，纹理变量在估测生物量中作用不如光谱变量，究其原因，纹理信息反映的是林分空间结构上的信息，毛竹林在生长过程中尽管有林分更新，如冬季砍伐，但是毛竹林的冠层大多处于郁闭状态，这种现象在遥感数据像元级别基本体现不出不同毛竹林的差别，但是毛竹林地上生物量在不断地增加，尤其是大年的毛竹林，在 6—10 月内增加很多。因此单独的纹理信息去估测毛竹林地上生物量，误差较大，光谱信息和纹理的组合也并没有改善毛竹林的估测精度。

3. 时间信息对生物量估测的影响

由于毛竹林生物量的累积效应，研究以选用 6 月的样地生物量与 5 月和 6 月的光谱变量为基础，构建了生物量模型，结果显示，加入了时间变量之后，相比于单独 6 月数据建模，基于时间变量的大小年分层估测可以改善毛竹林的估测精度，并绘制了空间分布图 9-8。

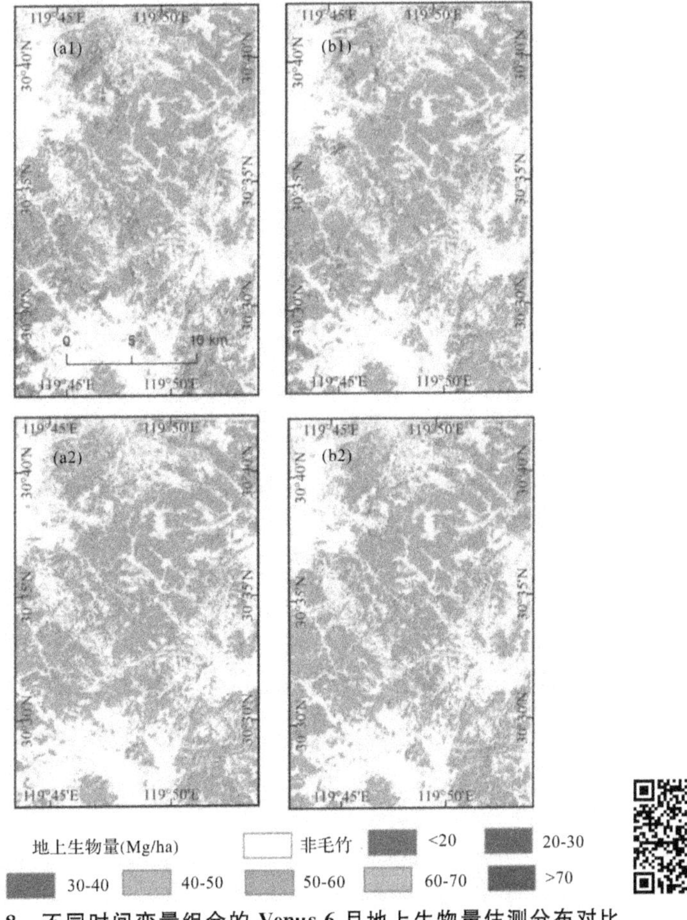

图 9-8　不同时间变量组合的 Venμs 6 月地上生物量估测分布对比

说明：a 为单独 6 月变量，b 为 5 月和 6 月的时间信息变量；1 为未分层，2 为大小年分层。

9.4.5 生物量分布特征

通过对比分析上述的实验结果，发现 VENμS6 月数据，使用大小年分层的时间增量模型在研究区中的估算精度最高，其空间分布如图 9-9 所示。毛竹林地上生物量的空间分布特征为：6 月的大年毛竹林生物量高于小年，大年毛竹林主要分布在 50～60Mg/hm^2 范围内，大于 60Mg/hm^2 的零星分布在研究区内。研究区北部和东南部地区主要为小年毛竹林，生物量分布在 40～50Mg/hm^2 范围内。

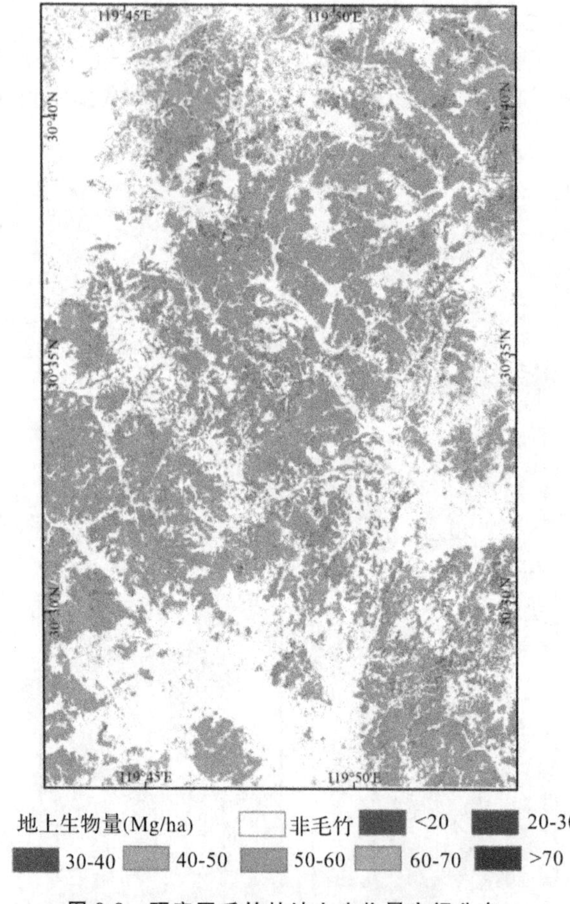

图 9-9 研究区毛竹林地上生物量空间分布

9.5 研究讨论

毛竹林生物量估测的影响因素有很多。毛竹林由于存在大小年现象，因此它的生物量处在一个新竹快速增长到老竹砍伐降低的动态过程，这是与其他森林最大的不同之处，毛竹林的林分结构在一年内发生了多次变化。遥感数据和样地数据的时间一致性、大小年现象造成的生物量差异和光谱饱和问题是影响毛竹林生物量遥感估测的重要因素。

9.5.1　遥感数据和样地数据的时间一致性

由于数据采集成本高，因此针对此类森林的生物量估测中，遥感数据和样地数据的时间往往不一致。传统森林（如阔叶林）在不发生自然干扰（干旱）和人为干扰（砍伐）的情况下，它的林分结构会一段时间内保持在一个稳定状态，因此传统的这些森林生物量估测是在森林林分结构不变的假设前提下完成的（Chen et al.，2019；Gao et al.，2016；Zhao et al.，2016）。与其他森林相比，毛竹林的林分结构在一年内发生多次变化，例如大年毛竹林在春季约有 1/3 的竹笋生长成竹，而在冬季又有 1/3 的老竹被择伐。在这种不断生长与砍伐的动态林分结构的背景下，遥感数据和样地数据的时间一致性非常重要（Chen et al.，2019）。例如，遥感数据是 5 月，而样地是 12 月完成的，或者遥感数据是 12 月，而样地是 5 月的，基于这样的样地和遥感数据进行模型构建与估测，模型在建模时生物量已经产生了较大的偏差，估测精度也会相应地降低。

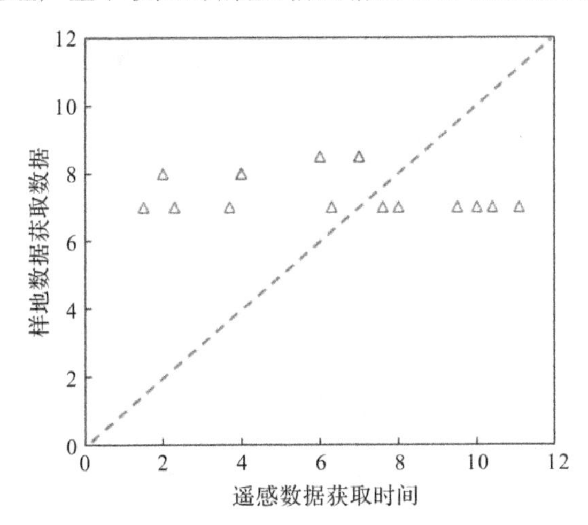

图 9-10　现有研究的遥感数据和样地数据获取时间分布

研究统计了目前一些利用遥感进行毛竹林生物量估测的文献并制图（见图 9-10），发现一些研究的遥感数据和样地数据时间基本一致（Du et al.，2010；Zhou et al.，2011；Xu et al.，2013；崔瑞蕊等，2011；Du et al.，2012；Zhang et al.，2019；Han et al.，2013），而另外一些研究的遥感数据和样地数据时间不一致（商珍珍，2012；高国龙等，2016；Du et al.，2018；Li et al.，2018），样地调查的数据大多分布在夏季，而与之建模的遥感数据则分布在一年四季。这就是毛竹林生物量遥感估测精度不高的重要原因之一。

9.5.2 大小年现象

在统一了样地数据和遥感数据的时间一致性后，大小年现象是又一影响毛竹地上生物量估测的因素。由于大年毛竹在春季新竹生长，而在冬季老竹被砍伐，因此毛竹林大年和小年的生物量分布在一年之中差异很大。通过本研究发现，在一年之内，大年样地的平均生物量分布在 42.13～61.96Mg/hm^2 的范围，而小年样地的平均生物量则分布较为均匀，分布在 45.77～48.77Mg/hm^2 的范围。

已经有很多研究证明了分层分类能够提高生物量估测精度(Gao et al., 2018; Zhao et al., 2016; Jiang et al., 2020)。Chen 等考虑大小年分开建模，结果表明大小年分层建模要优于统一建模(Chen et al., 2019)，张宇也考虑到了大小年对生物量估测的影响，将 MODIS 两年的数据合为一体再跟样地数据建模(张宇，2016)。

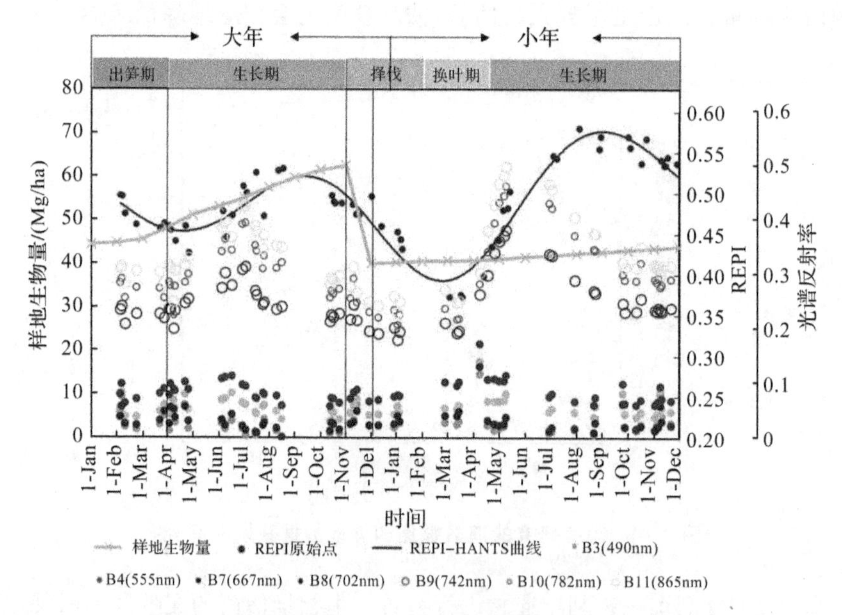

图 9-11 样地数据、光谱和 REPI 指数的时间序列分布

从大小年的生理可知，大小年的样地时间序列特征与光谱和植被指数有较大区别。从本研究的样地中选取其中一个样地作为样本，分析样地及其对应的光谱和植被指数时间序列变化特征(见图 9-11)。从图 9-11 可知，由于新竹的生长，样地在第一年（大年）的生长过程中生物量呈现逐渐增长趋势，从 43Mg/hm^2 增加 60Mg/hm^2 左右，而在冬季时时由于老竹被砍伐，生物量锐减到 40Mg/hm^2 左右。与此同时，样地所对应的光谱值和红边位置指数 REPI 的趋势与样地趋势不一致，原始光谱波段中的红边波段（B9 和 B10）和近红外波段（B11）在 1—4 月呈平缓趋势，而在 5—7 月呈现上升趋势，而在 7 月后呈现下降趋势。REPI 指数在 1—5 月呈现下降趋势，而在 5—10 月呈现上升趋势，10 月后呈现下降趋势。而在第二年（小年）的生长过程中，样地的生物量平稳增长，而光谱波段出现了一个生长峰，REPI 出现一个落叶谷和生长峰。因此在改善生物量估测精度方面不仅要考虑大小年样地的变化对建模的影响，也要考虑到光谱的变化对生物量估测的影响。

9.5.3　光谱饱和问题及其解决方法

在完成了样地时间和遥感数据的时间统一，将大小年分层考虑到生物量建模中，本研究分别从不同的遥感数据源、不同的时间序列角度、不同的变量组合角度对毛竹林地上生物量进行了对比分析，结果表明，限制毛竹林地上生物量估测的主要原因是光谱饱和问题，尤其是大年毛竹林的生物量和原始波段的相关性不高。尽管毛竹林的林分在不断变化，如新竹的生长和老竹的砍伐，但毛竹林冠层处于稳定状态，基本一直处于郁闭状态，因此传统的 NDVI 在这些高密度的植被中有也存在明显的饱和问题，当生物量增加到一定值后，光谱值不再发生变化，纹理变量在建模中重要性较低也是受到毛竹林冠层稳定的影响。结合毛竹自身的物候特征，研究从林分结构和时间信息变量两个角度，讨论光谱饱和问题潜在的解决办法。

1. 林分结构信息

目前很多研究尝试用立体相对的影像来计算树高信息，从而用来提高地上生物量的估测精度。Li 等对比了单独光谱构建模型和光谱—立体相对组合的模型，结果表明利用立体相对生成的相对冠层高度信息，可以降低光谱饱和造成的精度问题，有效提高生物量估测精度，基于相对冠层高度和光谱的模型 RMSE、RMSEr 和 MAE 均比单独光谱模型低（Li et al.，2019）。但是毛竹林的树高在幼竹长成后就保持不变，且经过了钩梢后，所有毛竹林的竹高基本分布在 10～12m 的范围内，竹高信息不能体现出毛竹林的差异，因此如果仅用单一时相的立体相对数据去估测毛竹林地上生物量，预期效果不会太好。除了树高信息以外，林分密度信息也是一个影响地上生物量估测的重要因素，研究在统计样地生物量信息时，株数密度和地上生物量的关系密切，建模 R^2 在0.85，然而目前的中等分辨率数据，如 Sentinel-2 拥有 10m 的空间分辨率，无法反映出林分的密度信息。未来研究可以结合高空间分辨率的数据，如无人机数据或机载 LiDAR 数据，将单株的毛竹林信息精准提取后，再结合中等分辨率数据进行尺度上推，获取准确的林分密度信息，基于林分密度信息去改善毛竹林的个生物量饱和问题。

2. 时间信息变量

一方面可以尝试树高的时间序列变化信息，使用多期的立体相对数据计算出树高的变化信息，基于此再结合其他变量，用于改善毛竹林地上生物量的估测效果。另一方面则是将毛竹林的生物量变化和光谱变化结合起来进行分析。

9.6 本章小结

毛竹林的地上生物量在生长周期内变化频繁，主要体现在春季新竹生长期的快速积累和冬季老竹砍伐期造成的骤减，毛竹林样地的地上生物量处在“快速增长—择伐减少—稳定增长”的动态平衡与循环过程中。

本研究结合毛竹林的生理特点，基于随机森林的地上生物量遥感估测结果中 Sentinel-2 和 VENμS 在地上生物量模型验证精度要高于 Landsat 8 数据。纹理信息与生物量相关性较低，在生物量模型中的作用比植被指数弱。按大小年分层的建模方法取得了更好的预测精度，时间信息变量的加入可以改善估测精度。生物量估测结果出现了明显的高值低估、低值高估，和建模 R^2 很高而估测 R^2 很低的现象，光谱饱和问题是限制光学遥感影像进行毛竹林地上生物量估测的主要原因。

参考文献

[1]Bannari A, Morin D,Bonn F, et al. A review of vegetation indices[J]. Remote Sensing reviews, 1995,13(1-2):95-120.

[2]Chen Y, Li L,Lu D, et al. Exploring bamboo forest aboveground biomass estimation using Sentinel-2 data[J]. Remote Sensing, 2019,11(1):7.

[3]Dash J,Curran P J. The MERIS terrestrial chlorophyll index[J]. International Journal of Remote Sensing, 2004,25(23):5403-5413.

[4]Du H, Cui R,Zhou G, et al. The responses of Moso bamboo (Phyllostachys heterocycla var. pubescens) forest aboveground biomass to Landsat TM spectral reflectance and NDVI[J]. Acta Ecologica Sinica, 2010,30(5):257-263.

[5]Du H, Mao F and Li X, et al. Mapping global bamboo forest distribution using multisource remote sensing data[J]. IEEE Journal of Selected Topics in Applied Earth Observations and Remote Sensing, 2018, 11 (5): 1458-1471.

[6]Du H, Zhou G,Ge H, et al. Satellite-based carbon stock estimation for bamboo forest with a non-linear partial least square regression technique [J]. International Journal of Remote Sensing, 2012,33(6):1917-1933.

[7]Gao Y, Lu D,Li G, et al. Comparative analysis of modeling algorithms for forest aboveground biomass estimation in a subtropical region[J]. Remote Sensing, 2018,10(4):627.

[8]Gitelson A A, Kaufman Y J,Merzlyak M N. Use of a green channel in remote sensing of global vegetation from EOS-MODIS[J]. Remote Sensing of Environment, 1996,58(3):289-298.

[9]Han N, Du H,Zhou G, et al. Spatiotemporal heterogeneity of Moso bamboo aboveground carbon storage with Landsat Thematic Mapper images: a case study from Anji County, China[J]. International Journal of Remote Sensing, 2013,34(14):4917-4932.

[10]Haralick R M. Statistical and structural approaches to texture[J]. Proceedings of the IEEE, 1979,67(5):786-804.

[11]Huete A R. A soil-adjusted vegetation index (SAVI)[J]. Remote Sensing of Environment, 1988,25(3):295-309.

[12]Jiang X, Li G,Lu D, et al. Stratification-based forest aboveground biomass estimation in a subtropical region using airborne LiDAR data[J]. Remote Sensing, 2020,12(7):1101.

[13]Li G, Xie Z,Jiang X, et al. Integration of ZiYuan-3 multispectral and stereo data for modeling aboveground biomass of larch plantations in North China[J]. Remote Sensing, 2019,11(19):2328.

[14]Li X, Du H,Mao F, et al. Estimating bamboo forest aboveground biomass using EnKF-assimilated MODIS LAI spatiotemporal data and ma-

chine learning algorithms[J]. Agricultural and Forest Meteorology, 2018,256:445-457.

[15]Liu H, Huete A. A feedback based modification of the NDVI to minimize canopy background and atmospheric noise[J]. IEEE transactions on Geoscience and Remote Sensing, 1995,33(2):457-465.

[16]Lu D, Batistella M. Exploring TM image texture and its relationships with biomass estimation in Rondônia, Brazilian Amazon[J]. Acta Amazonica, 2005,35(2):249-257.

[17]Sims D A, Gamon J A. Relationships between leaf pigment content and spectral reflectance across a wide range of species, leaf structures and developmental stages[J]. Remote Sensing of Environment, 2002,81(2-3):337-354.

[18]Tucker C J. Red and photographic infrared linear combinations for monitoring vegetation[J]. Remote Sensing of Environment, 1979,8(2):127-150.

[19]Wang L, Zhou X, Zhu X, et al. Estimation of biomass in wheat using random forest regression algorithm and remote sensing data[J]. The Crop Journal, 2016,4(3):212-219.

[20]Xu X, Zhou G, Zhou Y, et al. Effects of sample plots stratification on estimation accuracy of aboveground carbon storage for Phyllostachys edulis forests[J]. Scientia Silvae Sinicae, 2013,49(6):18-24.

[21]Zhang M, Gong P, Qi S, et al. Mapping bamboo with regional phenological characteristics derived from dense Landsat time series using google earth engine[J]. International Journal of Remote Sensing, 2019,40(24):9541-9555.

[22]Zhao P, Lu D, Wang G, et al. Examining spectral reflectance saturation in Landsat imagery and corresponding solutions to improve forest aboveground biomass estimation[J]. Remote Sensing, 2016,8(6):469.

[23]Zhou G, Xu X, Du H, et al. Estimating aboveground carbon of Moso bamboo forests using the k nearest neighbors technique and satellite imagery[J]. Photogrammetric Engineering & Remote Sensing, 2011,77(11):1123-1131.

[24]陈瑜云.基于 Sentinel-2 影像数据的毛竹林生物量估测[D].杭州:浙江农

林大学,2019.
[25]崔瑞蕊,杜华强,周国模,等.近30a安吉县毛竹林动态遥感监测及碳储量变化[J].浙江农林大学学报,2011,28(3):422-431.
[26]高国龙,杜华强,韩凝,等.基于特征优选的面向对象毛竹林分布信息提取[J].林业科学,2016,52(9):77-85.
[27]商珍珍.基于多源遥感毛竹林信息提取及地上部分碳储量估算研究[D].杭州:浙江农林大学,2012.
[28]张宇.福建省毛竹林碳储量估算及其动态变化研究[D].北京:中国林业科学研究院,2016.

附录　专用名词索引